"十三五"普通高等教育本科系列教材

能源管理

编著　黄素逸　龙　妍　关　欣
主审　靳世平

中国电力出版社
CHINA ELECTRIC POWER PRESS

内 容 提 要

　　能源是国民经济的基础,在社会可持续发展中起着举足轻重的作用。本书在阐述有关能源和管理学基本知识的基础上,对能源管理中的重要问题进行了深入论述。包括能源概论、现代管理基础、能源管理体系、能源建设项目的管理、能源技术方案和节能管理、能源信息管理等。此外,书中还介绍了与能源管理有关的能源预测和规划,以及能源市场的相关知识。

　　本书可作为高等学校能源动力类专业本科生和研究生的教材,也可供有关工程技术人员和管理干部参考。

图书在版编目（CIP）数据

　　能源管理/黄素逸,龙妍,关欣编著. —北京:中国电力出版社,2016.6（2024.7重印）
　　"十三五"普通高等教育本科规划教材
　　ISBN 978-7-5123-9283-0

　　Ⅰ. ①能… Ⅱ. ①黄…②龙…③关… Ⅲ. ①能源管理-高等学校-教材 Ⅳ. ①F206

　　中国版本图书馆 CIP 数据核字（2016）第 092020 号

中国电力出版社出版、发行

（北京市东城区北京站西街 19 号　100005　http://www.cepp.sgcc.com.cn）
北京九州迅驰传媒文化有限公司印刷
各地新华书店经售

*

2016 年 6 月第一版　2024 年 7 月北京第三次印刷
787 毫米×1092 毫米　16 开本　15 印张　366 千字
定价 45.00 元

前　言

　　人类的一切活动都与能量及其使用紧密相关。20世纪50年代，由于巨大油气田的相继开发，人类迎来了石油时代。近60年来，世界上许多国家，特别是发达国家，依靠石油和天然气创造了人类历史上空前的物质文明。然而，事物的发展总有相反的一面。一方面，煤炭、石油、天然气这类化石燃料总有耗尽之日；另一方面，它们给环境造成的污染也日益严重。因此，大力开展节能减排已经成为全球的共识。

　　能源系统规模庞大、结构复杂，因此，加强能源的科学管理是实现节能减排的重要措施。本书编写的初衷是将管理学、技术经济学与能源紧密结合，让广大读者全面了解能源管理的内涵，以及与经济之间的密切关系；通过本书的学习能运用技术经济学的观点来解决能源管理中面临的问题，进一步提高能源利用开发的经济性。

　　本书在阐述有关能源和管理学基本知识的基础上，对能源管理中的重要问题进行了深入论述。包括能源概论、现代管理基础、能源管理体系、能源建设项目的管理、能源技术方案和节能管理、能源信息管理等。此外，书中还介绍了与能源管理有关的能源预测和规划，以及能源市场的相关知识。

　　在取材上，本书力求资料新颖、涉猎面广、叙述简洁，以达到既为读者提供更多能源管理方面的知识，又通俗易懂的目的。

　　感谢华中科技大学靳世平教授对书稿的认真审阅，感谢同行、同事们为本书提供的宝贵建议。

　　限于作者水平，且能源科学发展迅速，创新不断，书中难免存在疏漏和不妥之处，诚恳欢迎读者批评指正。

作　者

2016年4月

目　　录

第一章 能源概论

第一节 能量与能源

一、能量的概述

物质和能量是构成客观世界的基础。科学史观认为，世界是由物质构成的，没有物质，世界便虚无缥缈。运动是物质存在的形式，是物质固有的属性。没有运动的物质正如没有物质的运动一样是不可思议的，能量则是物质运动的度量。由于物质存在各种不同的运动形态，因此能量也就具有不同形式。众所周知，各种运动形态是可以互相转化的，所以各种形式的能量之间也能够相互转换。

宇宙间一切运动着的物体都有能量的存在和转化。人类一切活动都与能量及其使用紧密相关。所谓能量，广义地说，就是"产生某种效果（变化）的能力"。反过来说，产生某种效果（变化）的过程必然伴随着能量的消耗或转化。

科学史观还认为，物质是某种既定的东西，既不能被创造也不能被消灭，因此作为物质属性的能量也一样不能创造和消灭。能量守恒定律正是反映了物质世界中运动不灭这一事实。这个定律告诉我们"自然界一切物质都具有能量，能量不可能被创造，也不可能被消灭，而只能在一定条件下从一种形式转变为另一种形式，在转换中能量总量恒定不变"。

1922年爱因斯坦揭示了能量和物质质量之间的关系，即

$$E = mc^2 \tag{1-1}$$

式中：E 为物质释放的能量，J；m 为转变为能量的物质的质量，kg；c 为光速，$3 \times 10^8 \text{m/s}$。

式（1-1）表示的是一个可逆过程，其前提是质量和能量的总和在任何能量的转换过程中都必须保持不变。

在国际单位制中，能量、功及热量的单位通常都用焦（J）表示，而单位时间内所做的功或吸收（释放）的热量则称为功率，单位为瓦（W）。因为在能量的转换和使用中J和W的单位都太小，因此，更多的是用千焦（kJ）和千瓦（kW），或兆焦（MJ）和兆瓦（MW）。在能源研究中还会用到更大的单位如GW、TW等。有关的国际制的词头见表1-1。

表 1-1　　　　　　　　　　　能源中常用的国际制词头

因数	词头名称		符号
	英文	中文	
10^{18}	exa	艾［可萨］	E
10^{15}	peta	拍［它］	P
10^{12}	tera	太［拉］	T
10^{9}	giga	吉［咖］	G
10^{6}	mega	兆	M
10^{3}	kilo	千	k
10^{2}	hecto	百	h
10^{1}	deca	十	da

在工程应用和一些有关能源的文献中，还会见到其他一些单位，如卡（cal）、大卡（kcal）、百万吨煤当量（Mtce）、百万吨油当量（Mtoe）等。它们与国际单位之间的换算关系是：1cal＝4.186J，1kg 标准煤当量＝7000kcal，1kg 标准油当量＝10 000kcal。

二、能量的形式

能量是一切物质运动、变化和相互作用的度量。实质上，利用能量就是利用自然界的某一自发变化的过程来推动另一人为的过程。例如，水力发电就是利用水会自发地从高处流往低处这一自发过程，使水的势能转化为动能，再推动水轮机转动，水轮机又带动发电机，通过发电机将机械能转换为电能供人类利用。显然能量利用的优劣，利用效率的高低与具体过程密切相关。而且利用能量的结果必然和能量系统的始末状态相联系，例如，水力发电系统通过消耗一部分水能来获得电能，系统的始末状态（如水位、流量等）都发生了变化。

对能量的分类方法没有统一的标准，到目前为止，人类认识的能量有如下六种形式：

1. 机械能

机械能是与物体宏观机械运动或空间状态相关的能量，前者称为动能，后者称为势能。具体而言，动能是指系统（或物体）由于做机械运动而具有的做功能力。如果质量为 m 的物体的运动速度为 v，则该物体的动能 E_k 的计算式为

$$E_k = \frac{1}{2}mv^2 \tag{1-2}$$

势能与物体的状态有关，其包括三种形式：重力势能、弹性势能、表面能。其中，重力势能是受重力作用的物体因其位置高度的不同而具有的能量；弹性势能是物体由于弹性变形而具有的能量；表面能是不同类物质或同类物质的不同相的分界面上，由于表面张力的存在而具有的做功能力。

重力势能 E_p 的计算式为

$$E_p = mgH \tag{1-3}$$

式中：m 为物体的质量；g 为重力加速度；H 为高度。

弹性势能 E_τ 的计算式为

$$E_\tau = \frac{1}{2}kx^2 \tag{1-4}$$

式中：k 为物体的弹性系数；x 为物体的变形量。

表面能 E_s 的计算式为

$$E_s = \sigma S \tag{1-5}$$

式中：σ 为表面张力系数；S 为相界面的面积。

2. 热能

热能是能量的一种基本形式，所有其他形式的能量都可以完全转换为热能，而且绝大多数的一次能源都是首先经过热能形式而被利用的，因此热能在能量利用中有重要意义，也是本书讨论的重点。构成物质的微观分子运动的动能和势能总和称为热能。这种能量的宏观表现是温度的高低，它反映了分子运动的激烈程度。若系统的熵的变化为 ds，则热能 E_q 可表述成

$$E_q = \int T ds \tag{1-6}$$

3. 电能

电能是和电子流动与积累有关的一种能量，通常是由电池中的化学能转换而来，或是通过发电机由机械能转换得到；反之，电能也可以通过电动机转换为机械能，从而显示出电做功的本领。如果驱动电子流动的电动势为 U，电流强度为 I，则其电能 E_e 可表述为

$$E_e = UI \tag{1-7}$$

4. 辐射能

辐射能是物体以电磁波形式发射的能量。物体会因各种原因发出辐射能，其中从能量利用的角度而言，因热的原因而发出的辐射能（又称热辐射能）是最有意义的，例如，地球表面所接受的太阳能就是最重要的热辐射。物体的辐射能 E_r 可由式（1-8）计算，即

$$E_r = \varepsilon c_0 \left(\frac{T}{100}\right)^4 \tag{1-8}$$

式中：ε 为物体的发射率；c_0 为黑体辐射系数；T 为物体的绝对温度。

5. 化学能

化学能是物质结构能的一种，即原子核外进行化学变化时放出的能量。按化学热力学定义，物质或物系在化学反应过程中以热能形式释放的内能称为化学能。人类利用最普遍的化学能是燃烧碳和氢，而这两种元素正是煤、石油、天然气、薪柴等燃料中最主要的可燃元素。燃料燃烧时的化学能通常用燃料的发热值表示。

单位质量（对固体、液体燃料）或体积（气体燃料）在完全燃烧，且燃烧产物冷却到燃烧前的温度时所放出的热量称为燃料的发热量（发热值或热值），单位为 kJ/kg 或 kJ/m³。应用上又将发热量分为高位发热量和低位发热量。高位发热量是指燃料完全燃烧，且燃烧产物中的水蒸气全部凝结成水时所放出的热量；低位发热量是燃料完全燃烧，而燃烧产物中的水蒸气仍以气态存在时所放出的热量。显然，低位发热量在数值上等于高位发热量减去水的汽化潜热。由于燃烧设备，如锅炉中燃料燃烧时，燃料中原有的水分及氢燃烧后生成的水均呈蒸汽状态随烟气排出，因此，低位发热量接近实际可利用的燃料发热量，所以在热力计算中均以低位发热量作为计算依据。表1-2为各种不同燃料低位发热量的概略值。

表1-2   **各种不同燃料低位发热量的概略值**

固体燃料	天然固体燃料（MJ/kg）	木材	13.8
		泥煤	15.89
		褐煤	18.82
		烟煤	27.18
	加工的固体燃料（MJ/kg）	木炭	29.27
		焦炭	28.43
		焦块	26.34

续表

液体燃料	天然液体燃料（MJ/kg）	石油（原油）	41.82
	加工的液体燃料 （MJ/kg）	汽油	45.99
		液化石油气	50.18
		煤油	45.15
		重油	43.91
		焦油	37.22
		甲苯	40.56
		苯	40.14
		酒精	26.76
气体燃料	天然气体燃料（MJ/m³）	天然气	37.63
	加工的气体燃料 （MJ/m³）	焦炉煤气	18.82
		高炉煤气	3.76
		发生炉煤气	5.85
		水煤气	10.45
		油气	37.65
		丁烷气	125.45

6. 核能

核能是蕴藏在原子核内部的物质结构能。轻质量的原子核（氘、氚等）和重质量的原子核（铀等），其核子之间的结合力比中等质量原子核的结合力小，这两类原子核在一定的条件下可以通过核聚变和核裂变转变为自然界中更稳定的中等质量原子核，同时释放出巨大的结合能，这种结合能就是核能。由于原子核内部的运动非常复杂，目前还不能给出核力的完全描述，但在核裂变和核聚变反应中都有所谓的"质量亏损"，这种质量和能量之间的转换完全可以用式（1-1）来描述。

三、能量的性质

能量的性质主要有状态性、可加性、传递性、转换性、做功性和贬值性。

1. 状态性

能量取决于物质所处的状态，物质的状态不同，所具有的能量也不同（包括数量和质量）。对于热力系统而言，其基本状态参数可以分为两类，一类与物质的量无关，不具有可加性，称之为强度量，如温度、压力、速度、电势和化学势等；另一类与物质的量相关，具有可加性，称为广延量，如体积、动量、电荷量和物质的量等。对能量利用中常用的工质，其状态参数为温度 T、压力 p 和体积 V，因此它的能量 E 的状态可表示为 $E=f(p, T)$ 或 $E=f(p, V)$ 等。

2. 可加性

物质的量不同，所具有的能量也不同，即可相加；不同物质所具有的能量亦可相加，即一个体系所获得的总能量为输入该体系多种能量之和，故能量的可加性可表示为

$$E=E_1+E_2+\cdots+E_n=\sum E_i \tag{1-9}$$

3. 传递性

能量可以从一个地方传递到另一个地方，也可以从一种物质传递到另一种物质。例如，

对传热来讲，能量的传递性可表示为

$$Q=KA\Delta t \tag{1-10}$$

式中：Q 为传递的热量；K 为传热系数；A 为传热面积；Δt 为传热的平均温差。

4. 转换性

各种形式的能量可以互相转换，其转换方式、转换数量、难易程度均不相同，即它们之间的转换效率是不一样的。研究能量转换方式和规律的科学是热力学，其核心任务就是如何提高能量转换的效率。

5. 做功性

利用能量来做功，是利用能量的基本手段和主要目的。这里所说的功是广义功，但通常我们主要是针对机械功而言的。各种能量转换为机械功的本领是不一样的，转换程度也不相同。通常按其转换程度可以把能量分为无限制转换（全部转换）能、有限制转换（部分转换）能和不转换（废）能，又分别称为高质能、低质能和废能，显然这一分类也是以转换为功的程度来衡量的。能的做功性，通常也以能级 ε 来表示，即

$$\varepsilon=\frac{E_x}{E} \tag{1-11}$$

式中：E_x 为"烟"。

6. 贬值性

根据热力学第二定律，能量不仅有"量的多少"，还有"质的高低"。能量在传递与转换等过程中，由于多种不可逆因素的存在，总伴随着能量的损失，表现为能量质量和品位的降低，即做功能力的下降，直至达到与环境状态平衡而失去做功本领，成为废能，这就是能的质量贬值。例如，最常见的温差的传热与有摩擦的做功，就是两个典型的不可逆过程，在这两个不可逆过程中，能量都会贬值。能的贬值性，即能的质量损失（或称内部损失、不可逆损失），其贬值程度可用参与能量交换的所有物体熵的变化（熵增）来反映。即能的贬值 E_0 可表示为

$$E_0=T_0\Delta S \tag{1-12}$$

式中：T_0 为环境温度；ΔS 为系统的熵增。

四、能量的转换

能量转换是能量最重要的属性，也是能量利用中最重要的环节。人们通常所说的能量转换是指能量形态上的转换，如燃料的化学能通过燃烧转换成热能，热能通过热机再转换成机械能等。然而广义地说，能量转换还应当包括以下两项内容：

（1）能量在空间上的转移，即能量的传输。

（2）能量在时间上的转移，即能量的储存。

任何能量转换过程都必须遵守自然界的普遍规律——能量守恒定律，即

输入能量－输出能量＝储存能量的变化

在国民经济和日常生活中用得最多、最普遍的能量形式是热能、机械能和电能。它们都可以由其他形态的能量转换而来，它们之间也可以互相转换。显然，任何能量转换过程都需要一定的转换条件，并在一定的设备或系统中实现。表 1-3 给出了能量转换过程及实现转换所需的设备或系统。对不同能源与热能的转换及热能的利用情况如图 1-1 所示。

表 1 - 3 能量转换过程及实现转换所需的设备或系统

能源	能量形态转换过程	转换设备或系统
石油、煤炭、天然气等化石燃料	化学能→热能	炉子、燃烧器
	化学能→热能→机械能	各种热力发动机
	化学能→热能→机械能→电能	热机、发电机、磁流体发电、压电效应
氢和酒精等二次能源	化学能→热能→电能	热力发电、热电子发电
	化学能→电能	燃料电池
水能、风能、潮汐能、海流能、波浪能	机械能→机械能	水车、水轮机、风力机
	机械能→机械能→电能	水轮发电机组、风力发电机组、潮汐发电装置、海流能发电装置、波浪能发电装置
太阳能	辐射能→热能	热水器、采暖、制冷、太阳灶、光化学反应
	辐射能→热能→机械能	太阳热发动机
	辐射能→热能→机械能→电能	太阳热发电
	辐射能→热能→电能	热力发电、热电子发电
	辐射能→电能	太阳电池、光化学电池
	辐射能→化学能	光化学反应（水分解）
	辐射能→生物能	光合成
海洋温差能	热能→机械能→电能	海洋温度差发电（热力发动机）
海洋盐分（能）	化学能→电能	浓度发电
	化学能→机械能→电能	渗透压发电
	化学能→热能→机械能→电能	浓度差发电
地热能	热能→机械能→电能	热力发电机
	热能→电能	热电发电
核能	核分裂→热能→机械能→电能	核发电、磁流体发电
	核分裂→热能	核能炼钢
	核分裂→热能→电能	热力发电、热电子发电
	核分裂→电磁能→电能	光电池
	核聚变→热能→机械能→电能	核聚变发电

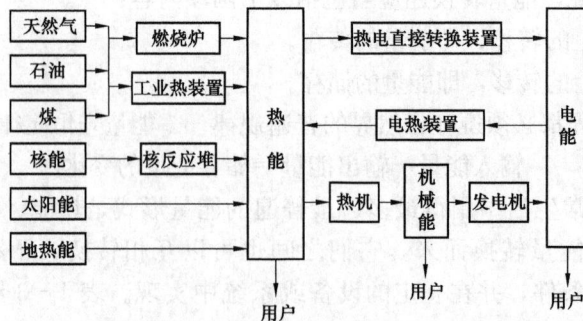

图 1 - 1 不同能源与热能的转换及利用情况

五、能量的传递

能量的利用是通过能量传递来实现的，故能量的利用过程通常也是一个能量的传递过程。能量的传递过程有如下一些特点：

1. 能量传递的条件

能量传递是有条件的，其传递的推动力是所谓"势差"。如传热要有温差、导电要有电位差、流动要有压差或势差、扩散要有浓度差、化学反应要有化学势差等。

2. 能量传递的规律

能量传递遵循一定的规律，即能量传递的速率正比于传递的动力而反比于传递的阻力。由此有

$$传递速率 = \frac{传递动力}{传递阻力} \qquad (1-13)$$

例如，对导电有 $I=\dfrac{U}{R}$；对传热有 $Q=\dfrac{\Delta t}{R_t}$。其中，I 为电流强度；R 为电阻；R_t 为热阻。

3. 能量传递的形式

能量的传递，包括转移与转换两种形式。转移是某种形态的能，从一地到另一地，从一物到另一物；转换则是由一种形态变为另一形态。这两种形式往往是一起或交替存在共同完成能量的传递。

4. 能量传递的途径

能量传递的途径基本有两条：由物质交换和质量迁移而携带的能量称为携带能；在体系边界面上的能量交换称为交换能。对开口系，这两种途径同时存在；对封闭系，则主要靠交换。

5. 能量传递的方法

在体系边界面上的能量交换，通常主要以两种方法进行：传热——由温差引起的能量交换，这是能量传递的微观形式；做功——由非温差引起的能量交换，这是能量传递的宏观形式。这里的功是指广义功。

6. 能量传递的方式

通过能量交换而实现的能量传递，即传热和做功，传热的三种基本方式是热传导、热对流和热辐射；做功（这里指机械功）的三种基本方式是容积功、转动轴功和流动功（推动功）。

7. 能量传递的结果

能量传递的结果主要体现在两方面，即能量使用过程中所起的作用，以及能量传递的最终去向。以生产为例，能量在使用过程中的作用主要是用于物料，并最终成为产品的一部分，或用于某一过程，包括工艺过程、运输过程和动力过程，并成为过程的推动力，使过程能够进行，生产得以实现。能量传递的最终去向通常只有两条：转移到产品，或散失于环境（包括直接损失和用于过程后再进入环境这两种情况）。

8. 能量传递的实质

能量传递的实质就是能量利用的实质。如果把产品的使用也包括在内，能量的最终去向只能是唯一的，即最终进入环境（能量的利用是通过能量的传递，使能量由能源最终进入环境）。其结果是能量被利用了，能源被消耗了。而作为能量而言，它是守恒的，不会消失；

故就能量利用的本质而言，人类利用的不是能量的数量而是能量的质量（品质、品位），即能的质量急剧降低，直至进入环境，最终成为废能。

六、能源的分类

能源可简单地理解为含有能量的资源。能源就是能量的来源，是提供能量的资源，这些来源或资源，要么来自物质（如煤炭、石油、天然气等矿物燃料），要么来自物质的运动（如水流、风流、海浪、潮汐等）。

从广义上讲，在自然界里有一些自然资源本身就拥有某种形式的能量，它们在一定条件下能够转换成人们所需要的能量形式，这种自然资源显然就是能源。如煤、石油、天然气、太阳能、风能、水能、地热能、核能等。但生产和生活过程中由于需要或为便于运输和使用，常将上述能源经过一定的加工、转换使之成为更符合使用要求的能量来源，如煤气、电力、焦炭、蒸汽、沼气、氢能等，它们也称为能源，因为它们同样能为人们提供所需的能量。

由于能源形式多样，因此通常有多种不同的分类方法，它们或按能源的来源、形成、使用分类，或从技术、环保角度进行分类。不同的分类方法都是从不同的侧重面来反映各种能源的特征。

1. 按地球上的能量来源分类

地球上能源的成因不外乎以下三方面，即

（1）地球本身蕴藏的能源。如核能、地热能等。

（2）来自地球外天体的能源。如宇宙射线及太阳能，以及由太阳能引起的水能、风能、波浪能、海洋温差能、生物质能、光合作用、化石燃料（如煤、石油、天然气等）等。

（3）地球与其他天体相互作用的能源。如潮汐能。

2. 按被利用的程度分类

从被开发利用的程度，生产技术水平和经济效果等方面对能源进行分类，即

（1）常规能源。其开发利用时间长、技术成熟、能大量生产并广泛使用，如煤炭、石油、天然气、薪柴燃料、水能等，常规能源有时又称为传统能源。

（2）新能源。其开发利用较少或正在研究开发之中，如太阳能、地热能、潮汐能、生物质能等，核能通常也被看成新能源，尽管核燃料提供的核能在世界一次能源的消费中已占15%，但从被利用的程度看还远不能和已有的常规能源相比。另外，核能利用的技术非常复杂，可控核聚变反应至今未能实现，这也是将核能视为新能源的主要原因之一。不过也有不少学者认为应将核裂变作为常规能源，核聚变作为新能源。新能源有时又称为非常规能源或替代能源。

3. 按获得的方法分类

（1）一次能源。即自然界存在的，可供直接利用的能源，如煤、石油、天然气、风能、水能等。

（2）二次能源。即由一次能源直接或间接加工、转换而来的能源，如电、蒸汽、焦炭、煤气、氢等，它们使用方便，易于利用，是高品质的能源。

4. 按能否再生分类

（1）可再生能源。它不会随其本身的转化或人类的利用而日益减少，如水能、风能、潮汐能、太阳能等。

（2）非再生能源。它随人类的利用而越来越少，如石油、煤、天然气、核燃料等。

5. 按能源本身的性质分类

（1）含能体能源。其本身就是可提供能量的物质，如石油、煤、天然气、氢等，它们可以直接储存，因此便于运输和传输，含能体能源又称为载体能源。

（2）过程性能源。是指由可提供能量的物质的运动所产生的能源，如水能、风能、潮汐能、电能等，其特点是无法直接储存。

6. 按是否能作为燃料分类

（1）燃料能源。它们可以作为燃料使用，如各种矿物燃料，生物质燃料及二次能源中的汽油、柴油、煤气等。

（2）非燃料能源。它们是不可作为燃料使用的能源，其含义仅指其不能燃烧，而非不能起燃料的某些作用，如加热等。

7. 按对环境的污染情况分类

（1）清洁能源。即对环境无污染或污染很小的能源，如太阳能、水能、海洋能等。

（2）非清洁能源。即对环境污染较大的能源，如煤、石油等。

此外在书籍和报刊中还常常看到另外一些有关能源的术语或名词，如商品能源、非商品能源、农村能源、绿色能源、终端能源等。其中，商品能源指流通环节大量消费的能源，如煤炭、石油、天然气、电力等；非商品能源指不经流通环节而自产自用的能源，如农户自产自用的薪柴、秸秆，牧民自用的牲畜粪便等。表 1-4 给出了能源分类的情况。

表 1-4　　　　　　　　　　　　　　　能 源 的 分 类

按使用状况分类	按性质分类	按一、二次能源分类	
		一次能源	二次能源
常规能源	燃料能源	泥煤（化学能） 褐煤（化学能） 烟煤（化学能） 无烟煤（化学能） 石煤（化学能） 油页岩（化学能） 油砂（化学能） 原油（化学能、机械能） 天然气（化学能、机械能） 生物燃料（化学能） 天然气水合物（化学能）	煤气（化学能）、余热（化学能） 焦炭（化学能） 汽油（化学能） 煤油（化学能） 柴油（化学能） 重油（化学能） 液化石油气（化学能） 丙烷（化学能） 甲醇（化学能） 酒精（化学能） 苯胺（化学能） 火药（化学能）
	非燃料能源	水能（机械能）	电（电能） 蒸汽（热能、机械能） 热水（热能） 余热（热能、机械能）
新能源	燃料能源	核燃料（核能）	沼气（化学能） 氢（化学能）
	非燃料能源	太阳能（辐射能） 风能（机械能） 地热能（热能） 潮汐能（机械能） 海洋温差能（热能、机械能） 海流、波浪动能（机械能）	激光（光能）

七、能源的评价

能源多种多样，各有优缺点。为了正确地选择和使用能源，必须对各种能源进行正确的评价。通常能源评价包括以下几方面：

1. 储量

储量是能源评价中的一个非常重要的指标。作为能源的一个必要条件是储量要足够丰富。一种理解认为，对煤和石油等化石燃料而言，储量是指地质资源量；对太阳能、风能、地热能等新能源而言则是指资源总量。另一种理解认为，储量是指有经济价值的可开采的资源量或技术上可利用的资源量。在有经济价值的可开采的资源量中又分为普查量、详查量和精查量等几种情况。在油、气开采中，通常又将累计探明的可采储量与可采资源量之比称为可采储资比，用以说明资源的探明程度。储量丰富且探明程度高的能源才有可能被广泛地应用。

2. 能量密度

能量密度是指在一定的质量、空间或面积内，从某种能源中所能得到的能量。显然，如果能量密度很小，就很难用作主要能源。几种能源的能量密度见表 1 - 5。

表 1 - 5　　　　　　　　　　　　几种能源的能量密度

能源类别	能量密度
风能（风速 3m/s）	0.02（kW/m^2）
水能（流速 3m/s）	20（kW/m^2）
波浪能（波高 2m）	30（kW/m^2）
潮汐能（潮差 10m）	100（kW/m^2）
太阳能（晴天平均）	1（kW/m^2）
太阳能（昼夜平均）	0.16（kW/m^2）
天然铀	$5.0×10^8$（kJ/kg）
铀 235（核裂变）	$7.0×10^{10}$（kJ/kg）
氘（核聚变）	$3.5×10^{11}$（kJ/kg）
氢	$1.2×10^5$（kJ/kg）
甲烷	$5.0×10^4$（kJ/kg）
汽油	$4.4×10^4$（kJ/kg）

由表 1 - 5 可以看出，太阳能和风能的能量密度很小，各种常规能源的能量密度都比较大，核燃料的能量密度最大。

3. 储能的可能性

储能的可能性是指能源不用时是否可以储存起来，需要时是否又能立即供应。在这方面化石燃料容易做到，而太阳能、风能则比较困难。由于大多数情况下，用能是不均衡的，如白天用电多，深夜用电少；冬天需要热，夏天却需要冷。因此，在能量的利用中，储能是很重要的一环。

4. 供能的连续性

供能的连续性是指能否按需要和所需的速度连续不断地供给能量。显然太阳能和风能就很难做到供能的连续性。太阳能白天有，夜晚无；风力则时大时小，且随季节变化大。因此，常常需要有储能装置来保证供能的连续性。

5. 能源的地理分布

能源的地理分布和能源的使用关系密切相关。能源的地理分布不合理，则开发、运输、基本建设等费用都会大幅度的增加。例如，我国煤炭资源多在西北，水能资源多在西南，工业区却在东部沿海，因此，能源的地理分布对使用很不利，带来了"北煤南运""西电东送"等诸多问题。

6. 开发费用和利用能源的设备费用

各种能源的开发费用及利用该种能源的设备费用相差悬殊。例如，太阳能、风能不需要任何成本即可得到。各种化石燃料从勘探、开采到加工却需要大量投资。利用能源的设备费用则正好相反，太阳能、风能、海洋能的利用设备费按每千瓦计远高于利用化石燃料的设备费。核电站的核燃料费远低于燃油电站，但其设备费却高得多。因此，在对能源进行评价时，开发费用和利用能源的设备费用是必须考虑的重要因素，并需进行经济分析和评估。

7. 运输费用与损耗

运输费用与损耗是能源利用中必须考虑的一个问题。例如，太阳能、风能和地热能都很难输送出去，但煤、油等化石燃料却很容易从产地输送至用户。核电站的核燃料运输费用极少，因为核燃料的能量密度是煤的几百万倍，而燃煤电站的输煤就是一笔很大的费用。此外运输中的损耗也不可忽视。

8. 能源的可再生性

在能源日益匮乏的今天，评价能源时不能不考虑能源的可再生性。例如，太阳能、风能、水能等都可再生，而煤、石油、天然气则不能再生。在条件许可和经济上基本可行的情况下应尽可能采用可再生能源。

9. 能源的品位

能源的品位有高低之分，例如，水能能够直接转变为机械能和电能，它的品位要比先由化学能转变为热能，再由热能转换为机械能的化石燃料必然要高些。另外热机中，热源的温度越高，冷源的温度越低，则循环的热效率就越高，因此温度高的热源品位比温度低的热源高。在使用能源时，特别要防止高品位能源降级使用，并根据使用需要适当安排不同品位能源。

10. 对环境的影响

使用能源一定要考虑对环境的影响。化石燃料对环境的污染大；太阳能、氢能、风能对环境基本上没有污染。在使用能源时应尽可能采取各种措施防止对环境的污染。

在对各种能源进行选择、评价时还必须考虑国情，例如，我国能源结构以煤为主的格局；我国经济发展不平衡、人口众多的实际情况；此外也应依据国家的有关政策、法规，如我国能源开发与节约并重的基本方针；同时充分考虑技术与设备的难易程度。只有这样才能对能源进行正确的评价和选择。

第二节　能量转换与储存

一、概述

研究能量属性及其转换规律的科学是热力学。从热力学的角度看，能量是物质运动的度量，运动是物质存在的形式，因此一切物质都有能量。物质的运动可分为宏观运动和微观运动。度量物质宏观运动能量的是宏观动能和位能；度量物质微观运动能量的是"热力学能"。广义上讲，热力学能包括分子热运动形成的内动能、分子间相互作用形成的内位能、维持一定分子结构的化学能和原子核内部的核能。温度越高，分子的内动能越大；内位能取决于分子之间的距离，距离越小，内位能越大。在没有化学反应和核反应的物理过程中，化学能和核能都不变，所以热力学能的变化只包括内动能和内位能的变化。只要物质运动状态一定，物质拥有的能量就一定。所以物质的能量仅仅取决于物质的状态，是状态参数。

尽管物质的运动多种多样，但就其形态而论只有有序（有规则）运动和无序（无规则）运动两类。人们常将量度有序运动的能量称为有序能，量度无序运动的能量称为无序能。显然，一切宏观整体运动的能量和大量电子定向运动的电能都是有序能；物质内部分子杂乱无章的热运动则是无序能。大量事实证明，有序能可以完全、无条件地转换为无序能；相反的转换却是有条件的、不完全的。能量和能量转换这一特性，导致能量不仅有"量"的多少，而且有"质"的高低，而这正是能量转换中两个最重要的方面。

二、能量守恒与转换定律

在第一节中已说过，能量在量方面的变化，遵循自然界最普遍、最基本的规律，即能量守恒与转换定律。能量守恒和转换定律指出：自然界的一切物质都具有能量；能量既不能被创造，也不能被消灭，只能从一种形式转换成另一种形式，从一个物体传递到另一个物体；在能量转换与传递过程中能量的总量恒定不变。

热能是自然界广泛存在的一种能量，其他形式的能量（机械能、电能、化学能）都很容易转换成热能。热能与其他形式能量之间的转换也必然遵循能量守恒和转换定律——热力学第一定律。热力学第一定律指出：热能作为能量，可以与其他形式的能量相互转换，在转换过程中能量总量保持不变。在热力学第一定律提出前，许多人曾幻想制造一种不消耗任何能量却能连续获得机械能的永动机。热力学第一定律发现后，制造这种违背热力学第一定律的永动机（后人就称之为第一类永动机）的企图最终被科学理论所否定。因此热力学第一定律也常表述为"第一类永动机是不可能制成的"。

三、能量贬值原理

能量不仅有量的多少，还有质的高低。热力学第一定律只说明了能量在量上要守恒，并没有说明能量在"质"方面的高低。事实上能量具有品质上的差别。例如，一大桶温水的热量很多，却不足以煮熟一个鸡蛋，而一勺沸水所含热量相对很少，却可以烫伤人。所以一样多的两个热量，如果它们的温度不同，产生的客观效果也不同，因此有加以区分的必要。

另外，热力学第一定律只说明了某一个变化过程中的能量关系，并没有说明这个变化过程进行的方向。例如，在两个不同温度的物体所组成的孤立系统中，热力学第一定律只说明，如果它们之间有热交换的话，则一个所得的热量必然等于另一个所失的热量，但没有说明哪一个物体失去热量或哪一个物体得到热量。事实上我们都知道，温度高的物体失去热量，温度低的物体得到热量；永远不会有热者得到热量变得更热，冷者失去热量变得更冷这样的一个孤立系统。热力学第一定律没有包含这个人尽皆知的事实。

上述例子说明自然界进行的能量转换过程是有方向的。不需要外界帮助就能自动进行的过程称为自发过程，反之为非自发过程。自发过程都有一定的方向，若要使自发过程反向进行并回到初始状态则需花费代价，所以自发过程都是不可逆过程。

自由膨胀是另一个过程方向性的例子。一个刚性绝热容器分隔成两室，分别储有同类的高压和低压气体，若在隔板上开一个小孔，高压气体就会自动流入低压室，直到两室压力相等时宏观流动才停止，这种自由膨胀过程也是自发过程。若隔板两侧有不同种类的气体，则不论两侧的温度、压力是否相等，当抽去隔板后两侧的气体会互相扩散、混合，最后成为均匀一致、处处状态相同的混合气体。显然这种扩散混合过程也是自发的。

能量转换过程之所以有方向性，就是因为能量有品质的高低。能量可以区分为有序能和无序能，有序能之间可以无条件地转换，但当能量转换或传递过程中有无序能参与时，就会产生转换的方向性和不可逆问题。由此可以看出，有序能比无序能更有价值。

因此，热能和机械能之间的转换也是有方向的。因为机械能是有序能，热能是无序能。实践证明，机械能可以全部转换成热能（如摩擦生热），而热能却不可能全部转换为机械能。可见机械能转换成热能是自发过程，反之则为非自发过程。

自发过程不可逆的原因有很多，通过摩擦（如有序的机械能通过摩擦转换为无序的热能）或电阻（如有序的电能通过电阻转换为无序的热能）使有序能不可逆地转换为无序能的现象称为耗散效应。而温差传热、扩散混合等过程是在温度差、浓度差的推动下进行的过程，它们虽然没有耗散效应，但也是不可逆过程。因此，有耗散效应及在有限的势差推动下的过程都是不可逆过程。

由此可以看出，能量中"量"的属性遵循热力学第一定律，能量中"质"的属性则遵循热力学第二定律。

考察一种普通的自然现象：摩擦生热。由于摩擦，机械能转换为热能，即有序能变成了无序能。从能量的数量上看没有变化，但从品质上看却降低了，即它的使用价值变小了，这种情况就称为能量贬值。因此从能量的品质上看，摩擦使高品质的能量贬值为低品质的能量。

能量贬值是自然界的普遍现象。例如，在发电机中由于摩擦、内电阻等耗散结构，输入的机械能除绝大部分变成电能外，总有一小部分机械能变成热能，使总的能量品质下降。只有在完全理想的可逆条件下才能使机械能全部变成电能，能量品质保持不变，但这只是一种理想的情况，实际并不能做到。

就像热力学第一定律一样，热力学第二定律也是长期实践经验的总结。尽管有许多不同的表达方式，热力学第二定律的实质就是能量贬值原理。能量贬值原理指出，能量转换过程总是朝着能量贬值的方向进行，高品质的能量可以全部转换成低品质的能量，能量传递过程也总是自发地朝着能量品质下降的方向进行。能量品质提高的过程不可能自发地单独进行，一个能量品质提高的过程必定伴随有另一个能量品质下降的过程，并且这两个过程是同时进行的，即这个能量品质下降的过程就是实现能量品质提高过程的必要的补偿条件。在实际过程中，作为代价的能量品质下降的过程必须足以补偿能量品质提高的过程，因为某一系统中的实际过程之所以能进行都是以该系统中总的能量品质必定下降为代价的，即任何实际过程的进行都会产生能量贬值。因此，在以一定的能量品质下降作为补偿的条件下，能量品质的提高也必定有一个最高的理论限度。显然这个最高的理论限度是能量品质的提高值正好等于能量品质的下降值，此时系统总的能量品质保持不变。

热力学第二定律深刻地指明了能量转换过程的方向、条件和限度。以热能和机械能之间的转换为例，机械能可以自发地、无条件地转换为热能，热能转换为机械能则是有条件的。即使在理想的完全可逆的条件下，也不可能连续不断地把热能全部转换成机械能，总有一部分热能不可避免地要传给低温热源，而无法转换成机械能，即必须以部分热能从高温传向低温作为补偿条件才能实现热能转换为机械能这一能量品质提高的过程。因此，任何实现热能转换成机械能的热机的效率都不可能是 100%。在完全可逆的条件下，可以算出热能转变为机械能的最高理论限度。在实际的转换过程中，由于不可逆因素的存在，热能转换成机械能的数量必定低于这个理论极限。两者之间的差距可以用来量度实际转换过程的不可逆损失，也可反映在改进转换过程时可能具有的潜力。

热力学第二定律也指明了能量传递过程的方向、条件和限度。当存在有限势差（温差、浓度差等）时，自发过程总是朝着消除势差的方向进行，在势差消除时自发过程即终止（过程的极限）。例如，当物体之间存在温差时，就会发生热量的传递过程，热量总是自发地从高温物体传向低温物体，当两物体温度相等时，热量的传递过程就结束。当热量从高温物体传向低温物体时，能量在数量上是守恒的，但能量品质却下降了。又如，水总是自动地从高处流向低处；电流总是自发地由高电势流向低电势；气体总是自发地由高压膨胀到低压；气体分子总是自由地从高浓度向低浓度扩散；不同气体可以自动地混合，相变过程和化学反应过程能自动地向一定的方向进行等，它们进行的方向都朝着消除势差的方向，即朝着能量品质贬值的方向进行。虽然它们的反向过程并不违反热力学第一定律，但却不可能自发进行的。

从概率论的角度来阐述过程存在方向性的原因。例如，一个刚性绝热容器被隔板分成左、右两室，其中左室充满气体，右室为真空。当隔板抽出后，气体分子必定均匀地充满全部容器。若无外力作用，气体分子决不会自动地回到左室中。从概率论的角度分析，若容器中只有一个分子，因为分子运动的不规则性，分子出现在左室和右室的可能性相同，其概率都是 1/2；若容器中有 4 个分子，则 4 个分子同时出现在左室或右室的概率也相同，但只有 1/16。这时左、右室中可能出现的分子分布情况共有 16 种。从微观的角度看，每一种分布的可能性都是一样的，均为 1/16。所以 4 个分子均集中在左室的概率为 1/16；左室中有 3 个分子，右室中有 1 个分子的概率为 4/16；左室中有 2 个分子，右室中有 2 个分子的均匀分布的概率则为 6/16。由此可见均匀分布的状态有最大的概率，较不均匀的状态有较小的概率，而最不均匀的状态概率最小。

实际上，一个宏观容器中所包含的气体分子数目是巨大的，所以气体集中分布在左室或右室的概率极小，实际上是不可能的，而出现均匀分布的概率则极大。所以容器抽出隔板后的自由膨胀过程就是气体分子从概率小的状态变到概率大的状态的过程。由此可以得出结论：从概率较小的状态变化到概率较大的状态是自发过程，反之是非自发过程。显然自发过程是不能自动恢复的。

热力学第二定律有各种不同的说法。例如，克劳修斯的说法是："不可能把热量从低温物体传到高温物体而不引起其他变化"，它指出了热量传递过程的单向性。开尔文的说法是："不可能从单一热源吸取热量使之完全转变成功而不产生其他影响"，它说明了热能与机械能转换的方向性。显然，这些说法都是等效的。

值得指出的是，热力学第一定律和热力学第二定律是两条互相独立的基本定律。前者揭示了在能量转换和传递过程中能量在数量上必定守恒的规律；后者则指出在能量转换和传递过程中，能量在品质上必然贬值的规律。一切实际过程必须同时遵守这两条基本定律，违背其中任何一条定律的过程都是不可能实现的。

四、能量转换的效率

根据能量贬值原理，不是每一种能量都可以连续、完全地转换为任何一种其他的能量形式。从转换的角度，可以把能量分为"烟"（Exergie）和"烷"（Anergie）两部分。烟是这样一种能量，在给定的环境条件下，它可以连续、完全地转换为任何一种其他形式的能量；所以烟又称为可用能或有效能。烷则是一种不可转换的能量，称为无用能或无效能。由此，对于一切形式的能量都可以表示为

$$能量＝烟＋烷 \tag{1-14}$$

或用符号表示为

$$E = E_x + A_n \tag{1-15}$$

正如第一章第一节中指出的，各种不同形式的能量，按其转换能力可分为三大类：

（1）无限转换能（全部转换能）。它可以完全转换为功，称为"高质能"。高质能全部都是"烟"，即 $E＝E_x$，$A_n＝0$，因此它的数量和质量是统一的，如电能、机械能、水能、风能、燃料储存的化学能等。从本质上讲高质能是有序运动所具有的能量，而且各种高质能理论上可以无限地相互转换。

（2）有限转换能（部分转换能）。它只能部分地转换为功，称为"低质能"，其 $E_x < E$，$A_n > 0$，因此它的数量和质量是不统一的。如热能、流动体系的总能（通常用焓表示总能的大小）等。

（3）非转换能（废能）。它受环境限制不能转换为功，称为"废能"。如处于环境条件下的介质的内能、焓等。根据能量贬值原理，尽管废能有相当的数量，但从技术上讲，无法使之转换为功，所以对废能而言，$E_x＝0$，$E＝A_n$。

根据"烟"和"烷"的概念，热力学第一定律也可表述为：在孤立系统的任何过程中，"烟"和"烷"的总和保持不变。热力学第二定律则可表述为：一切实际过程均朝着总"烟"减少的方向进行，也就是说，由"烷"转换为"烟"是不可能的。

热力学的这两个基本定律告诉我们：欲节约能源，必须综合考虑能的量和质两方面。

对于能源利用中最重要的热能利用而言，可用能"烟"可理解为：处于某一状态的体系可逆地变化到与基准态（周围环境状态）相平衡时，理论上能对外界所做出的最大有用功。采用周围环境作为基准态是因为它是所有能量相关过程的最终冷源。

然而实际上由于各种过程都不可避免地存在各种损失，都是不可逆过程，因此即使对高品质能量而言，其传递和转换的效率也不可能是 100%。例如，在机械能的传递过程中，由于传动机构（如变速箱）或支撑件（如轴和轴承）之间的摩擦必然会损失一部分能量，即部分机械能被转换成热能。这部分热能不但毫无用处，而且还需设置专门的冷却装置以带走变速箱和轴承中的热量。在机械能转换成电能的装置（如汽轮发电机组、水轮发电机组）中，由于摩擦、电阻和磁耗等因素，发电的效率也不是 100%。

对热能利用而言，热设备存在的能量损失更多，它通常包括：

（1）设备的壁面由于辐射、对流、导热而损失的能量。

（2）被从设备排出的物质带走的能量。

（3）设备内由于发生不可逆过程所损失的可用能。

对第一类损失，其引起的原因有设备的保温性能不好、密封不严、有空隙；设备内的温度和压力波动，设备的频繁启动、停车等。对第二类损失，有烟气、冷却水、炉渣等带走的热量，以及燃烧不完全、漏入的空气过多、传热不好、设备设计不完善、烟气旁通等原因。第三类损失通常是没有注意到的，其特点是热量完全没有损失，而是发生了无益的能量质的降低。例如，燃料具有的化学可用能，通过燃烧转换为燃烧气体的热可用能时，一部分可用能发生了损失，这相当于传热时由于温度降低而引起的可用能减少一样。此外因冷空气侵入而产生的炉内温度降低，并不表现为热量的损失，而是可用能减少了。蒸汽由于节流作用而产生的压力损失，也不是热量损失，而是可用能损失。

概括起来说，以下几种情况都会带来可用能的损失：

（1）热量从高温传向低温，直至接近环境温度。

（2）流体从压力高处流向压力低处，直至接近与环境相平衡的压力。

（3）物质从浓度高处扩散转移到浓度低处，直至接近与环境相平衡的浓度。

（4）物体从高的位置降落到稳定的位置。

（5）电荷从高电位迁移到接近于环境的电位。

在能量利用中热效率和经济性是非常重要的两个指标。由于存在着耗散作用、不可逆过程及可用能损失，在能量转换和传递过程中，各种热力循环、热力设备和能量利用装置，其效率都不可能是100%的。根据热力学原理，对于一切热工设备有：

$$经济性指标 = \frac{获得的收益}{花费的代价} \tag{1-16}$$

对热设备：

$$热效率\ \eta = \frac{有效利用热}{供给热} \tag{1-17}$$

对动力循环：

$$热效率\ \eta = \frac{输出功}{供给热} \tag{1-18}$$

对理想的卡诺循环：

$$\eta = 1 - \frac{T_2}{T_1} \tag{1-19}$$

式中：T_2 为低温热源的温度；T_1 为高温热源的温度。

对制冷循环：

$$制冷系数\ \varepsilon_c = \frac{从低温热源"抽"走的热}{消耗功} \tag{1-20}$$

对理想的逆向卡诺制冷循环：

$$\varepsilon_c = \frac{T_2}{T_0 - T_2} \tag{1-21}$$

式中：T_0、T_2 分别为高温热源（如大气）、低温热源（如冷库）的温度。

对供热循环：

$$供暖系数\ \varepsilon_n = \frac{供给高温热源的热}{消耗功} \tag{1-22}$$

对理想的逆向卡诺热泵循环：

$$\varepsilon_n = \frac{T_1}{T_1 - T_0} \tag{1-23}$$

式中：T_1、T_0 分别为高温热源（如室温）、低温热源（如大气）的温度。

以上，η、ε_c、ε_n 不仅指出了在同样温度范围内实际的动力循环、制冷循环和供暖循环的经济指标的极限值，同时也指明了提高其经济性指标的途径。

五、能量的储存

在日常生活或工业生产中，能量的储存都是非常重要的。这是因为对大多数能量转换或利用系统而言，获得的能量和需求的能量常常是不一致的，因此为了使该利用能量的过程能连续地进行，就必须有某种形式的能量储存措施或专门设置一些储能设备。例如，汽车的油箱，飞机和飞行器的燃料储箱，燃煤电厂的堆煤场，储气罐中的天然气，水电站大坝后的水等。

对电力工业而言，电力需求的最大特点是昼夜负荷变化很大，巨大的用电峰谷差使峰期电力紧张，谷期电力过剩。如我国东北电网最大峰谷差已达最大负荷的 37%，华北电网峰谷差更大，达 40%。如果能将谷期（深夜和周末）的电能储存起来供峰期使用，将大大改善电力供需矛盾，提高发电设备的利用率，节约投资。另外在太阳能利用中，由于太阳昼夜的变化和受天气、季节的影响，也需要有一个储能系统来保证太阳能利用装置的连续工作。

化石燃料如煤、石油、天然气，以及由它们加工而获得的各种燃料油、煤气等，它们本身是一种含能体，因此，这种储能相对简单。但是，对电能、太阳能、热能等的储存就比较困难，常常需要某些储能材料和储能装置来实现。

衡量储能材料及储能装置性能优劣的主要指标有储能密度、储存过程的能量损耗、储能和取能的速率、储存装置的经济性、寿命（重复使用的次数），以及对环境的影响。表 1-6 给出了某些储能材料和装置的储能密度。显然作为核能和化学能的储存者，即核燃料和化石燃料有很大的储能密度，而电容器、飞轮等储能装置的储能密度就非常小。

在实际应用中涉及的储能问题主要是机械能、电能和热能的储存。

表 1-6　　　　　　　　　　**某些储能材料和装置的储能密度**　　　　　　　　(kJ/kg)

储能材料	储能密度	储能装置	储能密度
反应堆燃料（2.5%浓缩 UO_2）	7.0×10^{10}	银氧化物-锌蓄电池	437
烟煤	2.78×10^7	铅-酸蓄电池	112
焦炭	2.63×10^7	飞轮（均匀受力的圆盘）	79
木材	1.38×10^7	压缩气（球形）	71
甲烷	5.0×10^4	飞轮（圆柱形）	56
氢	1.2×10^5	飞轮（轮圈-轮辐）	7
液化石油气	5.18×10^7	有机弹性体	20
一氢化锂	3.8×10^7	扭力弹簧	0.24
苯	4.0×10^7	螺旋弹簧	0.16
水（落差100m）	9.8×10^3	电容器	0.016

第三节 能源与环境

一、环境问题

地球是人类赖以生存的环境。地球上的生物和非生物物质被视为环境要素，与人类息息相关。人类环境还有别于其他生物环境，它既包含自然环境，也包含社会和经济环境。自然环境包括人类赖以生存的环境要素，如大气圈、水圈、土壤圈和岩石圈等；社会和经济环境则指人类的社会制度等上层建筑条件，包括社会的经济基础、城乡结构，以及同各种社会制度相适应的政治、经济、法律、宗教、艺术、哲学的观念和机构等。

世界经济发展和人类赖以生存的环境是不协调的，经济发展和人口增长给环境造成了巨大的压力，对发展中国家这种情况尤为突出。联合国最新公布的研究结果显示，在过去 30 年中，虽然国际社会在环保领域取得了一定的成绩，但全球整体环境状况持续恶化。国际社会普遍认为，贫困和过度消费导致人类无节制地开发和破坏自然资源，是造成环境恶化的罪魁祸首。

全球环境恶化主要表现在大气和江海污染加剧、大面积土地退化、森林面积急剧减少、淡水资源日益短缺、大气层臭氧空洞扩大、生物多样化受到威胁等方面，同时温室气体的过量排放导致全球气候变暖，使自然灾害发生的频率和烈度大幅增加。

我国的环境状况也不容乐观，除了国内资源难以支撑传统工业文明的持续增长外，我国的环境更难以支撑当前这种高污染、高消耗、低效益生产方式的持续扩张。人类从没有像今天这样意识和感受到生存环境所受的威胁，社会也从来没有像现在这样企盼生活空间质量的改善。

能源作为人类赖以生存的基础，在其开采、输送、加工、转换、利用和消费过程中，都直接或间接地改变着地球上的物质平衡和能量平衡，这必然对生态系统产生各种影响，成为环境污染的主要根源。能源对环境的污染主要表现在温室效应、酸雨、臭氧层破坏、热污染、放射性污染等。

1. 温室效应

全球气候正在变暖已是不争的事实。1860 年有气象仪器观测记录以来，全球平均温度升高了 (0.6 ± 0.2)℃。最暖的 13 个年份均出现在 1983 年以后。20 世纪北半球温度的增幅可能是过去 1000 年中最高的。降水分布也发生了变化。大陆地区尤其是中高纬地区降水增加，非洲等一些地区降水减少。有些地区极端天气气候事件（如厄尔尼诺、干旱、洪涝、雷暴、冰雹、风暴、高温天气和沙尘暴等）出现的频率与强度均有所增加。近百年我国气候同样在变暖，气温上升了 0.4～0.5℃，尤以冬季的西北、华北、东北地区最为明显。1985 年以来，我国已连续出现了 16 个全国范围的暖冬。降水自 20 世纪 50 年代以后则逐渐减少，华北地区呈现出暖干化趋势。

众所周知，单原子气体和空气中的氮、氧、氢等双原子气体的辐射和吸收能力微不足道，均可看作是透明体。然而，二氧化碳、水蒸气、二氧化硫、甲烷、氟利昂（制冷剂）等三原子气体却有相当大的辐射能力和吸收能力。与固体不同，上述这些气体的辐射和吸收有选择性，即它们只能辐射和吸收某些波长区间的能量，对该波长区以外的能量则既不辐射也不吸收。对于二氧化碳这类气体，它们只能吸收长波，不能吸收短波。太阳表面的温度约为

6000K，辐射能主要是短波；地球表面温度约为 288K，辐射能主要为长波。因此从太阳发射出来的短波辐射被地球表面吸收后变成低温，向宇宙空间发射的是长波辐射。这样一来，二氧化碳这类气体能让太阳的短波辐射自由地通过，同时却吸收地面发出的长波辐射。其结果是，大部分太阳短波辐射可以通过大气层到达地面，使地球表面温度升高；与此同时，由于二氧化碳等气体强烈地吸收地面的长波辐射，使散失到宇宙空间的热量减少，于是地面吸收的热量多，散失的热量少，导致地球温度升高，这就是所谓的"温室效应"。像二氧化碳这类会使地球变暖的气体就称为温室气体。主要的温室气体及其来源如图 1-2 所示。

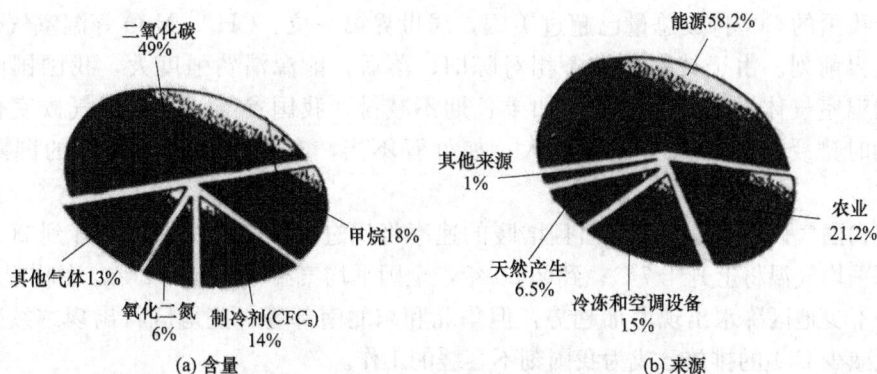

图 1-2　主要的温室气体及其来源

　　工业化时代开始以来，仅仅 200 年的时间，人类的活动已使地球上层的大气发生了很大的变化。在过去的一个世纪里，由于燃烧化石燃料和砍伐森林。二氧化碳的含量已经增加了20%；大气中的 N_2O 也增加了 1/3，它主要来自化石燃料的燃烧，以及肥料脱氮和森林破坏所释放的污染物质。此外，甲烷在上层大气中的含量也增加了 1 倍，这主要是由于油气井的喷发，森林和原野转变成牧场和耕地，以及海洋捕捞活动中产生的有机废弃物腐烂。如果这种趋势继续下去，全球平均地表气温到 2100 年将比 1990 年上升 1.4～5.8℃。这一增温值将是 20 世纪内增温值（0.6℃左右）的 2～10 倍。2100 年全球平均海平面将比 1990 年上升 0.09～0.88m。一些极端事件（如高温天气、强降水、热带气旋强风等）发生的频率将会增加。

　　气候变化对自然生态系统已造成并将继续产生明显影响。它主要表现在：

　　（1）改变植被群落的结构、组成及生物量，使森林生态系统的空间格局发生变化，同时也造成生物多样性减少等。

　　（2）冰川条数和面积减少，冻土厚度和下界会发生变化，高山生态系统对气候变化非常敏感，冰川规模将随着气候变化而改变，山地冰川普遍出现减少和退缩现象。

　　（3）导致湖泊水位下降和面积萎缩。

　　（4）农业生产的不稳定性增加，产量波动大；农业生产布局和结构将出现变动；农业生产条件改变，农业成本和投资大幅度增加。

　　（5）气候变暖将导致地表径流、旱涝灾害频率及水质等发生变化，水资源供需矛盾更为突出。

（6）对气候变化敏感的传染性疾病的传播范围可能增加；与高温热浪天气有关的疾病和死亡率增加。

（7）影响人类居住环境。

减缓温室效应的对策有：

（1）提高能源的利用率，减少化石燃料的消耗量，大力推广节能新技术。

（2）开发不产生 CO_2 的新能源，如核能、太阳能、地热能、海洋能。

（3）推广植树绿化，限制森林砍伐，制止对热带森林的破坏。

（4）减慢世界人口增长速度，在农村发展"能源农场"。

（5）采用天然气等低含碳燃料，大力发展氢能。

最近我国的 CO_2 排放总量已超过美国，居世界第一位。CH_4、N_2O 等温室气体的排放量也居世界前列。由于技术和设备相对陈旧、落后，能源消费强度大，我国国内单位生产总值的温室气体排放量比较高。如果长期不减排，我国参与《联合国气候变化框架公约》活动时遭受的压力将会越来越大，如处置不当，有可能会影响我国的国际形象和地位。

此外我国气候将继续变暖，而且增暖的速率将比过去 100 年更快。估计到 2020～2030 年，全国平均气温将上升 1.7℃；到 2050 年，全国平均气温将上升 2.2℃，变暖幅度由南向北增加。不少地区降水出现增加趋势，但华北和东北南部等一些地区将出现继续变干的趋势。因此减少 CO_2 的排放已成为我国刻不容缓的工作。

2. 酸雨

天然降水的 pH 为 6.55，一般将 pH 小于 5.6 的降雨称为酸雨。可能引起雨水酸化的物质主要是 SO_2 和 NO_x，它们形成的酸雨占总酸雨量的 90% 以上，而上述两类物质的 90% 以上都是燃烧化石燃料造成的。中国的酸雨以硫酸为主，硝酸的含量不到硫酸的 1/10，这与中国以煤为主的能源结构有关。

酸雨会以不同的方式危害水生生态系统、陆生生态系统、腐蚀材料和影响人体健康。首先酸雨会使湖泊变成酸性，引起水生生物死亡。其次酸雨是造成大面积森林死亡的原因。酸雨还加速了建筑结构、桥梁、水坝、工业设备、供水管网和名胜古迹的腐蚀，影响人体健康。20 世纪 70 年代，酸雨在世界上仍是局部性问题，进入 20 世纪 80 年代后，酸雨危害更加严重，并且扩展到世界范围。

根据 2014 年《中国环境状况公报》，2014 年，全国酸雨污染主要分布在长江以南—青藏高原以东地区，主要包括浙江、江西、福建、湖南、重庆的大部分地区，以及长三角、珠三角地区。

2014 年监测的 470 个市（县）中，出现酸雨的市（县）比例为 44.3%。酸雨频率在 25% 以上的城市比例为 26.6%；酸雨频率在 75% 以上的城市比例为 9.1%，如图 1-3 所示。2014 年，降水 pH 年均值低于 5.6（酸雨）、低于 5.0（较重酸雨）和低于 4.5（重酸雨）的市（县）分别占 29.8%、14.9% 和 1.9%。酸雨、较重酸雨和重酸雨的城市比例同比均基本持平，如图 1-4 所示。

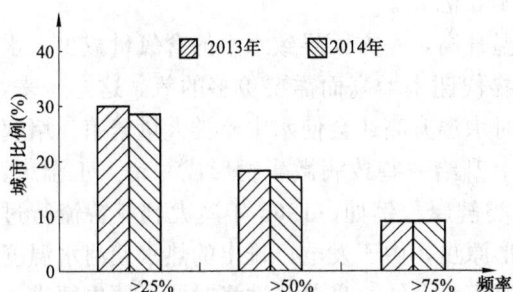

图 1-3 不同酸雨频率的市（县）比例年际变化

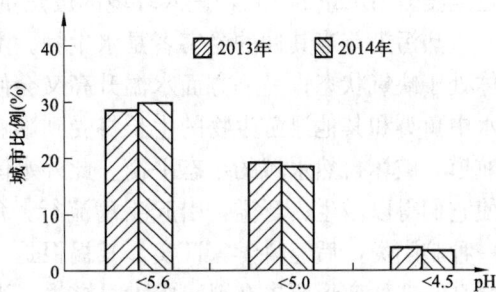

图 1-4 不同酸雨频率的市（县）比例年际变化

针对上述情况，世界各国都在采取切实有效的措施控制 SO_2 的排放，其中最重要的是推进洁净煤技术。

3. 臭氧层破坏

1984 年英国科学家首次发现南极上空出现了臭氧空洞，随后由气象卫星证实。由于人类的活动，这个臭氧洞已在迅速扩大，如图 1-5 所示。目前不仅在南极，而且在北极也出现了臭氧层减少的现象，美国航空航天局（NASA）的测定表明，1989 年北极臭氧层与 1970 年的测定相比已经被吞掉 19～24km 深，而且北半球其他地方的臭氧层也比 1969 年减少了 3%。造成臭氧层破坏的主要原因是人类过多地使用氟氯烃类物质和燃料燃烧产生的 N_2O。

臭氧（O_3）是氧的同位素，它存在于地面 10km 以上的大气平流层中，吸收掉太阳辐射中对人类、动物、植物有害的紫外光中的大部分，为地球提供了一个防止太阳辐射的屏障。研究表明，臭氧浓度降低 1.0%，地面的紫外辐射强度将提高 2.0%，皮肤癌患者的数量也随之增加。

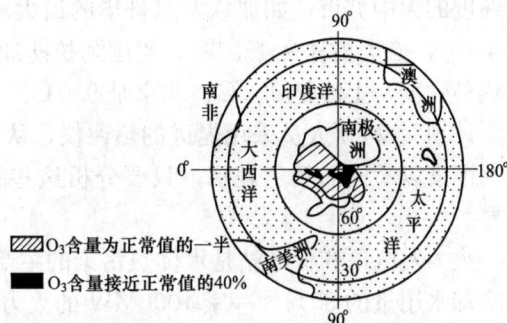

图 1-5 南极上空的臭氧空洞

大气中的 N_2O 的浓度每年正以 0.2%～0.3% 的速度增长，而 N_2O 浓度的增加将引起臭氧层中 NO 浓度增加，NO 和 O_3 作用将生成 NO_2 和 O_2，最终导致臭氧层变薄。大气中的 N_2O 主要来源于自然土壤的排放和化石燃料及生物质燃料的燃烧。因此发展低 NO_x 燃烧技术及烟气和尾气的脱硝是减少 N_2O 排放的关键。

4. 热污染

人们一般认为，当今的环境污染是指有毒、有害的化学物、粉尘、电磁波、放射物等对空气和水造成的污染等。其实，除此之外，"热污染"也是一种严重威胁人类生存和发展的新的环境污染。所谓热污染是指日益现代化的工农业生产和人类生活中排放的各种废热所造成的环境污染。

热污染可以污染水体和大气。例如，用江河、湖泊水作冷源的火力发电厂、核电站和冶金、石油、化工、造纸等工业部门所使用的工业锅炉、工业窑炉等用热设备，冷却水吸收热量后，温度将升高 6～9℃，然后再返回自然水源。于是大量的排热进入到自然水域，引起自然水温升高，从而形成热污染。在工业发达的美国，每天所排放的冷却用水高达 4.5 亿 m^3，接近全美国用水量的 1/3，进入环境的废热量达 10 465 亿 kJ。

热污染首当其冲的受害者是水生物。由于水温升高，一方面导致水中的含氧量减少，水体处于缺氧状态；另一方面水温升高又会使水生物代谢率增高而需要更多的氧。这样一来，水中鱼类和其他浮游生物的生长将受到影响。同时水温升高还会使水中藻类大量繁殖，堵塞航道，破坏自然水域的生态平衡。此外水体水温上升给一些致病微生物形成一个人工温床，使它们得以滋生、泛滥，引起疾病流行，危害人类健康。例如，1965 年澳大利亚曾流行过一种脑膜炎，后经科学家证实，其祸根是一种变形原虫，由于发电厂排出的热水使河水温度增高，这种变形原虫在温水中大量滋生，当人们取河水食饮、烹菜、洗涤时变形原虫便进入人体，引起了这次脑膜炎的流行。还有资料表明，流行性出血热、伤寒、流感、登革热等许多疾病的发生，在一定程度上也与"热污染"有关。

随着人口的增加和能耗的增长，城市排入大气的热量日益增多。按照热力学原理，人类使用的全部能量终将转化为热，传入大气，逸向太空。这种对大气的热污染会造成大城市的"热岛效应"，即城市气温比农村气温高，使一些原本十分炎热的城市变得更加炎热。城市气温过高会诱发冠心病、高血压、中风等，直接损害人体健康。世界上热岛效应最强的是中、高纬度的大中城市，如加拿大温哥华的最大城乡温差（城市热岛强度）为 11℃（1972 年 7 月 4 日），德国柏林为 13.3℃，美国阿拉斯加首府费尔班克斯市曾达 14℃。我国观测到的城市热岛强度，上海是 6.8℃，北京是 9.0℃。美国航空航天局近年来实施了一个"城市热区监测计划"。科研人员采用先进的热像仪，从空中把一个城市的温度分布情况拍摄下来，不同的温度以不同的颜色表示，只要分析这些颜色的变化情况，就可以知道各个地方的温度差异。

火力发电厂和核电站是水体热污染的主要来源，例如，美国发电厂使用的冷却水就占全部冷却水用量的 80%；一座 1000MW 的火力发电厂，每小时就有 4.6×10^{12} J 的热量排放到自然水域中。位于法国吉隆河入海口的布来埃核电站装有 4 台 900MW 的机组，每秒钟产生的温水高达 225m³，致使吉隆河口几公里范围内的水温升高了 5℃。法国巴黎塞纳河水也由于大量废热的涌入，使水温比天然温度高出 5℃。另外采用冷却塔的电厂，由于冷却水蒸发也会使周围空气温度增高，这种温度较高的湿空气对电厂周围的建筑物有强烈的腐蚀作用。例如，德国莱茵河畔的费森海姆核电站，冷却水塔高达 180m，直径 100m，每小时耗水 3600t，冷却水的蒸发使周围空气温度升高了 15℃。

提高电厂和一切用热设备的热效率，不仅使能量有效利用率提高，而且由于排热减少，对环境的热污染也可随之减轻。

5. 放射性污染

核能的开发和核技术在医疗、农业、工业和科学研究中的应用，在带给人类巨大利益的同时也造成了对环境的污染，这种环境污染主要是放射性污染。从污染物对人和生物的危害程度看，放射性物质要比其他污染物严重得多。正因为如此，核能开发以来，人们就对放射性污染的防治极其重视，采取了一系列严格的措施，并将这些措施以法律的形式明确下来。例如，国际原子能机构和我国国家核安全局都制定了核电站厂址选择、设计、运行和质量保证等四个安全法规。我国还制定了《中华人民共和国放射性污染防治法》，该法律已于 2003 年 10 月 1 日起正式实施。正是这些法规的实施，使核电站的安全有了可靠的保证。

二、能源问题

20世纪70年代以来，能源与人口、粮食、环境、资源被列为世界上的五大问题。人们要在越来越恶劣的环境下求得发展，并让子孙后代生活得更好，首先就要解决这五大问题。

1. 世界能源所面临的问题

世界经济的现代化，得益于化石能源（如石油、天然气、煤炭与核裂变能）的广泛应用。然而，由于这一经济的资源载体将在21世纪上半叶迅速地接近枯竭，因此世界性的能源问题主要反映在能源短缺及供需矛盾所造成的能源危机。

石油燃烧效率高、污染低，便于携带、使用、储存，又是多种化工产品的重要原料，特别在交通运输方面更是不可替代的燃料。20世纪50年代以来，长期的低油价又使石油主宰了以后的能源市场。由于政治和经济等多方面原因，20世纪70年代，石油经两次提价，廉价石油已成为珍贵石油。由于石油是一种非再生能源，储量有限。因此，石油生产国为保持长期油价优势，采取限量生产的政策；发达的用油国，由于受到石油危机的冲击和价格的压力，多方面采取了节油政策并研究石油代用技术。与此同时天然气工业也迅速崛起。尽管在近期内世界上大多数国家还能依靠石油输出国供应石油，并更多地使用天然气，但需求的增加反过来又会刺激油价上涨；因此从长远的角度看，依靠大量石油作为主要能源，来促进国民经济迅速增长的情况将不会出现，而且继续依靠石油来满足不断增长的能源需求的日子也不会持续太长。这正是世界能源所面临的主要问题之一。

世界能源面临的另一问题是，随着经济的发展和生活水平的提高，人们对环境质量的要求也越来越高，相应的环保标准和环保法规也越来越严格。由于能源是环境的主要污染源，因此为了保护环境，世界各国不得不在能源开发、运输、转换、利用的各个环节上投入更多的资金和科技力量，从而使能源消费的费用迅速增加。

随着化石燃料资源的消耗，易于探明和开采的燃料，特别是石油和天然气，已逐渐减少。因此能源资源的勘探、开采也越来越难，投入资金多，建设周期长、科技含量高，既是今后能源开发的特点，也是世界性的能源问题。

2. 我国能源面临的问题

我国的能源问题主要反映在以下几方面：

（1）人均能源资源相对不足、资源质量较差、探明程度低。我国常规能源资源的总储量就其绝对量而言，是较为丰富的，然而，由于我国人口众多，就可采储量而言，人均能源资源占有量仅相当于世界平均水平的二分之一，且化石能源勘探程度低，资源不足。有关专家估计，若按目前的开采水平，我国石油资源和东部的煤炭资源将在2030年耗尽，水力资源的开发也将达到极限。按各种燃料的热值计算，在目前的探明储量下，世界能源资源中，固体燃料和液、气体燃料的比例为4∶1，而我国则远远落后于这一比值。目前，在世界能源产量中，高质量的液、气体能源所占比例为60.8%，而我国仅为19.1%。

（2）能源生产消费以煤为主。例如1998年，原煤在一次能源生产中所占比重为74.2%，在能源消费结构中，所占比重为75.6%，给环境保护带来了极大的压力。

（3）能源工业技术水平低下，劳动生产率较低。以煤炭和电力工业为例，1998年我国煤炭工业职工总数约占世界煤炭职工人数的52%，而煤炭产量仅占世界总产量的21.5%，人均年产煤量仅为200t，而世界其他采煤国总计的人均年产煤量为1017t。全国4600套火力发电机组中，5万kW以下的机组3370台，占总火力发电机组的73%，其装机总容量仅为

4350 万 kW，仅占总容量的 16%。

（4）能源资源分布不均，交通运力不足，制约了能源工业发展。我国能源资源西富东贫，大多远离人口集中、经济发达的东南沿海地区。这种格局大大增加了能源输运的压力，形成了西电东送、北煤南运的输送格局。多年来，由于运力不足造成了大量的煤炭积压，严重制约了煤炭工业的发展，也造成了电力供应的紧张。

（5）能源供需形势依然紧张。我国的能源生产经过 50 年的努力，取得了十分显著的成绩，能源紧张的矛盾明显缓解。然而与经济的长远发展需要相比，仍存在着较大的差距，特别是洁净高效能源，缺口依然很大。2003 年拉闸限电、成品油价格大幅上涨、煤炭供应不足，三大能源供应同时出现紧张局面就是证明。

（6）能耗水平高，能源利用率低下。据有关部门的调查测算，我国能源系统的总效率不及发达国家的一半。工业产品单耗比工业发达国家高出 30%～90%。如火电标准煤耗，我国是国外先进水平的 1.25 倍，吨水泥煤耗是国外的 1.64 倍，表 1-7 为国内外能耗的比较。目前我国第一产业能耗水平为 0.90t 标准煤，第二产业为 6.58t 标准煤，第三产业为 0.91t 标准煤。产业结构的不合理、能源品质低下，管理落后等是造成能耗水平较高的重要原因。

表 1-7 　　　　　　　　　　　国内外能耗的比较（国内/国外，倍）

原煤耗电	供电煤耗	吨钢可比能耗	合成氨综合能耗	水泥熟料耗标准煤	铁路货运综合能耗
1.84	1.25	1.49	1.41	1.64	1.02

（7）农村能源问题日趋突出，影响越来越大。其主要表现在下述三个方面，①农村生活用能严重短缺，过度的燃烧薪柴造成大面积植被破坏，引起了水土流失和土壤有机质减少，据估计，目前全国农村生活用能短缺至少 20%；②随着农业生产机械化和化学化的发展，农业生产的能耗量急剧增长；③乡镇工业能耗直线上升，能源利用率严重低下，据统计，全国乡镇企业平均单位产值能耗比国有企业高 50% 以上。

（8）能源环境问题日趋严重，制约了经济社会发展。以城市为中心的环境污染进一步加剧，并开始向农村蔓延，生态破坏的范围仍在继续扩大。目前，在污染环境的各因素中，70% 以上的总悬浮颗粒物，90% 以上的二氧化硫，60% 以上的氮氧化合物，85% 以上的矿物燃料产生的二氧化碳均来自煤炭。

（9）能源开发逐步西移，开发难度和费用增加。随着中部地区能源资源的日渐枯竭，开发条件的逐步恶化，近年来，我国能源开发呈现出逐步西移的态势，特别是水能资源开发和油气资源的勘察。

（10）从能源安全角度考虑，我国面临严重挑战。能源安全是指保障能源可靠和合理的供应，特别是石油和天然气的供应。从 1993 年开始，中国成为石油净进口国。此后几年内，我国的石油进口量以每年 1000 万 t 左右递增，而且逐年加大，2003 年递增量达到 2000 万 t。近几年，原油进口增幅更为明显。2004 年，中国原油进口达 1.227 亿 t，同比增长 34.8%，首次突破 1 亿 t 大关。2006 年，中国原油进口量达 1.452 亿 t，比上一年增长 14.2%；2007 年中国原油产量仅增长了 1.6%，达到 1.866 5 亿 t。在风云变幻的国际上，保障石油的可靠供应对国家安全至关重要。这是我国能源领域面临的一项重大挑战。

（11）能源建设周期长，投资超预算。能源建设是一种基础设施建设，建设时间长，难度大，投资多。一个大型煤矿、一个相当规模的油田、一个大型水电站、一座核电站从勘探到投产，一般都要8～10年，这种建设周期拖长，投资超预算的情况，延缓了能源工业的发展。

（12）能源价格未能反映其经济成本和能源资源的稀缺性。尽管我国能源较为紧张，资源相对贫乏，但能源价格却更类似于资源丰富的美国。例如，煤炭价格偏低，而且目前的市场价格还不能完全反映煤炭中硫分和灰分的含量；小煤矿因为不受安全法规和职工福利的制约，可以低价出售质量差的煤炭，影响了优质煤炭的价格。天然气的生产和销售目前还受到严格控制，化肥工业不仅有供气的优先权，而且还享受价格补贴。我国国内原油的价格也低于国际市场。此外在一些能源使用部门中，能源占生产成本的比例很小，不利于节能和提高能源利用率。

三、能源对人体健康的影响

能源对环境的影响是一种综合的影响。表1-8给出了各种能源在生产、加工和利用中对环境的影响。化石燃料燃烧时排放的大量粉尘、SO_2、H_2S、NO_x等除了污染环境外，还会影响人体健康。

另外原煤中均含有微量重金属元素，这些微量重金属元素在燃烧过程中会随烟尘和炉渣排出，从而对大气、水和土壤产生污染，并影响人体健康。例如，砷会使人体细胞正常代谢发生障碍，导致细胞死亡；铅会影响神经系统，抑制血红蛋白的合成代谢；镉中毒，会引起肾功能障碍；汞中毒，会引起肾功能衰竭，并损害神经系统；镍是致癌物质；某些铬化合物可能致肺癌。因此化石燃料燃烧中的重金属污染已日益引起人们的重视。

表1-8　　　　　　　　　各种能源在生产、加工和利用中对环境的影响

能源	对土地资源的影响			对水资源的影响			对空气资源的影响		
	生产	加工	利用	生产	加工	利用	生产	加工	利用
煤	地面破坏、侵蚀、沉降	固体废物	飞灰、渣的排放	酸性矿水、淤泥排出	废水、污染物排出	提高水温			氧化硫、氧化氮、颗粒物
油	废水排放			油泄漏、漏气、废水	油泄漏、漏气	提高水温	蒸发损失	蒸发损失	氧化硫、一氧化硫、氧化氮、烃类
天然气	废水排放					提高水温	泄漏	杂质	一氧化碳、氧化氮
铀	地面破坏、少量放射性固体废物	固体废物	放射性废物排放	排出物中很少量的放射性	放射性废物排放	提高水温、释放少量短半衰期核素	排放很少量的放射性		释放少量短半衰期核素
水电			淹没损失						
地热			地面沉降、地震活动			废水排出、提高水温			硫化氢、氧化硫

续表

能源	对土地资源的影响			对水资源的影响			对空气资源的影响		
	生产	加工	利用	生产	加工	利用	生产	加工	利用
油页岩	地面破坏、沉降	大批的废物		需要大量水，排放有机、无机污染物	提高水温			硫化氢	氧化氮、一氧化碳、烃类
煤的气化	地面破坏、侵蚀、沉降	固体废物	飞灰、渣的排放	酸性矿水、淤泥排出		提高水温			氧化氮、一氧化碳

第四节　能源的可持续发展

一、可持续发展的概念

迄今为止，还没有统一严格的关于可持续发展的定义。比较通俗的提法是：可持续发展是既满足当代人的需求又不危害后代人满足自身需求能力的发展。这一定义强调了可持续发展的时间维，而忽视了其空间维。实际上可持续发展是有其深刻内涵的，它表现在以下四方面：

（1）"发展"是大前提，即发展是人类永恒的主题。为了实现全球范围的可持续发展，应把发展经济、消除贫困作为首要条件。

（2）"协调性"是核心。可持续发展是由人与环境、资源间的矛盾引出的，因此可持续发展的基本目标是人口、经济、社会、环境、资源的协调发展。

（3）"公平性"是关键。可持续发展的关键性问题是资源分配和福利分享，它追求在时间和空间上的公平分配，也就是代际公平和代内不同人群、不同区域和国家之间的公平。

（4）"科学技术进步"是必要保证。科学技术进步是对人类历史起推动作用的主导力量，是第一生产力。它不但通过不断创造、发明、创新、为人类创造财富，而且还为可持续发展的综合决策提供依据和手段，加深人类对自然规律的理解，开拓新的可利用的自然资源领域，提高资源的综合利用效率和经济效益，提供保护自然和生态环境的技术。

为了全球的可持续发展，建议采取以下措施：

（1）使全球化为可持续发展服务。

（2）在城乡地区消除贫穷并改善生活。

（3）改变不可持续的消耗和生产形态，在今后二三十年内，把能源效率提高2倍。

（4）通过供应负担得起的淡水、减少汽油含铅量，以及改进室内空气质量，来增进健康。

（5）发展和使用可再生程度和能效更高的技术、改变不可持续的能源消费形态，供应洁净能源并提高能效。

（6）通过改进指标和管理制度，特别是解决过度捕捞、不可持续的林业做法，以及海洋的污染问题，来对生态系统和生物多样性进行可持续管理。

（7）更好地管理淡水供应、更公平地分配水资源。

（8）提供财政资源和无害环境的技术。

(9) 实施大范围的新方案，建立可以应付饥饿、保健和环境保护及资源管理问题的机构和制度，从而支持非洲可持续发展。

(10) 加强对可持续发展的国际管理。

二、中国能源可持续发展的对策

为了实现中国能源的可持续发展，应充分运用以下三方面的手段：加强政府的宏观管理和行政管理、运用市场机制的调节作用、利用经济增长的机遇。

政府行为在能源可持续发展中起着关键性的作用，它包括制定科学的能源政策和颁布相应的法规，采用行政手段进行能源管理。例如，根据国情制定开发与节约并重的能源工业的长期方针；确立优先发展水电、油气并举、大力开发天然气的能源政策；颁布《节约能源法》；采用行政手段关闭能耗大、污染严重的小煤窑、土法炼油厂；对耗能多的行业制定或完善能源效率标准。

运用市场机制包括很多方面，如取消煤炭运输补贴、降低铁路运输分配量的比例，以鼓励多运优质煤炭；逐步放开天然气供应价格，使其真正反映消费者的支付意愿；取消煤气及区域集中供热的补贴，调整其价格，使之完全反映生产成本；建立一个透明的石油和天然气的价格体系，允许国外投资者进入石油和天然气工业的全过程，以加快发展石油的替代燃料；根据煤炭的含硫量及含灰量在试点省份征收煤炭污染税等。

当前为了解决我国能源所面临的问题，应当采取以下对策：

(1) 努力改善能源结构。为了解决我国一次能源以煤为主的结构，减轻能源对环境的压力，必须努力改善能源结构，包括优先发展优质、洁净能源，如水能和天然气；在经济发达而又缺能的地区，适当建设核电站；进口一部分石油和天然气等。

(2) 提高能源利用率，厉行节约。主要措施有：

1) 对一次能源生产，应降低自身能耗。对一次能源使用，应合理加工、综合利用，以达到最大经济效益。

2) 开发和推广节能的新工艺、新设备和新材料。如连续铸钢、平板玻璃浮选法生产、化纤高温湿法纺织、连续蒸煮造纸等。

3) 发展煤矿、油田、气田、炼油厂、电站的节能技术，提高生产过程中的余热、余压利用。

4) 加强节能技术改造工作。如限期淘汰低效率、高能耗的设备；更新工业锅炉、风机、水泵、电动机、内燃机等量大面广的机电产品；改造工业炉窑和中、低压发电机组；改造城市道路、减少车辆耗油。

5) 调整高耗能工业的产品结构。

6) 设计和推广节能型的房屋建筑。

7) 节约商业用能，推广冷冻食品、冷库储藏的节能新技术。

8) 制定并实施鼓励和促进节能的经济政策。包括能源价格、节能信贷、税收优惠、节能奖罚等。

(3) 加速实施洁净煤技术。洁净煤技术是旨在减少污染和提高效率的煤炭加工、燃烧、转换和污染控制新技术的总称，是世界煤炭利用技术的发展方向。由于煤炭在相当长一段时间内仍是我国最主要的一次能源，因此除了发展煤坑口发电，以输送电力来代替煤的运输外，加速实施洁净煤技术是解决我国能源问题的重要举措。

（4）合理利用石油和天然气，改造石油加工和调整油品结构。石油和天然气不仅是重要的化石燃料，而且是宝贵的化工原料，因此应合理利用石油和天然气，禁止直接燃烧原油并逐步压缩商品燃料油的生产。石油炼制和加工应大型化，要根据油品轻质化的趋势调整油品结构，进行油品的深加工，提高经济效益。

（5）加快电力发展速度。在国民经济中，电力必须先行。应根据区域经济的发展规划，建立合理的电源结构，提高水电的比重。加强区域电网，增加电网容量，扩大电网之间的互联和大电网的优化调度。

（6）积极开发利用新能源。我国应积极开发利用太阳能、地热能、风能、生物质能、潮汐能、海洋能等新能源，以补充常规能源的不足。在农村和牧区，应逐步因地制宜地建立新能源示范区。

（7）建立合理的农村能源结构，扭转农村严重缺能局面。因地制宜地发展小水电、太阳灶、太阳能热水器、风力发电、风力提水、沼气池、地热采暖、地热养殖，种植快速生长的树木等是解决我国农村能源的主要措施。此外提高农村生活用能的质量也是非常重要的，如推广节柴灶和烧民用型煤，前者可使热效率提高 15%～30%，后者除热效率可比烧散煤节约 20%～30%以外，还可使烟尘和 SO_2 减少 40%～60%，CO 减少 80%。

（8）改善城市民用能源结构，提高居民生活质量。煤气是今后城市生活能源的主要形式，供暖、供热水也将是城市居民的普遍要求，因此大力发展城市煤气、实现集中供热和热电联产是城市能源的发展方向。

（9）重视能源的环境保护。防止能源对环境的污染将是能源利用中长期的，也是最困难的任务。

1978 年以来，我国经济迅猛发展，综合国力大大增强，基础设施日趋完善，科技水平不断提高，这些都为 21 世纪我国能源可持续发展创造了良好的条件。

第二章 现代管理基础

第一节 管理概述

一、管理和管理者

（一）管理的概念

管理是指一定组织中的管理者在特定的组织内、外部环境的约束下，运用计划、组织、领导和控制等职能，对组织的资源进行有效的整合和利用，协调他人的活动，使他人同自己一起实现组织的既定目标的活动过程。

这个定义包括以下四个方面：

（1）管理是为实现组织目标服务的，是一个有意识、有目的的过程。对任何一个组织而言，管理都是不可或缺的，但又不是独立存在的。管理不具有自己的目标，不能为管理而管理，而只能使管理服务于组织目标的实现。

（2）管理要通过组织中各种资源的综合运用来实现组织的目标。

（3）管理过程由一系列相互关联、连续进行的活动所构成。这些活动包括计划、组织、领导、控制等，它们是管理的基本职能。

（4）管理是在一定环境下进行的，有效的管理必须充分考虑组织内、外部环境的影响。

管理具有两重性，分别是自然属性和社会属性。管理的自然属性是管理最根本的属性，它是指管理是由许多人进行协作劳动而产生的，是有效组织共同劳动所必需的，要求管理工作按社会化大生产的客观规律来合理组织生产力，具有同生产力和社会化大生产相联系的自然属性，它与具体的生产方式和特定的社会制度无关；管理的社会属性是指管理体现着生产资料所有者指挥劳动、监督劳动的意志，它与生产关系和社会制度相联系。管理受一定生产关系、政治制度和意识形态的影响和约束。也就是说，任何管理活动都是在特定的社会生产关系条件下进行的，都必然地要体现一定社会生产关系的特定要求，为特定的社会生产关系联系，从而实现其调节和维护社会生产关系的职能。所以，管理的社会属性也叫作管理的生产关系属性。管理的社会属性既是生产关系的体现，又反映和维护一定的社会关系，其性质取决于不同的社会经济关系和社会制度的性质。

管理的职能包括计划、组织、领导、控制四个方面。

1. 计划

计划的任务主要是制定目标及目标实施途径，即计划方案。具体来说，计划工作主要包括：①描述组织未来的发展目标，如利润增长目标、市场份额目标、社会责任目标等；②有效利用组织的资源实现组织的发展目标；③决定为实现目标所要采取的行动。计划是管理的首要职能，管理活动从计划工作开始。

2. 组织

再好的计划方案也只有落实到行动中才有意义。要把计划落实到行动中，就必须要有组织工作。组织工作包括分工、构建部门、确定层次等级和协调等活动，其任务是构建一种工作关系网络，使组织成员在这样的网络下更有效地开展工作。通过有效的组织工作，管理人员可以更好地协调组织的人力和物力资源，更顺利地实现组织的目标。

3. 领导

有了计划，构建了合适的组织结构，聘用了合适的人员后，就需要开展领导工作了。领导需要对组织成员施加影响，使他们对组织的目标做出贡献。其工作内容包括激励、采用合适的领导方式、沟通等。

4. 控制

控制工作包括衡量组织成员的工作绩效，发现偏差，采取矫正措施，进而保证实际工作开展情况符合计划要求。

（二）管理者的含义

在管理活动中，管理者是主体。管理者在特定的环境约束下，运用计划、组织、领导和控制等职能，对组织的资源进行有效的整合和利用，协调他人的活动，使他人同自己一起实现组织的既定的目标。管理者是指在组织中从事管理活动的全体人员，即在组织中担负计划、组织、领导、控制和协调等工作，以期实现组织目标的人，是组织中最为重要的一个因素。

管理者根据在组织中的级别、职位和职能头衔区分为高层管理者、中层管理者和基层管理者三个层次。不同层次的管理者工作的重点不同。高层管理者是一个组织的高级执行者，并负责全面的管理，他们的主要任务是制定组织的总目标、总战略，把握组织的发展方向。中层管理者位于高层管理者和基层管理者之间，有时被叫作战术管理者，他们的主要职责是贯彻执行高层管理人员所制定的重大决策和管理意图，监督和协调基层管理人员的工作活动，或对某一方面的工作进行具体的规划和参谋。中层管理者角色的变化需要他们不仅是管理的控制者，而且还是其下属的成长教练。他们必须支持下属并训导他们，使其更具创新精神。基层管理者即最直接的一线管理人员，这个角色在组织内是非常关键的，因为基层管理者是管理者与非管理员工之间的纽带，他们的主要职责是直接给下属作业人员分派具体工作任务，直接指挥和监督现场作业活动。基层管理者受上层的指导和控制，以确保其成功地实施公司的战略行动。

每位管理者都在自己的组织中从事某一方面的管理工作，都要力争使自己主管的工作达到一定的标准和要求。管理是否有效，在很大程度上取决于管理者是否真正具备了作为一个管理者应该具备的管理技能。通常而言，作为一名管理人员应该具备的管理技能包括技术技能、人际技能、概念技能三大方面。技术技能是指使用某一专业领域内有关的程序、技术、知识和方法完成组织任务的能力。人际技能是指与处理人际关系有关的技能，即理解、激励他人，并与他人共事的能力。概念技能是指在复杂环境中寻找与把握方向的能力、形成工作思路的能力等。

那些处于较低层次的基层管理人员，主要需要的是技术技能，其次是人际技能；处于较高层次的中层管理人员，更多地需要人际技能，其次才是技术技能与概念技能；而处于最高层次的管理人员，则尤其需要具备较强的概念技能，其次是人际技能及技术技能。

二、管理学的研究对象和研究方法

（一）研究对象

管理学以一般组织的管理为研究对象，研究包括管理的基本概念、原理、方法和程序，探讨人、财、物、信息、技术、方法、时间的计划和控制问题，组织的结构设计问题，对组织中人的领导与激励问题等。由于管理活动总是在一定的社会生产方式下进行的，因此管理学研究对象的范围涉及社会的生产力、生产关系和上层建筑三个方面。

（1）生产力。主要研究如何合理配置组织中的人、财、物，使各生产要素充分发挥作用的问题；研究如何根据组织目标，社会需求，合理使用各种资源，以求得最佳经济效益与社会效益的问题。

（2）生产关系。主要研究如何处理组织内部人与人之间的相互关系问题；研究如何完善组织机构与各种管理体制的问题，从而最大限度地调动各方面的积极性和创造性，为实现组织目标服务。

（3）上层建筑。主要研究如何使组织内部环境与组织外部环境相适应的问题；研究如何使组织的意识形态（价值观、理念等）、规章制度与社会的政治、法律、道德等上层建筑保持一致的问题，从而维持正常的生产关系，促进生产力的发展。

（二）研究方法

管理学和其他社会科学一样，其研究方法主要为：

（1）归纳法。归纳法是一种从典型到一般的研究方法，即通过对客观存在的一系列典型事物或经验进行观察，分析其特点、变化规律，进而分析事物之间的因果关系，从而找出事物变化发展的一般规律。

（2）试验法。试验法就是人为地把试验对象分为两组，一组为试验组，一组为对照组。试验组中人为改变某种条件，同时保持对照组的条件不变，然后比较两组的实验结果，分析变化的条件与实验结果的关系。试验法是在一定约束条件下，有目的地揭示管理规律。

（3）演绎法。演绎法就是从纯粹的、抽象的形态上揭示管理的实质，通过概念、判断、推理等思维方式研究管理活动发展规律。

（4）定量研究方法。定量研究方法是对管理现象中可以量化的部分进行测量和分析，以寻求最优决策方案的方法。

（5）管理的权变方法。权变方法是指由于管理环境和条件不断变化，管理没有一成不变的方法和技术。这一理论的核心就是力图研究组织的各子系统内部和各子系统之间的相互关系，以及组织和它的环境之间的联系，并确定这种变数的关系类型和结构类型。它强调在管理中要根据组织所处的内、外部条件随机而变，针对不同的具体条件寻求不同的、最合适的管理模式、方案或方法。

三、管理理论的演变与发展

管理理论从 19 世纪末开始形成一门学科。它随着工业革命和近代工厂的建立，产品和市场的竞争，形成了系统的管理理论，并得到迅速发展。

管理理论的发展可以分为以下几部分：早期管理思想形成阶段、古典管理理论阶段、古典组织理论阶段、行为管理理论阶段、现代管理理论阶段、当代管理理论阶段。

（1）早期管理思想。古埃及、古巴比伦、古希腊、古罗马的管理思想是早期社会管理思想的杰出代表。西欧中世纪封建社会的政治管理体制与组织结构，以及城市的兴起、贸易的发展促进了管理思想的进一步发展。

（2）古典管理理论。资本主义精神和资产阶级革命、英国的工业革命、工厂制度的形成都为古典管理理论的形成做好了充分的物质准备。古典管理阶段的特点是符合客观规律的管理，管理逐步由经验变成科学。这阶段的代表学派是泰勒的科学管理理论、法约尔的一般管理理论、韦伯的官僚组织理论。

（3）古典组织理论。古典组织理论在组织管理方面有着比科学管理理论更全面、更深入的拓展。古典组织理论的开拓者是亨利·法约尔和马克斯·韦伯。

（4）行为管理理论。行为管理思想认为，人不仅是经济人，更是社会人，其劳动生产率受到社会的、心理的和群体的因素的影响。行为管理理论的特点在于改变了人们对管理的思考方法，把人看作是宝贵的资源，强调从人的作用、需求、动机、相互关系和社会环境等方面研究其对管理活动及其结果的影响，研究如何处理好人与人的关系，做好人的工作，协调人的目标，激励人的主动性和积极性，以提高工作效率。其主要代表学派有个体行为研究，主要是各种激励理论；群体行为研究，主要是勒温的群体动力理论；领导行为研究，主要是各种领导理论。

（5）现代管理理论。第二次世界大战以后，世界政治经济格局发生了重大变化，而原子能的应用、计算机技术、新材料的不断发现和应用使科学技术突飞猛进，推进了管理理论的进一步发展，出现了各种不同的观点和流派，统称为"现代管理理论的丛林"。现代管理理论丛林包括管理过程学派、社会系统学派、管理科学学派、系统管理学派、决策理论学派、权变管理学派。

（6）当代管理理论。20 世纪 80 年代以后，随着信息技术的发展和需求个性化的发展，管理面临着新的挑战。在这种情况下，各种新的管理理论不断涌现，核心就是创新：管理思想的创新，知识的无限性和投资收益递增；经营目标的创新，可持续发展和市场价值；经营战略的创新，战略联盟和业务外包；生产系统的创新，计算机集成制造系统；企业组织的创新，扁平化和虚拟公司。当代管理思想的主要理论是战略管理思想、企业再造理论、全面质量管理理论、学习型组织理论、顾客满意学和企业资源计划（ERP）等。

第二节　现代企业制度

一、企业制度及其类型

（一）企业制度的概念

企业制度是指以产权制度为基础和核心的企业组织和管理制度。

构成企业制度的基本内容有三个：

（1）企业的产权制度。指界定和保护参与企业的个人或组织的财产权利的法律和规则。

（2）企业组织制度。即企业组织形式的制度安排，规定着企业内部的分工协作、权利分配的关系。

（3）企业管理制度。指企业在管理思想、管理组织、管理人才、管理方法、管理手段等方面的安排，是企业管理工作的依据。

其中，产权制度是核心和基础，产权制度的变化引起企业组织形式等一系列的变化。反过来，这一系列变化又会促使产权形式发生变化，而所有这些变化又从根本上受生产力发展状况决定。

企业制度包含以下三个方面的含义：

（1）从企业的生产来看，作为生产的基本经济组织形式，企业从产生开始，就是作为一种基本制度即企业制度而被确立下来了。

（2）从法律的角度来看，企业制度是企业经济形态的法律范畴，从世界各国的情况看，通常是指业主制企业、合伙制企业和公司制企业三种基本法律形式。

（3）从社会资源配置的方式上看，企业制度是相对于市场制度和政府直接管理制度而言。市场制度就是在市场处于完全竞争状态下，根据供求关系，以非人为地决定的价格作为信号配置资源的组织形态。政府直接管理制度是国家采取直接的部门管理，用行政命令的方式，通过高度集中的计划配置资源的组织形式。

（二）企业制度的类型

企业制度存在多种类型，其中最主要的有个人业主制、合伙制和公司制三种。

1. 个人业主制企业

个人业主制企业是指单个人出资兴办经营的企业。这种企业在法律上称为自然人企业，也称个人企业或独资企业。个人业主制企业是最早产生、结构最简单的一种企业形式。它流行于小规模生产时期，但在现代经济社会中，这种企业在数量上仍占多数。

个人业主制企业具有如下优点：

（1）设立、转让与关闭等行为仅须向政府有关部门登记即可，手续非常简单。

（2）利润独享，不需与别人分摊，使得企业主生产经营努力，关注生产成本和盈利水平。

（3）企业在经营上的制约因素较少，决策自主、迅速，经营方式灵活多样。

（4）保密性强，其技术、工艺和财务等易于保密。

（5）企业主可获得个人满足感，这种企业的成败皆由企业主承担，如果获得成功，企业主会感到成功的满足。

个人业主制企业具有如下缺点：

（1）无限责任风险大。个人企业主要对企业的全部债务负无限责任。所谓无限责任是指当企业的资产不足以清偿企业的债务时，法律将强制企业主以个人财产来清偿。从这个意义上看，企业主所有财产都是有风险的，一旦经营失败，可能倾家荡产。

（2）规模有限。个人业主制企业在发展规模上受到两个方面的限制：一方面个人资金有限、信用有限，资本的扩大完全依靠利润的再投资，因而不易筹措较多的资金以求发展；另一方面受个人管理能力的限制，也决定了企业的规模有限。如果超出了这个限度，企业的经营则变得难以控制。

（3）企业生命力弱。企业的兴衰很大程度上取决于业主个人的状况。业主的死亡、破产、犯罪或转业都可能造成企业的经营业务中断，企业的生命也会就此终结。

2. 合伙制企业

合伙制企业是由两个或两个以上的个人共同出资兴办、共担风险、共享利润的企业。它也是自然人企业。合伙人出资可以是资金或其他财物，也可以是权利、信用和劳务等。合伙制企业可以由所有合伙人共同经营，也可以由部分合伙人经营。在现实经济生活中，合伙制企业的数量不如独资企业和公司制企业的多，主要分布在规模小、资本需要量少的商业零售业、服务业及自由职业者企业（如广告事务所、会计师事务所、律师事务所、股票经纪行等）。

合伙制企业一般用合同的形式确定各自的权力、责任、义务、利益。主要内容包括：

（1）企业所得利润、所负亏损，以及企业终结后资产的分配办法。

(2) 各合伙人的责任，包括出资额多少、承担哪些责任，以及主要业务分担等。

(3) 原合伙人的退出和新合伙人的加入办法。

(4) 合同上未规定事宜出现争端时解决的办法（如通过仲裁等）。

合伙制企业的优点：

(1) 扩大了资金来源和信用能力。与个人业主制企业相比，合伙制企业可以吸收众多的合伙人，从多方面筹集资金；同时，因为有更多的人共担企业经营风险和承担无限责任，其信用能力也扩大，风险分散。

(2) 由于增加了合伙者，能汇集合伙人的才智与经验，提高企业的竞争力。特别是当各合伙人具有不同方面的专长时，此优点更加突出。

(3) 增加了企业扩大规模和发展的可能性。由于资金筹措能力和管理能力的增强，给企业带来了进一步扩大和发展的可能性。

合作制企业的缺点：

(1) 产权转让困难。产权转让须经全体合伙人的同意方可进行。

(2) 承担无限责任。合伙人对企业债务负无限责任这一点与独资企业相似。同时，当普通合伙人不止一个人时，他们之间还存在一种连带的责任关系。所谓连带责任，就是要求有清偿债务能力的合伙人要替没有清偿能力的合伙人代为清偿债务。

(3) 企业的生命力仍较弱。当一个关键的合伙人离去或退出时，企业往往难以再维持下去。

(4) 权威中心不突出，影响决策。由于合伙人皆能代表企业，重大决策都需要由所有合伙人同意，因此对内对外均易产生意见分歧，造成决策上的延误和差错。

(5) 企业规模仍受限制。与公司制企业相比，合伙制企业筹措资金的能力仍很有限，不能满足企业大规模扩张的要求。

3. 公司制企业

公司制企业是由许多人集资兴办，依法成立的法人企业。公司是法人，在法律上具有独立的法人资格，这是公司制企业与独资企业、合伙企业的重要区别。独资企业和合伙企业都是自然人企业。

公司制企业的优点：

(1) 有的公司实行有限责任制，股东的风险要比个人业主、合伙人小得多。

(2) 公司可以通过发行股票和债券筹集资金，股票易于转让，较适合投资者转移风险的要求。

(3) 发行股票和有限责任制，使得公司具有很强的筹措资金的能力，能够在短时间内筹集到巨额资金，使企业有可能发展到相当大的规模。

(4) 公司制企业生命力强大。公司法人地位一经确立，就具有完全的独立性，公司创办人和投资者的变动均不影响公司的存续，除非公司破产、歇业，公司可长期存在下去。

(5) 管理效率高。公司制企业的所有权与经营权易于分离，使投资者不必直接管理企业，公司的经营管理职能均由专家担任，能够更有效地管理企业，适应市场多变、竞争激烈的经营环境。

公司制企业的缺点：

(1) 创办公司的手续复杂，所需费用较多。

（2）政府对公司制企业有较多的限制。这是由于公司的资本由许多股东所有，政府必须以严格的管制来保障股东的权利。

（3）保密性差。一般来说，公司不仅要向政府报告经营状况，而且要长期将公司的财务状况公布于众。

（4）税务负担较重。公司须双重缴纳所得税，公司的利润先要缴纳法人所得税。公司用税后利润向股东分配股利时，股东还要缴纳一次个人所得税。

（5）从投资者的角度看，公司制企业也有缺陷，主要是出资者尤其是小股东很难对公司的经营管理决策、利润分配等产生影响。

尽管公司制企业存在这些缺点，但从现代经济发展来看，公司制企业所显示出的优越性是其他企业形式所无法比拟的，因此它是最适合现代大企业的一种企业制度。

二、现代企业制度的含义与内容

（一）现代企业制度的含义

现代企业制度是指以市场经济为前提，以规范和完善的企业法人制度为主体，以有限责任制度为核心，适应社会化大生产要求的一整套科学的企业组织制度和管理制度。所谓现代化制度，并不是指企业的形式，也不是指企业的具体管理制度，而是由一定的产权结构、治理结构和责任制度所决定的企业组织结构制度。

根据马克思主义唯物主义观点，现代企业制度产生发展是一种历史的选择，它有自己的客观内容和发展规律。现代企业制度的产生和发展并不取决于人们的主观愿望或主观认定。企业制度的发展，是以生产力发展的要求，以及企业制度本身的制度效率为依据，所反映的是特定生产关系下的企业管理模式。现代企业制度的产生和发展是由现实生产力来决定的，受现实生产力发展的制约。企业的发展历史是企业制度形成和发展的基础，而企业制度是企业发展的表现形式。生产力发展状况决定着现代企业制度的性质，其中，科学技术是现代企业制度产生和发展的关键，它在企业制度的形成和发展中具有重要地位。

现代企业制度反映的是企业中的生产、分配、交换和消费关系。现代企业制度是以人为本的制度，建立现代企业制度的目的就是要解决企业中关于人的地位和人的权利义务问题，是为了发展生产力。

（二）现代企业制度的内容

现代企业制度是指企业的基本制度，其主要内容包括以下几个方面：

1. 建立能够自负盈亏的企业法人制度

根据民法规定，凡是按照法定程序组成的，有固定的组织机构，拥有独立的财产，能以自己的名义依法具有权力能力和行为能力的社会、经济组织，即称法人。具有法人特征的企业称为法人企业。法人企业与自然人企业相比，拥有如下几个特点：①在法律上能独立地承担民事责任；②可以实现所有者主体的多元化和分散化；③形成了财产主体和盈亏主体；④完成了现代意义上的所有权与经营权的分离；⑤产生了合理的资源配置机制；⑥为扩大生产规模，实现资本社会化创造了一种好的形式。

2. 采用担负有限责任的公司制度

我国的股份公司主要是有限责任公司和股份有限公司两种。我国建立股份公司的重要目的之一，是要克服全民所有制企业统收统支，不能自负盈亏的弊病，使企业既有强大的动力，又有很强的自我约束能力。

3. 采用纵向授权的企业领导制度

在现代企业制度中，企业是独立的商品生产者。它必须具有财产管理权、经营决策权、生产指挥权和监督权。企业的领导制度必须能够全面行使这些权力。例如，在股份制企业的领导制度中，财产管理权由股东大会行使，董事会为经营决策机构，日常经营管理的指挥权由经理、副经理等专业人员行使，监督权由监事会行使等。这种企业的领导制度是实现了纵向授权制度，即股东大会给董事会和监事会授权，董事会给经理授权。

4. 建立规范化的企业财务会计制度

现代化企业的财务会计制度与我国传统的企业财务制度的主要区别是现代企业的财务会计制度比较规范化，对各种企业都实用，而且遵守国际惯例；要求企业不仅可以给国家提供财务会计信息，而且可以为所有者、有投资意向的法人组织和居民提供必要的信息；能够全面反映长期的经营状况，特别是资产负债情况。

5. 建立利益共享的企业分配制度

要建立起现代企业制度，必须对传统的企业分配制度进行改革，建立符合社会主义市场经济要求的规范化的企业分配制度。这种企业分配制度必须使国家利益、所有者利益、职工利益、企业家利益和企业自身的利益得到很好的体现。国家和企业的利益关系主要从税收上体现，国家对企业原则上应该执行统一的税种、税率，不能按照企业的法律形式、所有制形式来确定。要使企业所有者的资金收入与企业的经济效益相联系，使他们既能分享企业带来的收益，又要承担企业经营的风险。在企业内部必须把职工收入和他们对企业的贡献紧密结合起来，做到多劳多得，少劳少得，福利型的隐形收入显性化。要把企业家的责、权、利紧密结合起来，必须有企业家收益形式的合理机制。

6. 建立双向选择的企业劳动人事制度

劳动人事制度改革的关键是国家应该放弃作为用工主体的特殊身份，形成劳动力市场，建立劳动力合理流动的机制，为企业和职工较自由的双向选择创造条件。企业可采用长期合同工、短期合同工和临时工相结合的人事劳动制度。同时，在企业内部对职工业绩的考核也要有健全的制度，统一合理的评价标准，并根据职工的业绩来决定其使用奖励和升迁。同时，也必须建立和完善社会保障制度。

三、现代企业制度的运行机制

现代企业运行机制指企业有机体各构成要素之间及企业与外部环境间相互作用、相互依赖、相互制约的关系及其功能，它反映了企业运行的本质规律。现代企业不同于"古典企业"，也不同于"传统企业"，他们之间形式上的具体区别是多方面的，但从根本上看，现代企业本质特征体现在其独特的运行机制上，具体表现如下：

1. 完善的产权机制

现代企业作为现代市场经济的主体，其首要条件是产权明晰，这是企业能够独立决策、自负盈亏、自担风险的前提，也是企业运行能够产生效率的基础。现代企业类型中，无论是公司制，还是合作制，他们在现代市场经济运行中都是产权明晰的市场主体。产权明晰也是产权流动的重要前提，能够流动的产权才是开放型产权，开放型产权才能按照效率原则实现资源优化配置。其次，现代企业产权结构要合理，合理的产权结构才能保证权责明确、责权利的有机结合，才能保证企业内部其他运行机制的顺畅运行。

2. 自主的决策机制

现代企业决策机制应该有效利用分权与集权关系。现代企业一个重要特征是实行了"两权分离",实质是"战略决策权"和"日常经营决策权"的分离。这种分离一方面使企业高层决策者脱离开日常繁琐事务,专门从事企业战略规划、产品开发、资本经营等关系企业生死存亡的重大问题研究;另一方面又使企业中、下层决策者在维护企业行政协调和权威基础上,能进行自主决策,既面向市场去发现各种供求、价格和竞争信号,又面对企业下层雇员,调动他们的积极性,为企业目标做出最大努力。因此,自主决策机制是现代企业高效运行的重要条件。

3. 灵活的信息机制

灵活的信息机制是保证现代企业高质量决策的基础。现代市场经济要求企业信息机制必须有能力处理好三方面的信息:

(1) 宏观政策信息。这是来自国家或行政部门的方针政策、调控计划等纵向信息。这些信息对企业制定战略目标和调整经营方向都有重大影响。

(2) 市场信息。包括各类相关市场价格、供求等方面的信息。这类信息虽是通过市场横向传送,实现了最大限度的节约,但由于市场机制作用下各运行主体可能隐藏对自己有利的信息,加之市场国际化和信息网络化,使现代企业面对市场信息更加复杂化和不确定化,企业自身必须要有搜集信息的广泛渠道和现代化网络,保证信息机制的灵活性。

(3) 企业内部信息。包括横向(车间之间、分厂之间)和纵向(企业内部上下级之间)两个方面的信息,灵活的信息机制就是要保证内部信息传递路径简短、反馈灵活,减少信息失真和信息隐藏等行为。

4. 强劲的激励机制

现代企业的激励机制强劲与否,直接影响企业的活力和竞争力。企业激励的目标是让决策者能尽最大努力做出好的决策,保证企业在良好的业绩中运作;让劳动者尽最大努力去工作,减少偷懒和"搭便车"行为,进而形成企业凝聚力和进取精神。现代企业激励手段主要包括两种:一种是物质性激励,它是基于人追求利益最大化假设而设计的,使劳动者贡献与货币收益相结合,如工资、奖金制等;另一种是非物质性激励,主要是对贡献者提供名誉、社会地位等精神产品,如将优秀经营者评为"企业家",将劳动贡献突出职工评为"先进工作者",使职工在企业中有自豪感、主人翁感等。一般说来,现代企业的激励机制是物质激励与非物质激励的有机结合,两者均能达到激励的功能,所不同的是,前者偏重于调动个人积极性,而后者则偏重于对企业精神文明、企业文化的建设。现代市场经济竞争日趋激烈,现代企业的生存、发展必须要把两方面激励有机结合起来,才能使激励机制强劲有力。

5. 有力的约束机制

现代企业仅靠激励机制是很难保证有效运行的。这一方面源于人追求效用的欲望是无限的,而企业激励效用却是有限的;另一方面,在激励过程中存在"棘轮效应"和"边际激励递减规律"。企业必须建立有力的约束机制,约束力量主要来自两方面:一方面是企业内部完善的监督制度,包括对经理、雇员等各层次的监督,防止偷懒行为和投机行为,以及败德行为等;另一方面是企业外部约束,主要有市场约束,如经理市场和劳动力市场的存在,使经理、劳动者始终处于危机感中,这就一定程度约束了他们过于追求自身利益最大化行为;健全的法律制度和社会监督系统也是从外部对企业进行约束的有力手段等。

6. 充分的风险机制

现代企业的产生在一定意义上是回避市场风险的产物，它通过行政手段把市场上的不确定性因素内化于企业之中，以行政命令的方式替代了市场上的价格交易，既降低了交易成本，又把市场风险减少到最低限度。但现代企业的产生并没有完全替代市场，自然也不会彻底消除风险，反而由于现代企业在现代市场中的激烈竞争导致市场风险的扩大化、复杂化，现代企业面对的不仅仅是各种市场风险，还有企业内部的"道德风险"等问题。因此，现代企业必须有风险意识，并建立全面的风险机制，才能在市场竞争中敢冒风险，并成功地转嫁风险，获得收益。

第三节　企　业　管　理

一、企业管理的含义

随着现代化大工业的出现，企业中不仅生产技术复杂、内部分工和协作更加精细，而且社会化程度越来越高，社会联系也更加广泛。要使生产要素更好地结合起来，使人力、物力、财力得到有效配合和充分利用，就更需要科学地组织。因此，管理不仅是促成有效分工与协作的需要，而且也是促成资源优化配置的需要。企业管理是社会化大生产的客观要求和必然产物。在市场经济条件下，生产要素自由流动，企业如何将资源合理配置并有效利用是企业成功运行的关键因素，这使企业管理越显其重要性。企业管理就是指企业管理者对企业的生产经营活动进行计划、组织、控制、指挥、协调，以适应外部环境变化，通过内部管理机制运作以合理配置并有效利用所拥有的资源，最终实现预期效益目标的活动。

企业管理的根本任务是根据国家计划和市场需求，发展商品生产，创造财富，增加积累，满足社会日益增长的物质和文化生活的需要。生产经营活动是企业的主要活动，企业管理的上述任务主要是在生产经营活动过程中实现的。为此，搞好企业管理必须搞好生产经营活动的投入、转换、产出全部工作，以提高企业的经济效益，实现管理目标。企业管理还必须是在坚持物质文明建设的同时，坚持社会主义精神文明建设，为培养一支有理想、有道德、有纪律、有文化的职工队伍做贡献。要通过企业思想政治工作、企业文化培育，通过生产经营活动的实践实现以上任务。这两方面的任务是相互结合、互为联系的。

企业管理是由协作劳动引起的，它具有自然属性和社会属性的两个方面。企业管理具有同社会化大生产和生产力相联系的自然属性，表现为对协作劳动进行指挥，执行着合理组织生产力的一般职能。这是由共同劳动的社会化性质产生的，是组织协作劳动的必要条件和社会化大生产的普遍要求，是一切社会化大生产所共有的。企业管理的自然属性是资本主义企业管理与社会主义企业管理具有的共性。企业管理具有同生产关系和社会制度相联系的社会属性，执行着维护和巩固生产关系的特殊职能。这是由共同劳动所采取的社会结合方式的性质产生的，用来维护社会关系和实现社会生产目的。在不同的社会制度中，企业管理的社会属性显然存在本质区别，具有不同的个性。企业管理的二重性是相互联系、相互制约的。一方面，自然属性不能孤立存在，总是在一定的社会制度中发挥作用；同时，社会属性也不能脱离自然属性而存在，否则就失去了内容。另一方面，自然属性要求与一定的社会属性相适应；同样，社会属性必然对管理的手段、方法产生制约。

从企业管理二重性原理可以看出企业管理具有两个基本职能：一是合理组织生产力的职

能；二是维护一定生产关系的特殊职能。这两方面的职能又总是结合在一起同时发生作用。为了对管理的具体职能有个比较概括的了解，下面按决策、计划、组织、指挥、协调、控制、激励、创新八项具体职能予以简要介绍。

(1) 决策职能。决策是指企业根据外部环境和内部条件，为实现企业经营目标，制定、选择与实施经营活动方案的全过程。决策是行动的基础，是决定企业生产经营成败的关键。决策是现代企业管理的一项首要职能。

(2) 计划职能。计划是为执行决策做出的具体规划。计划职能就是根据决策目标和实施方案的要求，采取综合平衡的方法，制定各种长、短计划，确定各种主要技术经济指标，并组织其实施的一系列管理工作。充分发挥企业管理计划职能的作用，能使企业各个方面，各个单位以至每个职工都有明确具体的奋斗目标，使企业各部门、各环节的工作很好地衔接和协调起来，提高企业管理工作的预见性，减少盲目性和经营风险，提高企业的经济效益。

(3) 组织职能。组织职能是指要把企业生产经营活动的各个要素、各个环节和各个方面，从劳动的分工和协作上，从纵横交错的相互关系上，从时间和空间的相互关系上，合理地组织起来，以形成一个有机整体，从而有效地进行生产经营活动。这项工作水平的高低，将直接关系到能否更好地调动职工的积极性，充分发挥企业各种物质技术条件的作用，在一定程度上决定着企业效率的高低和生产经营活动成果的大小。

(4) 指挥职能。指挥职能是指为了有效地组织企业生产经营活动，企业要建立一个有权威的、高效率的生产经营统一指挥系统，上级对下级单位和人员的活动实施统一领导，下级必须服从、执行上级的命令、指挥。实施企业管理的指挥职能，必须坚持集中统一的原则，避免多头领导，要强调权威和服从，同时还应同广泛发扬民主、加强思想政治工作结合起来。

(5) 协调职能。协调职能就是通过协调企业内、外部各种关系，使其建立起良好的配合关系，以便更有效地实现企业的经营目标。其中对内协调分为上、下级领导人员和职能部门之间活动的纵向协调，以及同级各单位、各职能部门之间活动的横向协调。横向协调是更重要的一种协调。对外协调是指企业在生产经营活动中，与外部各单位及用户之间的协调，企业只有同时搞好对内对外协调，生产经营活动才能顺利进行。

(6) 控制职能。控制也称为监督，是指企业在实现经营目标、执行各种计划和进行生产经营过程中，经常把实际情况同原定的目标、计划、标准和制度进行对照，以便及时发现偏差，查明原因，采取措施，加以调整，以保证原定目标、计划等得以实现的一系列管理活动。其控制过程可以概括为标准、对照、纠偏三个阶段，其内容包括销售、生产、质量、成本、财务等各方面的控制。

(7) 激励职能。激励对于企业经营至关重要。激励就是激发鼓励的意思，即指激发人的动机，使人有一股内在动力，朝向所期望的目标前进的心理活动过程。企业管理中的激励职能就是要运用各种方法激发下属的积极性、主动性和创造性，使潜力得到充分的发挥。

企业的整体激励框架大致可分为三个层面：权益层、经营管理层、基层员工。构建激励机制的基本原则是在定编定岗的前提下，针对不同阶层、不同部门、不同个人采用不同的激励措施。

1) 权益层激励。权益层是指通过对企业投资（包括人力资本投资与非人力资本投资），并以法定途径获得企业所有权的整个群体。在通常情况下，权益层是指企业股权的持有人，即所谓的股东。对这一阶层激励的目的是保持其对企业投资的兴趣，并积极参与企业的治理与监督。对此这一阶层最好的激励方式就是通过高效经营让股东获得稳定而可观的分红，并创建一支能征善战的企业团队，从而让他们看到企业发展的远景。

2）经营管理层激励。经营管理层指在企业中从事决策、计划、组织、协调与控制等职能的群体。企业经营管理层对企业效率起着决定性的作用，因而也是企业激励的主要对象。经营管理层激励可以采用以下几种方法：竞争上岗与末位淘汰计划、目标管理计划、利润分享、股份让赠、实行公开透明具有竞争力的薪酬政策、授权适用计划。

3）基层员工激励。基层员工是指在企业计划范围内，负责生产、销售、服务等具体操作环节的所有员工。在具体企业生产经营过程中，实际上就是指除经营管理层以外的所有人员。这一群体数量多，占企业人员比重大。基层员工激励可以采用以下几种方法：实行公开透明具有竞争力的薪酬政策、树立良好的公司榜样、免费午餐计划、员工生日庆祝计划、定期的员工大会、不定期的培训会、合适的表扬和批评措施。

（8）创新职能。创新职能就是在企业管理工作中，尽量用一切有利因素，充分发挥其作用，不断变革现状，提高企业的市场竞争能力和经营管理水平。随着科学技术的不断进步及其在生产中的应用，随着劳动组织的改进和职工素质的不断提高，以及新的资源的不断出现，加之市场需求的复杂多变等，企业在人力、物力、财力等生产要素方面被进一步充分利用的可能性会不断出现，使任何一个企业都具有创新的可能和潜力。这就需要发挥创新的管理职能的作用，树立竞争意识和风险意识，搞好技术革新和技术改造，不断提高经营管理水平，更好地满足市场需要，更好地为消费者服务，使企业在市场竞争中立于不败之地。

二、企业管理的发展历程和演变

（一）企业管理的发展历程

企业管理是社会化大生产发展的客观要求和必然产物，是由人们在从事交换过程中的共同劳动引起的。在社会生产发展的一定阶段，一切规模较大的共同劳动，都或多或少地需要进行指挥，以协调个人的活动；通过对整个劳动过程的监督和调节，使单个劳动服从生产总体的要求，以保证整个劳动过程按人们预定的目的正常进行。尤其是在科学技术高度发达、产品日新月异、市场瞬息万变的现代社会中，企业管理就显得更加重要。

企业管理的发展大体经历了三个阶段：

1. 18 世纪末～19 世纪末的传统管理阶段

这一阶段出现了管理职能同体力劳动的分离，管理工作由资本家个人执行，其特点是一切凭个人经验办事。

2. 20 世纪 20～40 年代的科学管理阶段

这一阶段出现了资本家同管理人员的分离，管理人员总结管理经验，使之系统化并加以发展，逐步形成了一套科学管理理论。

3. 20 世纪 50 年代以后的现代管理阶段

这一阶段的特点是从经济的定性概念发展为定量分析，采用数理决策方法，并在各项管理中广泛采用电子计算机进行控制。

（二）企业管理的演变

企业管理的演变是指企业在发展过程中的管理方法和手段的变化的必经过程。自从手工工厂出现以来，企业管理大致经历了三个阶段：传统管理阶段、科学管理阶段和现代化管理阶段。而每一个阶段的划分是以社会上多数企业采用的管理方式为标志的。

1. 传统管理阶段

这个时期企业规模比较小，员工在企业管理者的视野监视之内，所以企业管理靠人治就能够实现。故在经验管理阶段，对员工的管理前提是经济人假设，认为人性本恶，天生懒惰，不喜欢承担责任，被动，所以有这种看法的管理者采用的激励方式是以外激为主，对员工的控制也是外部控制，主要是控制人的行为。管理的依据是靠个人的经验和感觉，不靠数据靠记忆，靠主观思考来管理。没有统一的计划和管理方法，工人生产没有明确的操作规程，没有技术标准，无劳动定额和消耗定额。工人生产效率低、产品好坏，决定于工人的技术手艺和经验；管理人员管理的好坏凭他的管理经验。

2. 科学管理阶段

企业规模比较大，靠人治则鞭长莫及，所以要把人治变为法治，但是对人性的认识还是以经济人假设为前提，靠规章制度来管理企业。其对员工的激励和控制还是外部的，通过惩罚与奖励来使员工工作，员工因为期望得到奖赏或害怕惩罚而工作，员工按企业的规章制度去行事，在管理者的指挥下行动，管理的内容是管理员工的行为。在这阶段，凭经验管理、靠脑子记忆已不能胜任，要有原始记录，要数据化，迫切要求管理的科学化，实行科学管理。泰罗、福特、甘特等人创建的科学管理应运而生，并于 20 世纪初在各国企业普遍推行。

3. 现代化管理阶段

在这个阶段，企业的边界模糊，管理的前提是社会人假设，认为人性本善，人是有感情的，喜欢接受挑战，愿意发挥主观能动性，积极向上。企业文化是人本文化。以人为本，首先是一种哲学价值观，它揭示了在这个世界上，什么最根本、什么最重要、什么最值得关注，它是一种从哲学意义上产生的对组织管理本质的新认识。随着科学技术的进步，人对企业生产效益的贡献率越来越大，"人本主义"就逐渐地取代了"资本主义"在企业管理思想中所占的主导地位。人本管理在本质上是以促进人的自身自由、全面发展为根本目的的管理理念与管理模式，其基本思想就是把人作为管理中最基本的要素，以人的全面发展为核心，坚持人的发展是企业发展和社会发展的前提。在企业的资源系统中最宝贵也是具有决定意义的是人，资金、技术、信息、时间等都要靠人操作支配。

管理理论发展演变的实质之一，就是管理学对人本身的不断重新认识，在管理学理论体系中人的本体地位不断提高、越来越关注人的情感与精神需求，从而不断提升人的价值。管理理论不断演进更新的过程，就是从把人当作单纯的管理客体到强调管理中人的主体性的过程；就是从片面运用科学原理对工人的操作行为进行控制监督，为追求效率而把人当作机器附属来驱使，到把文化概念应用于企业管理，把具有丰富创造性的人作为管理理论的中心，强调通过保护和提倡人的主动性和创造性而获取良好的企业经济和社会效益的过程。

三、企业计划

（一）企业计划的含义

企业计划是企业管理中的重要工作，它是企业控制工作的依据。没有计划，企业管理就会陷入盲目性和随意性之中。企业计划有静态和动态两种含义。从静态来看，企业计划是企业管理者制订的各种指导企业实现经营目标的周密的、完整的行动方案，包括实现预定目标的方法、步骤、进度等。从动态来看，企业计划是管理者为实现企业生产经营活动的目标，结合企业所面临的客观实际情况，来制订实现生产经营活动目标的具体的行动方案的工作过程。

　　企业计划是把企业生产经营目标转化为具体经营活动的桥梁。由于企业内有严密的分工，企业的生产经营和管理活动需要企业各个部门和同一部门不同人员之间密切配合。为了实现企业生产经营活动的目标，就必须对企业的生产经营和管理活动制定科学的计划。科学的计划能使企业充分利用各项有利条件，协调各部门的关系，减少不利因素的影响，使企业的各项生产经营和管理活动有条不紊地进行，避免企业生产经营活动的盲目性，保证企业生产经营活动目标按时实现。

　　企业的决策不能代替企业具体的生产经营活动计划。企业决策是企业各级管理者，结合企业生产经营和管理活动所面临的客观环境，确定生产经营活动所要达到的目标，并对实现企业生产经营和管理活动的目标的各种可能方案进行初步分析的基础上，确定企业在一定时期内生产经营活动要达到的目标的工作过程。决策最重要的工作任务是确定企业生产经营活动的目标，决策所拟订的方案是粗略的，对企业具体的生产经营和管理活动没有直接指导作用，决策是企业计划的基础。

　　企业计划是企业各级管理者为实现企业决策所确定的生产经营和管理活动的目标，结合企业所面临的客观实际情况及其发展变化趋势，拟订的具体的行动方案，是对未来的生产经营和管理活动的打算和安排。虽然在决策时，也制订行动方案，但在制订企业计划时比在决策时考虑的问题更直接、更细致、更全面，更强调逻辑性和可操作性。制订行动方案的关键是实现企业生产经营活动的目标，在计划时制订的行动方案比在决策时具体。因此，企业计划制订的行动方案对企业的生产经营和管理活动更具有直接的指导作用。

　　（二）企业计划的特性

　　1. 企业计划的复杂性

　　企业计划作为指导企业生产经营活动的行动方案，应对一定时期内整个企业的生产经营活动过程做全面、完整的规定，包括完成的时间、实施人员、质量要求等细节。计划的任何疏忽或遗漏，都会给整个企业的生产经营活动带来不利影响。企业计划不同于企业决策，企业的任何一项计划都不能只对生产经营活动做一般的、原则性的规定，不能只有目标，没有实现目标的方法、步骤。计划应是一个详细的行动方案，计划越周密，考虑的问题越全面，对事物的发展趋势预计得越准确，实现预期目标的可能性就越大、越容易。

　　2. 企业计划的有效性

　　计划所提供的行动方案都必须建立在符合客观实际情况的基础上，不但能够保证目标的实现，而且还应该具有可操作性。计划所提出的行动方案、建议和说明，必须是有依据的，这些依据就是客观实际情况，包括过去的统计资料、对现实情况进行调查所得到的统计资料，以及对未来情况的科学预测。计划所提出的行动方案也必须是必要的。增加不必要的行动方案会增加整个行动方案的费用，延长计划目标的实现时间，同时也会使执行者的能动性和创造性不能得到充分的发挥，降低工作效率。

　　3. 企业计划的易行性

　　企业计划是企业管理者根据客观实际情况对达到企业生产经营和管理活动的目标所采取的措施、步骤、时间进度等做出的详细、明确的规定，在制定企业计划时还要对计划在实施过程中可能遇到的情况和问题有充分的估计。因此，企业计划可以使企业的生产经营和管理活动在接近程序化的条件下进行。计划是企业进行管理控制的基础，详细明确的行动计划指明了对企业生产经营和管理活动控制的条件、要求、重点、方法。计划使企业管理活动有了控制的标准。

4. 企业计划的严肃性

企业计划是在充分考虑了企业生产经营活动所面临的客观实际情况后提出的实现企业经营活动目标的较好的行动方案，对企业的生产经营活动具有较高的指导价值，是企业在进行生产经营和管理活动中应该遵守的行动方案。计划一经制定和下达，就必须坚决执行，即使在执行中遇到困难也必须经过一定的程序才能对计划加以修订，而不能由执行者随意改变计划，只有这样，才能保证企业经营目标的实现。

计划的随意改变会降低计划的严肃性。同时，有的计划由于特殊的情况，必须加以保密，否则会给实施带来不必要的困难，增加实现目标的难度，或增加实现目标的成本。将企业管理的计划职能与企业的其他管理职能分开，由专门人员行使计划职能可以增强计划的严肃性。这也是泰罗所提出的科学管理的重要原则之一。

5. 企业计划的灵活性

由于人们不可能完全预见未来的情况，绝对符合实际情况变化的计划几乎是不存在的。在承认计划的严肃性的前提下，还必须承认计划也具有一定的灵活性，以便在发生意外情况时，仍能保证计划目标的实现。计划的灵活性越大，在发生意外情况时，损失也会越小。留有适当的回旋余地，可以保证计划按时完成，从而在根本上保证了计划的严肃性。同时，必须指出，计划的灵活性是有一定限度的，且必须在不可抗力发生的条件下，经过一定的程序才能允许。

四、企业组织与领导

（一）企业组织

企业组织是由人群组成的"有机体"，是一个"力量协调系统"，并具有共同目标、相关结构和共同规范等特征。而组织按照其目标和性质不同，又可分为若干类别，大的类别有经济组织、政治组织、军事组织、文化组织和宗教组织等，经济组织又可分为企业组织和非企业组织。

企业组织是一个以企业全体人员为主体，由人和物按照一定关系组成的有机组合体。企业全体人员围绕企业的共同目标，建立组织结构，确定职位，划分职责，交流信息，沟通协调，并形成独自的规范和文化，以团结全员在实现企业目标中获得最大效率。也可以将企业组织看成是包括"肌体""意识""机制"三个方面的有机体，企业的组织结构是它的"肌体"，企业的组织文化就是它的"意识"，企业组织的自动调节是它的"机制"。组织结构是企业组织的基础，是企业组织的职位、职责、权力关系和协作关系的外在体现；组织意识同组织结构的外在性相反，它是企业组织"内在"的精神；组织调节机制则是静态的组织结构所内含的动态性功能。这样，组织结构、组织意识和组织机制分别从物质和精神、外在和内在、静态和动态等不同的方面体现了企业组织的特质。

作为企业组织，除了具有一般组织的几项共同本质特征之外，还有企业组织的个别特征。首先，企业组织是一个人机系统，企业中的人拥有生产技术，使用机器进行生产经营活动，于是企业组织的概念中渗透了物的要素，伴随着对企业组织中人的研究，还要进行人与物的相关研究。其次，企业组织还是一个像人体一样富有生命力的有机体。正像人体是由循环、运动、呼吸、消化、生殖、神经、大脑等分系统组成一个完整的有机系统一样，企业组织也是这样一个完整的有机系统。企业的动力水电是其循环系统，企业的运输是其运动系统，企业的购产销则是其呼吸、消化系统，企业的扩大再生产则是其生殖系统，更重要的是，企业的信息和决策指挥系统正是其大脑神经系统。企业组织还要以市场为环境，随时适应环境变化，不断变革自己。最后，企业是进行生产活动和经营活动的经济组织，这就决定了它和其他组织有着不同的目标，因而具有独特的管理沟通规律和方法。

（二）企业领导机制

企业组织结构与领导体制是企业有效开展生产经营活动，取得良好经济效益的重要保证。领导体制明确了企业领导层的构成和责权关系，而组织结构则从整体上构建了企业开展生产经营与管理活动的框架。二者相辅相成，共同构成了企业经营管理工作的两个重要方面。

企业领导体制是关于企业领导层的构成、相互关系、职责分工、权力划分和机构设置的规定。从我国目前的实际情况看，企业领导体制的核心问题主要就是解决企业中党、政、工组织的相互关系，明确它们之间的职责、权限和分工协作关系。

我国企业的领导体制大体分为厂长（经理）负责制和法人治理结构。

（1）厂长（经理）负责制。厂长（经理）负责制，是指厂长是企业的法定代表人，在企业中处于中心地位，企业的经营决策权、生产指挥权和人事决定权等统一由厂长依法行使，同时厂长要接受企业党组织和职代会的监督，尊重和维护职工民主管理的权利。这种制度一般在我国国有企业和城乡集体企业中实行。它的显著特征是明确了厂长（经理）作为企业法人代表在企业中行使职权的中心地位和应负的责任，突出了厂长（经理）在生产经营和行政工作指挥中的核心作用，保证了厂长（经理）在企业生产经营重大问题上的决策权。

（2）法人治理结构。法人治理结构，是指由股东大会、董事会、监事会、高层经理人员所组成的，决策权、执行权、监督权各自独立、权责分明、相互制衡的企业领导制度。这种"三权分立"式的企业领导体制，在市场经济国家已有上百年的实践，它既能保障股东的权益，又能充分发挥专家或内行的专长，同时又保障了有效的监督，是现代企业中较理想的领导体制。

第四节　企 业 决 策

一、企业决策的一般原则

领导者要制定正确的决策，必须遵循制定决策的基本原则。这些原则是人们在长期实践中对决策经验的总结，反映了决策活动的客观规律。概括起来主要有下述方面：

1. 信息及时、正确、全面、适用的原则

信息是决策的基础，领导者只有及时地掌握大量的、适用的信息，并进行系统的归纳、整理、比较、选择、去粗取精、去伪存真、由此及彼、由表及里地加工制作，才可能做出科学的决策。情报、资料、数据的质量越高、越全面，决策的基础就越坚实，越具有科学性。

2. 可行性原则

可行性原则是指领导做出决策要考虑现实可行，因为任何一项决策都是为了实施。可行性是衡量决策正确与否的前提条件。可行性一般可从三方面进行分析：①要从实际出发，分析现有的人力、物力、财力、科技能力等主观条件，还要分析外部环境的各种客观条件是否支持；②要分析决策实行过程中各个发展阶段上可能产生的种种变化，以及可采取的对策；③要分析决策实施后在政治、经济、道德上的利弊，经过慎重论证，周密审定、评估，确定其可行性。

3. 对比选优原则

这是从比较到决断的过程，是决策的关键步骤。科学决策必须建立在对多种方案对比选优的基础上。只有一个方案则无从对比，无从选优。因此，任何一项决策，尤其是重大战略决策，必须做出几种可供选择的方案，通过反复比较，产生出一个最佳方案。对于一个利害相近的方案，更需要采取比较权衡的办法，从中挑选出相对来说利大于弊的方案。决策从某种意义上讲，就是从两个以上方案中选择出最佳方案的决断行动。

4. 民主决策原则

民主决策原则又可称为集团决策原则，这是决策成功的保证。现代社会是一个高度复杂的巨大系统。在复杂多变的客观世界面前，任何一个领导者个人的知识和经验都是难以应付的。单凭个人因素获得决策成功的可能性大为降低，从而出现了决策者和决策研究者之间的分工，形成了现代集团决策。集团决策是指民主集中制的集体领导原则在决策中的应用。国外的智囊团和我国各级领导层中建立的一些研究中心，都是集团决策的咨询参谋机构。

二、企业决策的程序

决策的程序，又称为决策的过程。现代决策理论认为，决策行为是一个从提出问题、分析问题到解决问题和反馈的系统分析过程。为保证决策的正确、有效，决策者在决策时必须严格遵循科学的决策程序。

1. 明确经营问题，确定决策目标

企业各级管理者需要不断地收集企业内、外部的信息，包括国家的法律法规、政策走势、市场信息、技术信息等。这些信息不应仅限于企业自身经营的领域，还有与企业有关和企业可能发展的领域或行业。对这些收集来的信息还要进行分析。收集信息也是为了明确经营问题、确定决策目标，是拟订和选择决策方案的依据。只有判断清楚企业存在的经营问题，才能对症下药，提出合适的决策方案。如果不注意信息的收集，就不能发现对企业发展有利的机会，就不能发现生产经营活动存在的问题；如果不注意信息的收集，就不可能有明确的决策目标，就容易导致决策的失败。

（1）明确经营中的问题。明确经营中的问题，就是发现实际情况与理想或愿望之间的差距。通过调查、收集整理信息，发现差距，找出问题，从而找到决策的起点。没有问题就不需要决策；问题不明，也难以做出正确的决策。因此，决策的第一步就是找出经营中存在的问题。应当注意，问题的存在和问题的发现并不是一致的，由于客观事物的复杂性和主观认识上的差异，发现问题并不容易。

发现问题是决策者的重要职责。为此决策者必须注意调查，了解企业经营活动中是否存在问题。除此之外，调查研究企业的外部环境和内部条件、可控因素和不可控因素对企业经营活动的影响程度和发展变化趋势，也是科学决策的要求。运用横向比较或纵向比较的方法是发现问题的好方法。横向对比就是把本企业的情况与同类较好的其他企业的情况进行对比；纵向对比就是把本企业现在的情况与过去的历史情况进行对比。

（2）确定决策目标。决策目标决定着决策方案的实施效果，确定目标在决策中是十分重要的。企业在经营进程中往往会同时遇到各种问题，于是，就同时存在着若干目标。例如，

企业的竞争力较差，可能是由于产品结构不合理，也可能是由于工艺落后，也可能是由于价格不合理，于是同时就有更新产品、改造工艺和降低成本进而降低售价三个目标。有些目标是一致的，有些又是相互矛盾的。例如，产品滞销，需要降价销售，而一再降价可能会损害企业的形象和造成中间商的不满，反过来还会影响产品的销售。确定目标，要从现实条件出发，既要符合实际，又要考虑可能造成的负面影响。

2. 拟订可行性方案

确定目标之后，就要拟订可供决策选择的能够实现决策目标的各种备选行动方案。实施方案就在这些拟订的备选方案中，因此拟订方案决定着决策水平的高低，是决策的基础工作。拟订的可供选择的方案应该具备两个条件：一是能保证决策目标的实现；二是必须能进行实施，也就是要能付诸实施。拟订可供决策选择的方案，应该从不同的角度尽可能多地设想出各种可行的方案。这个环节要求大胆创新，采用创造性思维的方法，集思广益，力求方案"新"和"全"。所谓"新"是指拟订的方案不因循守旧、墨守成规，否则就不可能有决策水平的提高。"全"是所有能够实现决策目标的方案都能被拟订出来，不要轻易地否定每一个方案。拟订可行性方案不一定非要决策者亲自进行不可，可以由决策的参谋人员集中拟订。

3. 评价和选择方案

评价和选择方案就是在对所拟订的方案进行详细的分析和比较的基础上，选择一个实施方案的过程。拟订可行性方案是决策的基础，而评价和选择方案是决策的关键，它决定着用什么方法去达到决策目标，也决定着达到目标的时间、风险大小和难易程度。在评价和选择方案之前，我们必须明确评价选择方案的标准和方法。评价和选择方案的标准主要有以下三种：

（1）价值标准。这里的价值不仅指决策方案会带来的以货币计算的价值，还包括决策方案的作用、效果和社会意义。价值标准是以方案对实现目标作用效果的大小来评价和选择实施方案。

（2）满意标准。理论上，选择方案应选择最优的方案，即投入少、收益大的方案。而实际上，最优方案往往是一种理想状态。科学决策理论的创始人西蒙提出了一个现实的标准，即"满意标准"或"有限合理性标准"。他认为，要想得到最优方案，必须同时具备以下条件：①决策方案所需要的信息和情报绝对准确；②所有可能的决策方案都已列出；③能预先知道一个方案执行的全部结果；④决策的实施过程不受任何偶然因素的影响；⑤决策者具备完全的分析判断能力。这些在现实生活中都是难以全部具备的。因此在决策时，我们只能用满意的标准，而不能用最优的标准指导决策。

（3）期望标准。对于风险型决策，即一个方案在将来可能面临几种自然状态时，可以通过计算不同方案的期望值大小来选择方案。

4. 决策的实施与反馈

决策方案确定之后，决策过程并没有结束，还要制定具体的实施措施，制订各有关部门、人员的具体实施方案，确保决策目标落到实处，通过计划、组织、领导、激励和控制等管理职能实现企业的决策目标。在决策的实施过程中，具体的执行情况可能会和决策的预期目标发生差异，如果不注意这些差异，必然会影响决策目标的实现。因此，在决策之后的实施过程中，决策者还需要对决策的执行进行连续的追踪调查，建立信息反馈渠道，随时将决策实施的情况与预期的结果进行比较和分析，对异常原因，要采取果断措施，保证决策目标的实现。

在决策的执行过程中，差异产生的原因主要有以下几种：①决策实施单位或实施人员没有认真按决策办事；②虽然决策目标正确，但方案的局部有问题；③在决策的实施过程中影响决策的情况发生了某些重大的变化；④目标存在问题，方案从总体上来说是错误的。针对前两种情况，决策者只需要进行局部的调整、修正即可。当出现后两种情况时，决策者就必须对决策方案进行根本的修正，还要进行追踪决策，重新确定新的目标。

5. 追踪决策

追踪决策不同于一般的决策，它具有以下四个特点：

(1) 回溯分析。这种决策是对原决策的产生及环境变化情况逐步地进行逆推分析，指出发生偏差的环节，确定问题的症结，总结教训。

(2) 非零起点。追踪决策面临的是原定的决策已实施了一段时间的情况，它的起点不是从零开始的，而是在既成事实的基础上重新决策。

(3) 双重选优。它不同于原先的决策。原先的决策是从若干个可行、可供选择的方案中选优的结果，但实施时并不理想，于是才进行追踪决策，而且它是针对原先决策在实施中的具体问题来决策，目标更具体。追踪决策比原先的决策考虑问题更全面、更周到，并且要按新的情况来制订若干新的可行方案，并再从中优选，所以做出的决策必定会优于原方案。

(4) 心理效应。追踪决策由于是在原有方案已经实施而且要改变的情况下进行的，决策对象的内部和外部人员处在既有的而又将改变的利害关系之中，因此，不可避免地会引起强烈的心理效应。强烈的感情容易使人失去客观的尺度，原决策者会因害怕承担责任而竭力辩解，甚至掩盖真相，消极对抗；原决策的反对者可能会攻其一点，否定一切，甚至把原方案中的合理因素也加以摒弃，走向另一极端；旁观者则可能幸灾乐祸，推波助澜，企图浑水摸鱼。因此，要努力做好思想工作，使决策在客观、公正的条件下进行。有时，为了避免由于心理效应对追踪决策的不利影响，在进行追踪决策完成之前，应进行严格的保密，在实施的过程中再逐渐解密。

第五节　企 业 运 营

一、企业营销管理

企业营销管理就是企业通过计划和执行关于商品、服务和创意的概念化、定价、促销和分销，以创造符合个人和组织目标而进行交换的一种过程。

企业营销管理过程是市场营销管理的内容和程序的体现，是指企业为达成自身的目标，辨别、分析、选择和发掘市场营销机会，规划、执行和控制企业营销活动的全过程。企业通过营销管理过程使企业的营销活动与外界环境的发展变化相适应，在不断的调节过程中发展壮大自己。企业市场营销活动是一项系统工程，其管理过程则是用系统的方法发现、分析和选择市场机会，进而把市场机会转化为有利可图的企业营销机会。

企业营销管理过程包含有以下四个步骤：分析市场机会、选择目标市场、确定市场营销策略、市场营销活动管理。如图 2-1 所示。

```
┌──────────┐   ┌──────────┐   ┌──────────┐   ┌──────────┐
│ 分析市场 │──▶│ 选择目标 │──▶│ 确立市场 │──▶│ 市场营销 │
│ 机会     │   │ 市场     │   │ 营销策略 │   │ 活动管理 │
└──────────┘   └──────────┘   └──────────┘   └──────────┘
```

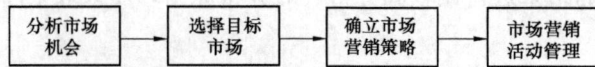

图 2-1 企业营销管理过程

（一）分析市场机会

市场需求和市场竞争使企业不可能依靠现有的产品来长久地发展，必须要寻找新的市场机会。分析市场机会是企业营销管理的第一步。市场机会就是可以做生意赚钱的机会，即市场尚未满足的需求。为了获得一个市场机会，企业营销人员必须对市场结构、消费者、竞争者行为进行调查研究，识别、评价和选择市场机会，这是企业营销管理基本的和首要的任务。

现代市场营销学认为，哪里有消费者的需求，哪里就有市场机会。市场机会就是消费者在满足需求的过程中尚存的遗憾。因此企业营销人员不仅应该善于通过发现消费者现实的和潜在的需求，寻找各种市场机会，而且应当具有通过对各种市场机会的评估，确定对本企业最适当的"企业机会"的能力。

（二）选择目标市场

对市场机会进行评估后，企业要做好进入市场的准备。进入哪个市场或者哪个市场的哪部分，这就涉及研究和选择企业目标市场问题，这是企业营销管理的第二步。目标市场的选择是企业营销战略性的策略。

企业要根据不同目标市场的不同需求，将目标市场划分为若干个细分市场，同时分析各个细分市场的特点、需求趋势和竞争状况，根据企业的特点，选择适合企业的目标市场，并采取相应的营销管理措施和手段，抓住市场机会。

（三）确定市场营销策略

企业营销管理过程中，制定企业营销管理策略是关键步骤。企业营销策略的制定具体体现在市场营销组合的设计上。市场营销组合是为了满足目标市场的需要，企业对自身可以控制的各种营销要素如质量、包装、价格、广告、销售渠道等的优化组合。

企业应重点考虑产品策略、价格策略、渠道策略和促销策略这四个营销组合。产品策略是指企业向目标市场提供的商品或劳务。价格策略是指出售给购买者的商品或服务的价格。渠道策略是指企业向目标市场提供商品时所经过的环节和活动及向顾客提供商品的场所。促销策略是指企业通过各种形式与媒体进行宣传企业和商品、与目标市场进行有关商品信息的沟通的所有活动。

市场营销组合是为实现企业战略的营销策略，它具体谋划企业为实现总的战略目标所采用的手段、方法和行动方案，以贯彻营销战略思想。

（四）市场营销活动管理

企业营销管理的最后一个程序是对市场营销活动的管理。在对市场机会分析、选择目标市场、进行渠道市场营销策略等实际操作与运行中都需要进行管理，都不能离开营销管理系统的支持。营销管理系统可分为三个部分：

1. 市场营销计划

现代营销管理，既要制定较长的战略规划，决定企业的发展方向和目标，又要有较为具体的市场营销计划，以具体实施战略计划目标。

2. 市场营销组织

营销计划制定后，需要有一个强有力的营销组织来执行营销计划。

3. 市场营销控制

在营销计划实施过程中，可能会出现很多意想不到的问题。因此，需要一个控制系统来保证市场营销目标的实施。

营销管理的三个系统是相互联系、相互制约的。市场营销计划是营销组织活动的指导，营销组织负责实施营销计划，而实施的情况和结果又受控制，保证计划得以实现。

二、企业生产管理

生产管理是指对生产过程活动进行的一系列管理活动，也就是对生产过程活动进行的一系列计划、组织和控制的工作。企业的生产活动是一个"投入—变换—产出"的过程，即投入一定的资源，经过一系列的变换，使其价值增值，最后以某种形式产出供给满足社会需求的过程，如图2-2所示。

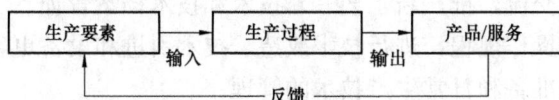

图2-2 生产管理过程

其中投入包括了人力、设备、物料、技术、信息、能源、土地等劳动资源要素。产出包括有形产品和无形产品。中间的变换过程也就是劳动过程、价值增值过程，即运作过程。企业的生产过程既是人、财、物的消耗过程，也是创造价值和使用价值的过程，所以合理组织生产过程，以尽可能少的物质财富消耗，生产出尽可能多的适销对路的产品，具有十分重要的意义。

在企业的管理中，生产管理可以对经营决策的实现起保证作用，为技术开发进行科学实验提供信息和条件，同时还要为营销提供商品，这是营销管理的后盾，也是财务目标得以实现的保障。

生产管理的任务就在于运用组织、计划、控制等职能，把投入生产过程的各种生产要素有效地结合起来，形成有机的整体，按照最经济的生产方式生产出满足社会需求的产品。生产管理作为企业管理的组成部分，包含着很多具体的管理工作，主要有：

(1) 生产战略。生产战略是企业整体战略下的职能战略。根据企业的目标和总体战略，对生产管理系统进行全局性和长远性的规划，确定生产管理所应遵循的计划、内容和程序，形成企业的生产管理模式。

(2) 生产准备与生产组织。生产准备与生产组织是生产的物质准备工作、技术准备工作和组织工作，包括工厂与车间的平面布置、产品的开发与设计、工作研究、生产过程的组织、物资管理、设备管理等。

(3) 生产计划。生产计划是生产管理的精华。指与产品有关的生产计划工作和负荷分配工作，包括生产计划、过程计划、生产作业计划、材料计划、人力资源计划和负荷分配计划等。

(4) 生产控制。生产控制是指围绕着完成计划任务所进行的检查、调整管理工作，包括进度控制、库存控制、质量控制、成本控制及企业的标准化工作。

（5）先进的生产模式。采用先进的信息技术手段，实现生产经营的集成，提高企业的应变能力和服务水平，是现代生产管理的热点。

三、企业技术管理

技术管理就是依据科学技术工作规律，对现代企业的科学研究和全部技术活动进行的计划、协调、控制和激励等方面的管理工作。其宗旨在于有计划地、合理地利用企业内、外部的科技力量与资源，组织科学研究和技术开发活动，建立科学而合理的生产技术秩序，尽快把最新的科学技术成果转化为实际生产力，从而提高企业的技术素质和经济效益，实现企业的科学技术现代化。

企业技术管理的内容包括：

（1）进行科学技术预测，制定技术革新和科研项目的规划并组织实施，推动企业的科技进步。

（2）改进产品设计，试制新产品；制定和执行技术标准，进行产品质量的监督检验。

（3）组织科技信息交流，推广新工艺、新技术和技术档案管理。

（4）建立健全技术操作规程，进行技术改造、技术引进和设备更新。

（5）做好生产技术准备和日常生产技术的管理。

（6）做好技术经济的论证工作。

现代企业技术管理的任务主要是推动科学技术进步，不断提高企业的劳动生产率和经济效益。因此，要形成好的企业管理，应从以下几个方面着手。

（1）正确贯彻执行国家的技术政策。技术政策是国家根据现代企业生产的发展和客观需要，根据科学技术原理制定的，用来指导企业各种技术工作的方针政策。企业许多技术问题和经济问题的解决都离不开国家的有关技术政策。我国现代企业的技术政策很多，主要包括产品质量标准、工艺规程、技术操作规程、检验制度等，其中，产品的质量标准是最重要的。

（2）建立良好的生产技术秩序，保证企业生产的顺利进行。良好的生产技术秩序，是保证企业生产顺利进行的必要前提。企业要通过技术管理，使各种机器设备和工具经常保持良好的技术状况，为生产提供先进合理的工艺规程，并要严格执行生产技术责任制和质量检验制度，及时解决生产中的技术问题，从而保证企业生产的顺利进行。

（3）提高企业的技术水平。现代企业要通过各种方式和手段，提高工人和技术人员的技术素质，对生产设备、工艺流程、操作方法等不断进行挖掘、革新和改造，推广行之有效的生产技术经验；努力学习和采用新工艺、新技术，充分发挥技术人员和工人的作用，全面提高所有生产人员的科学文化水平和技术水平，以加速企业的现代化进程。

（4）保证安全生产。操作工人和机器设备的安全是现代企业生产顺利进行的基本保证，也是国家制度的一个基本要求。如果企业不能确保生产的安全，工人的人身安全和健康就不能得到保证，国家的财产就会遭受损失，企业的生产经营活动也会受到极大影响。所以说，安全就是效益。企业生产的安全应靠企业上下各方面的共同努力，从技术上采取有力措施，制定和贯彻安全技术操作规程，从而保证生产安全。

（5）广泛开展科研活动，努力开发新产品。在市场经济中，现代企业必须及时生产出符合社会需求的产品，才能取得相应的经济效益。这就要求企业必须发动广大技术人员和工人，广泛开展科学研究活动，努力钻研技术，积极开发新产品，不断满足需求，开拓新市场。

四、企业财务管理

财务管理是企业经营管理的重要部分，在进行财务管理的过程中贯穿着财务预测与决策、财务计划、财务控制、财务分析和财务检查等职能作用。因此，要全面了解企业财务管理的概念，就必须认真考察企业再生产过程中的资金运动，以及由此引起的企业同各方面的财务关系。

（一）企业的资金运动

资金运动是指企业在生产经营过程中，现金变为非现金资产，非现金资产又变为现金，这种周而复始的流转过程。资金运动表现为资金的循环和周转。工业企业的资金，企业以货币资金购买材料等各种劳动对象，为进行生产储备必要的物质，货币资金就转化为储备资金。

在生产过程中，工人利用劳动资料对劳动对象进行加工。这时，企业的资金，即由原来的储备资金转化为产品形式的生产资金。同时，在生产过程中，一部分货币资金由于支付职工的工资和其他费用而转化为产品，成为生产资金。此外，在生产过程中，厂房、机器设备等劳动资料因使用而磨损，这部分磨损的价值通常称为折旧，转移到产品的价值中，也构成生产资金的一部分。当产品制造完成，生产资金又转化为成品资金。在销售过程中，企业将产品销售出去获得销售收入，并通过银行结算取得货币资金，成品资金又转化为货币资金。企业再将收回的货币资金的一部分重新投入生产，继续进行周转。

企业资金从货币资金开始，经过供应、生产、销售三个阶段，依次转换其形态，又回到货币资金的过程就是资金的循环，不断重复的资金循环就是资金的周转。

（二）企业财务关系

企业财务关系是指企业在资金运动过程中与各有关方面发生的经济利益关系。这种经济利益关系主要有以下几个方面：

1. 企业与国家之间的财务关系

企业与国家之间的财务关系，主要体现在两方面：一是国家为实现其职能，凭借政治权利，无偿参与企业收益的分配，企业必须按照税法规定向国家缴纳各种税金，包括所得税、流转税、资源税、财产税和行为税等；二是国家作为投资者，通过授权部门以国有资产向企业投入资本金，依据投资比例参与企业利润的分配。前者体现的是强制和无偿的分配关系，后者则是体现所有权性质的投资与受资关系。

2. 企业与其他投资者之间的财务关系

企业为了满足生产经营的需要，经国家有关部门批准，还可以依法向社会其他法人、个人及外商筹集资本金，从而形成企业与其他投资者之间的财务关系。这种财务关系体现了所有权性质的投资与受资关系。

3. 企业与债权人之间的财务关系

企业与债权人之间的财务关系，主要是指企业向债权人借入资金，并按借款合同的规定按时支付利息和本金所形成的经济关系。企业的债权人主要有债券持有人、银行信贷机构、商业信用提供者、其他出借资金给企业的单位和个人。企业与债权人的财务关系在性质上属于债务与债权关系。

4. 企业与受资者之间的财务关系

企业与受资者之间的财务关系，主要是指企业以购买股票或直接投资的形式向其他企业投资所形成的经济关系。企业与受资者的财务关系也是体现所有权性质的投资与受资关系。

5. 企业与债务人之间的财务关系

企业与债务人之间的财务关系，主要是指企业将其资金以购买债券、提供借款或商业信用等形式出借给其他单位所形成的经济关系。企业与债务人的财务关系体现的是债权与债务的关系。

6. 企业内部各单位之间的财务关系

企业内部各单位之间的财务关系，主要是指企业内部各单位之间在生产经营各环节中相互提供产品或劳务所形成的经济关系。这种在企业内部形成的资金结算关系体现了企业内部各单位之间的利益关系。

7. 企业与职工之间的财务关系

企业与职工之间的财务关系，主要是指企业向职工支付劳动报酬过程中所形成的经济关系。这种与职工之间的结算关系体现着社会主义的按劳分配关系。

（三）财务管理的特点

财务管理区别于其他管理活动的特点有以下几点：

1. 财务管理是一种价值管理工作

财务管理主要利用资金、成本、收入、利润等价值指标，运用财务预测、财务决策、财务预算、财务控制、财务分析等手段来组织企业中价值的形成、实现和分配，并处理这种价值运动中的经济关系。

2. 财务管理是一项综合性管理工作

企业在生产经营活动各方面的质量和效果，大多可以通过反映资金运动过程和结果的各项财务指标综合反映出来，因而能使企业有效组织资金供应，有限使用资金，严格控制生产耗费，大力增加收入，合理分配收益，又能够促进企业有效开展生产经营活动，不断提高经济效益。

3. 财务管理的指标能反映企业生产经营状况

在企业管理中，决策是否正确、产品是否畅销、经营是否合理，都可以在企业财务指标中得到反映。例如，通过资金周转指标，可以反映资金利用效率的高低，供、产、销各环节配合得好坏，产品的适销对路情况，以及企业经营管理水平的高低等。

（四）财务管理的内容

财务管理的最终目标是使企业的财富达到最大。而提高企业财富的主要途径是提高报酬和减少风险，企业报酬的高低和风险的大小又决定于资本结构、投资项目和利润分配政策。所以，财务管理的主要内容是筹资、投资和利润分配三项。

1. 筹资

筹资是指企业为了满足生产经营活动的需要，从一定的渠道，采用特定的方式，筹措和集中所需资金的过程。筹集资金是企业进行生产经营活动的前提，也是资金运动的起点。

2. 投资

企业在取得资金后，必须将资金投入使用，以谋取最大的经济效益。投资有广义和狭义之分。广义的投资是指企业将筹集的资金投入使用的过程，包括企业内部使用资金，以及企业对外投放资金的过程。狭义的投资是指企业以现金、实物或无形资产采取一定的方式对外投资。在投资过程中，企业一方面必须确定投资规模，以保证获得最佳的投资效益；另一方面通过投资方向和投资方式的选择，确定合理的投资结构，使投资的收益较高而投资较少。

3. 利润分配

企业通过资金的投放和使用，必然会取得各种收入。企业的收入首先要用以弥补生产耗费、缴纳流转税，其余部分为企业的营业利润。营业利润和对外投资净收益、其他净收入构成企业的利润总额。利润总额首先要按国家规定缴纳所得税，税后利润要提取公积金和公益金。其余利润分配给投资者或暂时留存企业或作为投资者的追加投资。要合理确定分配的模式和分配的方式，以使企业获得最大的长期利益。

五、人力资源管理

(一) 人力资源管理基本概念

人力资源管理就是用合格的人力资源对组织结构中的职位进行填充和不断填充的过程。它包括明确组织的人才需求，把握现有的人力资源状况，以及招募、选拔、安置、提拔、考评、奖酬、训练和培养等一系列的活动。

将合适的人选填充和不断地填充到组织中的各个职位上，这始终是管理者的重要使命。这里的填充指的是对于现有的职位空缺进行选拔、安置或从组织内部提拔或调整的各项活动；不断地填充则指的是针对未来可能出现的人才需求所进行的各种活动，包括人事考评、薪酬制度，以及管理人才的训练和开发等。组织中任何一项管理职能的实施，任何一项任务或工作的完成都是由人来进行的，可以说，人是实现组织目标的直接推动力。人力资源管理的成效在很大程度上关系到组织的活动是否有效、组织的目标能否实现。

(二) 人力资源管理的原理

人力资源管理的基本原理是借助于系统科学的理论，并在人力资源管理实践经验的总结基础上形成的，对指导企业人力资源管理有着重要的意义。这些基本原理可以归纳如下：

1. 系统整合原理

系统整合原理是指与人力资源管理有关的各个子系统经过组织、协调、运行和控制，可以实现整体功能优化。在人力资源管理过程中，需要有效地发挥各个子系统的作用，发挥整体功能大于个体功能的优势。企业可以通过良好的组织结构将组织目标、部门目标和岗位目标体系进行有机的整合。同时围绕组织目标、部门目标、岗位目标设置合理的岗位，并为岗位配备合适的人选。结合工作描述、技能提升、培养开发、绩效和薪酬设置等各个子系统，高效率地实现组织、部门和岗位工作的目标。

2. 能级层序原理

能级层序原理的基本内容：①承认人具有能力的差别；②人力资源管理的能级要求按层次建立和形成稳定的组织形式；③不同能级应表现为不同的权力、物质利益和荣誉；④人的能级必须与其所处的管理级次动态对应，对应的能级不是固定不变的。

在人力资源管理系统中，不同的能力和职位上的人，应给予不同的责任、权力和利益，做到"因事设岗、因岗设人、因人成事"，不同职位的责任与权利相对应，不同的职位与不同的能力相对应，这样的组织才会保持良好的秩序，才能更有效率。

3. 互补增值原理

组织的成员具有性格、能力等方面的多样性、差异性，而在人力资源管理中，每个成员在能力、性格及见解等多方面存在着互补性。要使人力资源管理系统达到功能最优化，必须通过发挥个体的优势、扬长避短，通过个体之间、部门之间、各子系统之间的有效合作和优势互补来高效地实现组织的目标。人力资源管理的各个环节应当重视相应环节上要素互补的重要性，通过互补产生价值增值。

4. 反馈控制原理

将系统动力学原理运用于人力资源管理中，可形成人力资源管理的反馈控制原理。在人力资源管理过程中，各个环节、各个要素或各个变量具有相互影响、相互作用的关系，这些关系如相关性、因果性等形成了系统的反馈环。任何一个环节或要素或变量等发生变化，便可能使其他环节、要素和变量发生改变，同时最终又促使该环节、要素或变量进一步变化，形成一个反馈回路。

5. 激励强化原理

激励是组织管理的一项重要职能，也是人力资源管理的一个重要内容。管理和组织行为学的研究表明，激励妥当可以充分调动人的主观能动性，强化员工的期望行为，从而显著地提高员工的工作效率和工作效果。因此，在人力资源开发和管理中，要注意对人的动机的激发。

6. 公平竞争原理

所谓公平竞争指的是竞争各方遵循同样的规则，获得同样的竞争条件。在人力资源管理中，公平竞争指的是在考核、录用、晋升和奖惩等方面得到公正公平的对待。在人力资源管理中引进竞争机制，可以较好地实现奖勤罚懒、用人所长、优化组合。运用公平竞争原理，就是要注意公平性、适度性和目的性这三个方面。

7. 文化凝聚原理

文化凝聚原理是指通过价值观、理念等文化因素将员工团结在一起，形成强大的团队合力。人力资源管理的一个重要方面就是如何提高组织的凝聚力。在公平的前提下，强大的组织凝聚力能更好地吸引人才和留住人才。

（三）人力资源管理的内容

人力资源管理的内容是指在组织战略及其战略目标的引领下，将人力资源规划作为起点，以岗位工作分析为基础，运用科学有效的方法，对组织的人力资源相关的过程进行管理。人力资源管理的内容包括以下几个方面：

（1）规划。根据组织的发展战略和人力资源战略，科学地分析和预测组织在变化环境中的人力资源需求和供给状况，制定相应的政策和措施以保证组织获得符合数量要求的人员过程。人力资源规划具体包括人力资源补充规划、人力资源晋升规划、人力资源配备规划、人力资源培训开发规划、薪酬规划、绩效规划、职业发展生涯规划等。

（2）吸收。在人力资源规划的基础上，通过岗位分析明确组织的工作要求，确定具体的招聘人数及达到与工作要求所匹配的技能与能力要求，同时注意给予应聘者均等的就业机会。

（3）录用。根据工作岗位要求确定合适岗位人选的活动。

（4）维持。人力资源维持的主要目的是激发员工的工作热情，保持其工作的积极性。同时，保持良好的工作环境（安全、健康的工作环境）。

（5）开发。开发活动的主要目的是通过培训与管理技能拓展等活动提高员工的知识、技巧、能力，以及其他特征等来保持和增强员工的岗位胜任力。

（6）评估。对员工的工作态度、能力和具体业绩，以及在组织中遵纪守法情况进行考察、鉴定、分析、反馈等过程。

（7）调整。根据组织战略、部门目标和岗位目标的需要，为了维持必需的员工数量和质量，使其适应组织发展的需要而采取的一系列变化措施，具体包括升迁、调动等。

六、能源管理

（一）能源管理的概念

能源管理是对能源的生产、分配、转换和消耗的全过程进行科学的计划、组织、指挥、监督和调节以达到经济、合理、有效地开发和利用能源的目的的管理活动。

能源管理的内容包括：

（1）对整个能源领域的管理，即从能源资源的勘探、开采、加工、转换、转送、分配、储存到最终使用的各阶段、各环节的管理。

（2）国家对能源的管理，包括能源方针、政策、规划、计划、标准、价格、制度、办法等的制订、执行和检查。

（3）企业对能源的管理，包括能源计划、供应、计量、定额、统计、奖惩等方面的管理工作。

（二）能源管理的基础工作

能源管理的基础工作主要有：

1. 能源计量工作

安装计量工具、仪表；健全计量制度；通过计量分析企业能耗状态，改善企业能源利用状况。

2. 能源消耗定额工作

在企业编制计划和生产过程中制定有科学依据的先进合理的能源消耗定额，实行严格的定额管理，保证能源的合理分配和有效利用。

3. 能源统计分析工作

对企业能源的供应来源和使用方向，节约浪费和能耗波动原因建立必要的统计资料和分析研究，发现问题找出变化规律，提出改进措施，实行有效管理。

4. 能量平衡工作

通过能量输入与消耗、有效利用和损失之间的平衡关系，查清企业能耗现状，找出节能潜力和途径，提高企业的能源利用率。

（三）能源管理的步骤

能源节约意味着更有效地利用能源。伴随着能源价格的不断升高，环境质量的日益恶化，各种节能技术在经济上变得越来越可行。然而，如果没有先进的能源管理，仅依靠能源节约技术，很难获得良好的节能效果。能源管理是节能技术良好运行的保证，它有助于节能技术更好地发挥节能潜力，因此带来更好的经济效益。

高效的能源管理通常包括以下九个步骤：

1. 制定管理任务

能源管理需要支持和鼓励各种能源节约计划，并使这些计划更加行之有效。

2. 争取员工支持

员工数量占能源管理对象中的绝大部分，因此员工的支持对能源管理至关重要。通过教育和培训，增强他们的节能意识，从而更加支持能源管理。

3. 开展能耗调查

通过检查相关能耗情况，了解能耗特点，掌握相应领域能耗的现状，最终确定能耗的大小。

4. 了解存在的问题和制定相关对策

利用能耗调查所获得的相关信息，借助所了解的相关状况，检查系统各部分的节能潜力，通过寿命周期花费分析，评价各种重要的能源节约机会，并对各种能源节约机会进行排序。

5. 制定节能目标

制定未来将要实现的节能目标，这种节能目标可以是能耗降低的相对百分数，或者是能耗的绝对减少量。

6. 记录目前的能耗

核查每月的实际能耗，或者根据燃料的储备量，估计每月的能耗。

7. 执行能源节约方案

明确在贯彻执行能源节约计划中的各种责任，确保节能计划得以顺利执行。

8. 监测能源节约效果

定期对当前能耗和历史能耗进行比较，检查节能效果，确保能源管理人员正确地执行能源节约计划，在评价节能效果时，要考虑多方面的外在因素。

9. 进行适当调整

基于监测结果，根据条件的改变，采取适当的调整措施。

（四）企业能源管理方法

企业的能源管理方法可以分为以下几种：

1. 合理组织生产

提高劳动生产效率，提高产品产量和质量，减少残次品率，利用电网低谷组织生产，均衡生产，减少机器空转，各种用能设备是否处在最佳经济运行状态，排查生产管理方面的"跑冒滴漏"，提高生产现场的组织管理水平，减少各种直接和间接能耗、物耗损失等。

2. 合理分配能源

不同品种、质量的能源应合理分配使用，减少库存积压和能源、物资的超量储备，提高能源和原材料的利用效率。

3. 加强能源购进管理

提高运输质量，减少装运损耗和亏吨，强化计量和传递验收手续、提高理化检验水平，按规定合理扣水扣杂等。

4. 加强项目的节能管理

检查新上和在建、已建项目是不是做了"节能篇"论证，核算其经济效果、环境效果和节能效益是否达标。

5. 规章制度落实情况

企业能源管理各种规章制度是否健全合理，是否落实到位，如能源、物资的招标采购竞价制度，对质量、计量、定价、验收、入库、票据、成本核算是否严格把关，要认真细致地排查、分析、诊断问题。一般企业在管理方面存在的问题比较多，漏洞多，浪费大，管理节能是不花钱的节能，只要加强管理，严格制度，就能见效。

第三章 能源管理体系

第一节 能源管理体系的产生

能源是国民经济和社会发展的重要物质基础，能源短缺已成为制约世界各国经济持续快速发展的重要因素。粗放型的经济发展方式所造成的能源利用效率低，能耗高，能源浪费严重等现象更加剧了各国能源紧张的状况。要解决这一现状，就必须节能降耗。

节能工作是一项系统性、综合性很强的工作，如果仅仅依靠节能技术进步和设备更新而缺乏相互联系、相互制约和相互促进的科学的能源管理理念、机制和方法，就会造成能源管理脱节，使能源使用无依据、分配无定额、考核无计量、管理无计划、损失无监督、节能无措施、浪费无人管等现象，从而不能最终解决能源供需矛盾。在这种情况下，一些思想前瞻的组织开始尝试应用系统的管理方法来推动节能降耗，这种管理方法成本低，甚至零成本，并能够有针对性地推动相关节能措施和节能技术应用于实践，使得用能单位能够持续降低能源消耗、提高能源利用效率。这一尝试不仅促进了系统管理能源理念的诞生，也因此产生了能源管理体系的思想和概念。

一、我国企业能源管理现状

随着工业化、城镇化进程加快和消费结构持续升级，我国能源需求呈刚性增长，受国内资源保障能力和环境容量制约，以及全球性能源安全和应对气候变化的影响，资源环境约束日趋严峻，因此我国目前的节能减排形势不容乐观，任务十分艰巨。特别是我国节能减排工作还存在责任落实不到位、推进难度增大、激励约束机制不健全、基础工作薄弱、能力建设滞后、监管不力等问题。这种状况如不及时改变，将严重影响我国经济结构调整和经济发展方式的转变。

目前我国推进节能的决心和力度是前所未有的，企业所面临的节能形势是非常严峻的。这主要表现为以下几个方面：

（1）节能相关的法律法规要求越来越多。例如，新环保法、节能法、产业结构调整、行业准入制度、限额标准、能效标识制度、强制淘汰高耗能工艺及设备等对工业企业，特别是对高能耗、高污染行业的要求越来越高。

（2）能源短缺越来越严重。

（3）能源价格越来越高。

（4）政府节能监控越来越严格。

由此可见，企业的能源使用受到外部越来越多的限制。要改变我国工业企业能源使用效率低的现状，需要配套一系列能源管理的政策法规手段来达成。能源管理作为用能单位履行社会责任、节约生产成本的重要内容，是用能单位根据国家能源政策，利用科学手段，对能源的生产、分配、转换和消费的全过程进行计划、组织、指挥、检测和调节，达到合理开发和高效用能的目的，使有效的能源通过节约和综合利用达到、发挥最大作用的一系列工作。

目前，我国企业能源管理状况存在以下问题：

（1）较多企业对能源管理重视程度不够，存在人力资源配备不足，专业技术能力不强的问题。

（2）不合理用能、高品质余能未回收、设备陈旧耗能高等现象在很多企业随处可见。

（3）企业的能源管理以能源统计为主，能源管理有关工作标准、管理文件较少，有效开展能源定额管理的企业不多。

（4）很少有企业对日常用能规范性进行检查，企业的能源管理科学性、系统性、长远规划性不强。

（5）一些重点用能企业节能只关注技术改造，未关注内部管理挖潜。

二、能源管理体系的概念

能源管理，是以能源及其相关联的要素，包括耗能设备、耗能过程及其操控人员为对象的管理活动，主要关注能源的消耗量、能源消耗开支和能源消耗对环境的影响，以求合理、高效地利用能源，控制能源费用的支出，同时对环保做出贡献。能源管理并不直接产生节能效益，但它起到间接催化促进的作用，是深入挖掘节能潜力和节能技术与节能经济运行实施的保障，帮助用能单位把直接产生节能效益的方法发挥到最大。能源管理主要包括能源供应管理和能源节约管理，其中能源供应管理包括采购、储存、分配和运输四个方面；能源节约管理包括能源的全面计量、能源统计分析、能耗定额管理、能源节奖罚超、原设备管理、企业能量平衡管理、节能技术措施管理、节能宣传教育、规章制度管理，以及开展广义节能和系统节能十个部分。

能源管理体系，就是将各种能源管理活动整合起来成为一个主动的、全面的、可持续运行和维护的管理系统，是建立并实现能源方针和目标的一系列相互关联要素的有机组合。它从体系的全过程出发，通过实施一套完整的标准、规范，在组织内建立起一个完整有效的、形成文件的能源管理体系，注重建立和实施过程的控制，使组织的活动、过程及其要素不断优化，通过例行节能监测、能源审计、能效对标、内部审核、能耗计量与测试、能量平衡统计、管理评审、自我评价、节能技改、节能考核等措施，不断提高能源管理体系持续改进的有效性，实现能源管理方针和承诺，并达到预期的能源消耗或使用目标。

三、搭建能源管理体系的必要性

建立和实施能源管理体系能够持续有效地解决上述企业日常能源管理的细节问题，识别节能改进的机会，并将传统、分散的节能管理活动有机地结合为一个整体。

1. 搭建能源管理体系可降低能源消耗

降低能源消耗，关注能源效率是企业能源长期发展战略的一部分。当前，能源危机已日趋严峻，能源价格不断上涨，企业使用能源的成本不断提高。同时，各国政府越来越重视能源的使用效率和能源使用对环境的影响，节能减排已成为各国经济发展中的强制要求。此外，限制温室气体排放已成为国际社会的共识，各国纷纷出台限制能源消费导致的碳排放量的经济政策，并已形成交易碳排放配额的碳经济，直接影响企业的经营活动。

2. 搭建能源管理体系可解决能源体系建立中的瓶颈问题

随着企业对能源管理的不断深入，一些制约能源管理水平进一步提升的瓶颈问题渐渐浮现出来。例如，新的节能项目的先期投入往往比较大，能源使用的监测、分析、评估系统还有待完善，对节能项目的整体分析不够，员工对能源管理的参与度较差等。能源管理体系标准是结合技术和管理两方面的管理系统，它将在关注技术改造的同时，也重点关注人的因素，将着力培养员工良好的节能意识，形成员工节能的行为模式和习惯，进而将其塑造为企业文化的一部分。此外，企业搭建能源管理体系的过程，将成为针对能源管理市场研究的最佳案例，将为公司研究能源效率综合解决方案提供平台和机会。

总之，加强能源管理体系建设是建立节能长效机制、实现"十三五"节能目标的重要抓手。用能单位通过建立能源管理体系，能够将现有能源管理手段进行整合、提升，并逐步形成节能工作持续改进、能源消耗持续降低、能源效率持续提高的良性机制。在企业能源成本降低的同时，也实现了企业经济效益的最大化，极大地减少了废气、废水等废弃物的排放量，最大限度地实现了企业的社会效益。

四、能源管理体系标准

能源问题需要通过"溯本"和"求源"两个途径来解决，节能标准作为"溯本"节能途径的重要技术工具，作用日渐突出。目前，世界上已有 40 多个国家制定发布了终端用能产品能效标准，并有十余个国家制定发布了能源管理体系标准。

能源管理体系标准的目的是为组织或用能单位提供一整套国际化、标准化的过程管理方法，并能将节能措施纳入组织的管理体系当中，包括微调生产工艺和改进工业系统的能效。当前，持续改进已被工业企业成功应用于改进质量、环境和安全等诸多方面，而能源管理体系是要寻求如何将持续改进的同类管理文化应用到能源使用方面。能源管理体系标准通过规范工业企业中的能源管理和改变运行措施来减少能源使用，创造适宜的环境来实施更多资本密集型的能效措施和工业技术。

能源管理体系标准要求企业制定能源管理方案，以解决沟通缺乏、对如何支持能效项目的理解有限、财务数据有限等方面的问题，以及实施措施难以说明和改变现状存在感知风险等传统障碍。除此以外，能源管理体系标准还引入了一些业务度量指数（如能源绩效指标），将能源使用与生产量联系起来，从而记录和评价能源绩效的改进。

世界上第一个能源管理体系标准 MSE 2000 在美国诞生。MSE 2000 是美国国家标准学会（ANSI）制定的能源管理体系（Management System for Energy）标准。美国 MSE 2000 的诞生，主要是源于 20 世纪 70 年代的石油危机，人们开始认识到节约能源的重要性。其次的原因是美国甚至全球环境污染越来越严重，节能不单纯是经济问题，而是与减排联系在一起。当时美国企业不设能源管理机构，能源管理往往被忽视。

其中，有的企业没有专业的管理人员，只有外聘顾问或咨询师，一旦咨询者离开，顾问确定和实施的节能项目便不能进行下去；有的企业设置了能源经理岗位，但只要调整能源经理，能源管理就随之流产；有的企业当年的能源节约可达到 15%～30%，但不能坚持下来。佐治亚技术能源和环境管理中心、企业创新研究所、佐治亚理工学院的工程师们认识到，依靠能源危机管理技术只能获得短期的改善。要想对能源绩效进行长期、持续的改进，组织必须将能源管理作为其战略中的一部分，建立并实施有效的能源管理体系。

第二节　能源管理体系的构架和内容

一、能源管理体系的基本模式

能源管理体系采用一般国际上通用的管理模式——PDCA 循环改进机制，即 Plan（计划 P）—Do（执行 D）—Check（检查 C）—Act（处置 A）循环。PDCA 循环是从其中的某个环节开始，并且循环地进行下去的科学程序。该改进机制参考了质量管理体系与环境管理体系中的相关内容，PDCA 循环是全面管理所应遵循的科学程序。PDCA 模式认为管理者不应在出现问题之后寻找解决的措施，而是管理者在组织企业活动的过程中，自发地寻求管理过程的有效性和高效性的改进。

具体来说，能源管理体系通过策划（P），根据组织（在能源管理标准中此处组织是指实施能源管理标准的主体，如某一地区、某一企业，为表述简单，在下文中均采用"组织"一词）的指导目标与需求，建立科学、高效的实施计划；通过实施（D），完成能源绩效改进的实施过程；通过检查（C），对组织的目标和计划的执行与完成情况进行监视、检测和评价，并报告结果；通过处置（A），对检查结果中出现的问题采取有效的措施，提出新的目标和要求，达到持续改进的目的。

GB/T 23331—2012《能源管理体系　要求》给出了能源管理体系的运行模式，除 PDCA 循环改进机制的内容外，该运行模式在检查（C）部分给出了三个组成部分，分别是监视、测量与分析，不符合、纠正、纠正措施和预防措施，能源管理体系的内部审核。模式对检查结果通过管理评审的方式达到循环改进的目的。该能源管理体系运行模式示意，如图 3-1 所示。

为降低能耗、提高能源利用效率，组织建立并实施的能源管理体系应覆盖与能源管理有关的全部过程。

（一）能源方针

能源方针包括对降低能源消耗、提高能源利用效率，并持续改进的要求，以及对遵守与能源管理适用的法律法规、政策、标准及其他要求。能源方针为制定和评价能源目标、指标提供框架。

（二）能源策划

能源策划包括总则，能源评审，能源绩效参数，能源基准，能源目标、能源指标与能源管理实施方案等方面的要求。

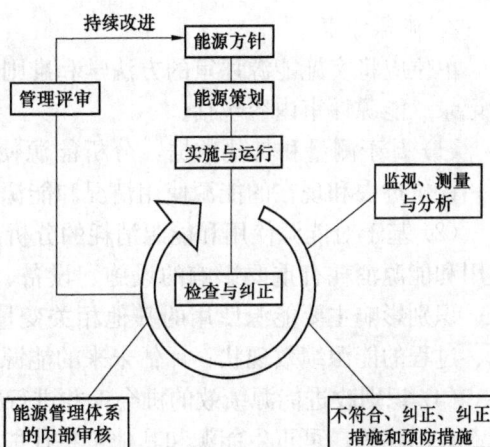

图 3-1　能源管理体系运行模式

1. 总则

策划应与能源方针保持一致，并保证持续改进能源绩效。策划应包含对能源绩效有影响活动的评审。能源策划过程的概念如图 3-2所示。

图 3-2 不是为了展示某个组织的策划细节。由于组织或环境的不同可能会出现其他具体内容，因此，能源策划图中的信息并不能穷尽。

设定标杆是对能源绩效数据进行收集和分析的过程，目的是在组织内部及用能单位间评价和比较能源绩效。标杆的类型可以是为了鼓励组织内部良好工作行为的内部标杆，也可以是为了在设备、设施或相同领域的具体产品和服务中建立最好的行业绩效而设立的外部标杆。设立标杆的过程可以在这部分或全部的要素中实施。如果可获得相关的准确数据，标杆的设立可作为能源评审、能源目标和指标最终确定的有效输入。

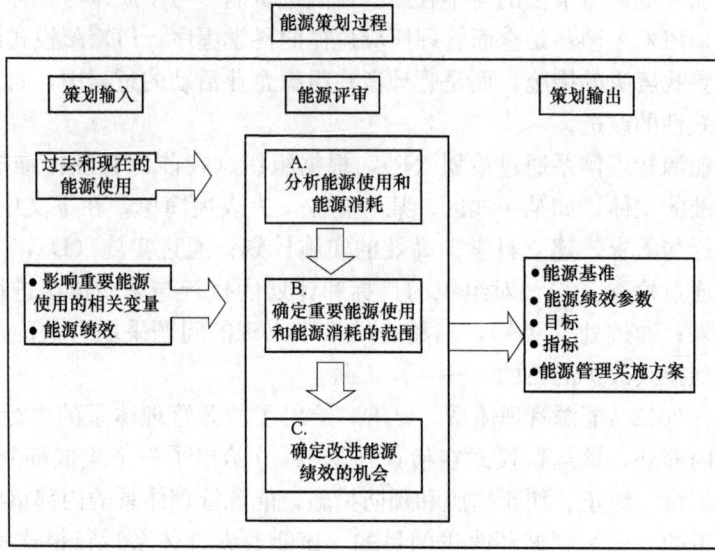

图 3-2　能源策划过程的概念

2. 能源评审

单位应将实施能源评审的方法学和准则形成文件，并组织实施能源评审，评审结果应进行记录。能源评审内容包括：

（1）基于测量和其他数据，分析能源使用和能源消耗。包括识别当前的能源种类和来源；评价过去和现在的能源使用情况和能源消耗水平。

（2）基于对能源使用和能源消耗的分析，识别主要能源使用的区域等。包括识别对能源使用和能源消耗有重要影响的设施、设备、系统、过程及为组织工作或代表组织工作的人员；识别影响主要能源使用的其他相关变量；确定与主要能源使用相关的设施、设备、系统、过程的能源绩效现状；评估未来的能源使用和能源消耗。

（3）识别改进能源绩效的机会，并进行排序，识别结果须记录。改进能源绩效机会可能与潜在的能源、可再生能源和其他可替代能源（如余能）的使用有关。组织应按照规定的时间间隔定期进行能源评审，当设施、设备、系统、过程发生显著变化时，应进行必要的能源评审。

组织应在界定主要能源使用的区域内，识别和评估能源使用的过程，并识别改进能源绩效的机会。代表组织工作的人员可包括服务承包商、兼职人员和临时员工。

潜在能源可包括组织先前未使用过的常规能源；替代能源可包括化石或非化石燃料。

能源评审的更新意味着更新与分析确定能源绩效改进机会和其重要性有关的信息。

能源审计（或评估）包括对组织、过程的能源绩效进行细致的评审，它是对实际能源绩效的测量和观察。

典型的审计输出包括当前能源消耗和能源绩效的信息，同时，提供一系列用于改进能源绩效的建议。

能源审计作为识别和优选改进能源绩效机会的一部分应进行策划和执行。

3. 能源绩效参数

组织应识别适用于对能源绩效进行监视测量的能源绩效参数，确定和更新能源绩效参数的方法学应予以记录，并定期评审此方法学的有效性；应对能源绩效参数进行评审，适用时，与能源基准进行比较。

能源绩效参数可以是简单的参数、比率，也可以是复杂的模型。例如，能源绩效参数包括单位时间能源消耗、单位产品能源消耗或多变量模型。组织可选取能源绩效参数，说明其运行的能源绩效状况，并在由于商业活动或基准发生变化影响到能源绩效参数相关性的情况下，对能源绩效参数进行适当的改进。

4. 能源基准

组织应使用初始能源评审的信息，并考虑与组织能源使用和能源消耗特点相适应的时段，建立能源基准。组织应通过与能源基准的对比测量能源绩效的变化，当出现以下一种或多种情况时，应对能源基准进行调整：

(1) 能源绩效参数不再能够反映组织能源使用和能源消耗情况。

(2) 用能过程、运行方式或用能系统发生重大变化。

(3) 其他预先规定的情况。

组织应保持并记录能源基准。

一个合适的数据时段是指组织在这个时间段内，能够明确地说明法定要求或各种变量是如何影响能源使用和能源消耗的，这些变量可包括气候、季节、业务活动周期和其他情况。

组织应对能源基准进行维护和记录，并作为组织确定记录保存时间段的一种手段；对能源基准的调整亦可视为维护活动，相关要求应予以规定。

5. 能源目标、能源指标与能源管理实施方案

组织应建立、实施和保持能源目标和指标，覆盖相关职能、层次、过程或设施等层面，并形成文件；应制定实现能源目标和指标的时间进度要求。

能源目标和指标应与能源方针保持一致，能源指标应与能源目标保持一致。

建立和评审能源目标、指标时，组织应考虑能源评审中识别出的法律法规和其他要求、主要能源使用及改进能源绩效的机会。同时，也应考虑财务、运行、经营条件、可选择的技术及相关方的意见。

组织应建立、实施和保持能源管理实施方案以实现能源目标和指标。能源管理实施方案应包括：

(1) 职责的明确。

(2) 达到每项指标的方法和时间进度。

(3) 验证能源绩效改进的方法。

(4) 验证结果的方法。

能源管理实施方案应形成文件，并定期更新。能源管理实施方案除了针对具体的能源绩效改进外，也可针对整个能源管理或能源管理体系过程的改进。这种管理改进型的能源管理实施方案，可描述如何验证方案取得的结果。例如，组织的能源管理实施方案可以是提高员工和承包者的节能意识，组织应使用确定的方法验证意识提高的程度及取得的其他结果，并将这种方法写入能源管理实施方案中。

(三) 实施与运行

实施与运行包括总则，能力、培训与意识，信息交流，文件，运行控制，记录控制，设计，能源服务、产品、设备和能源采购等方面的要求。

1. 总则

组织在实施和运行体系过程中，应使用策划阶段产生的能源管理实施方案及其他结果。

2. 能力、培训与意识

组织应确保与主要能源使用相关的人员具有基于相应教育、培训、技能或经验所要求的能力，无论这些人员是为组织或代表组织工作；应识别与主要能源使用及与能源管理体系运行控制有关的培训需求，并提供培训或采取其他措施来满足这些需求；应保持适当的记录。

组织应确保为其或代表其工作的人员认识到：

(1) 符合能源方针、程序和能源管理体系要求的重要性。

(2) 满足能源管理体系要求的作用、职责和权限。

(3) 改进能源绩效所带来的益处。

(4) 自身活动对能源使用和消耗产生的实际或潜在影响，其活动和行为对实现能源目标和指标的贡献，以及偏离规定程序的潜在后果。

组织根据自身需求确定能力、培训和意识的要求。能力可从教育经历、培训经历、技能和经验等方面体现。

3. 信息交流

组织应根据自身规模，建立关于能源绩效、能源管理体系运行的内部沟通机制。

组织应建立和实施一个机制，使得任何为其或代表其工作的人员能为能源管理体系的改进提出建议和意见。

组织应决定是否与外界开展与能源方针、能源管理体系和能源绩效有关的信息交流，并将此决定形成文件。如果决定与外界进行交流，组织应制定外部交流的方法并实施。

4. 文件

(1) 文件要求。组织应以纸质、电子或其他形式建立、实施和保持信息，描述能源管理体系核心要素及其相互关系。能源管理体系文件应包括：

1) 能源管理体系的范围和边界。

2) 能源方针。

3) 能源目标、指标和能源管理实施方案。

4) 本节要求的文件，包括记录。

5) 组织根据自身需要确定的其他文件。

文件的复杂程度因组织的不同而有所差异，取决于：①组织的规模和活动类型；②过程及其相互关系的复杂程度；③人员能力。

(2) 文件控制。组织应控制本节所要求的文件、其他能源管理体系相关的文件，适当时包括技术文件。

组织应建立、实施和保持程序，以便：

1) 发布前确认文件适用性。

2) 必要时定期评审和更新。

3) 确保对文件的更改和现行修订状态做出标识。

4) 确保在使用时可获得适用文件的相关版本。

5) 确保字迹清楚，易于识别。

6) 确保组织策划、运行能源管理体系所需的外来文件得到识别，并对其分发进行控制。

7）防止对过期文件的非预期使用。如需将其保留，应做出适当的标识。

明确规定须文件化的程序必须形成文件的程序。组织可以制定任何认为必要的文件，以有效展示能源绩效和支持能源管理体系。

5. 运行控制

组织应识别并策划与主要能源使用相关的运行和维护活动，使之与能源方针、目标、指标和能源管理实施方案一致，以确保其在规定条件下按下列方式运行：

（1）建立和设置主要能源使用有效运行和维护的准则，防止因缺乏该准则而导致的能源绩效的严重偏离。

（2）根据运行准则运行和维护设施、设备、系统和过程。

（3）将运行控制准则适当地传达给为组织或代表组织工作的人员。

在策划意外事故、紧急情况或潜在灾难的预案（包含设备采购）时，组织可选择将能源绩效作为决策的依据之一。

组织应评价主要能源使用的运行状况，并采取措施确保运行是可控制的或能减少相关的负面影响，使运行能够满足能源方针与能源目标和指标的要求。运行控制应包含运行的所有方面，包括维护活动。

6. 记录控制

组织应根据需要，建立并保持记录，以证实符合能源管理体系和本节的要求，以及所取得的能源绩效成果。

组织应对记录的识别、检索和留存进行规定，并实施控制。

相关活动的记录应清楚、标识明确，具有可追溯性。

7. 设计

组织在新建和改进设施、设备、系统和过程的设计，并对能源绩效产生重大影响的情况下，应考虑能源绩效改进的机会及运行控制。

适当时，能源绩效评价的结果应纳入相关项目的规范、设计和采购活动中。

8. 能源服务、产品、设备和能源采购

在购买对主要能源使用具有或可能具有影响的能源服务、产品和设备时，组织应告知供应商，采购决策将部分基于对能源绩效的评价。

当采购对能源绩效有重大影响的能源服务、设备和产品时，组织应建立和实施相关准则，评估其在计划或预期的使用寿命内对能源使用、能源消耗和能源效率的影响。

为实现高效的能源使用，适用时，组织应制定文件化的能源采购规范。

采购是通过使用高效的产品和服务以改进能源绩效的机会，同时，还可以借此影响供应链合作伙伴改善能源行为。

能源采购规范的使用可根据市场的变化来调整，能源采购规范的要求可考虑能源质量、可获得性、成本结构、环境影响和可再生能源等。

组织可适当考虑使用能源供应商所建议的规范。

（四）检查与纠正

检查与纠正包括监视、测量与分析，能源管理体系的内部审核，不符合、纠正、纠正措施和预防措施等方面的要求。

1. 监视、测量与分析

组织应确保对其运行中的决定能源绩效的关键特性进行定期监视、测量与分析，关键特性至少应包括：

(1) 主要能源使用和能源评审的输出。

(2) 与主要能源使用相关的变量。

(3) 能源绩效参数。

(4) 能源管理实施方案在实现能源目标、指标方面的有效性。

(5) 实际能源消耗与预期的对比评价。

组织应保存监视、测量关键特性的记录；应制定和实施测量计划，且测量计划应与组织的规模、复杂程度及监视和测量设备相适应。

测量方式可以只用公用设施计量仪表（如对小型组织），若干个与应用软件相连、能汇总数据和进行自动分析的完整的监视和测量系统。测量的方式和方法由组织自行决定。

组织应确定并定期评审测量需求；应确保用于监视测量关键特性的设备所提供的数据是准确、可重现的，并保存校准记录和采取其他方式以确立准确度和可重复性；应调查能源绩效中的重大偏差，并采取应对措施；应记录上述活动的结果。

2. 能源管理体系的内部审核

组织应定期进行内部审核，确保能源管理体系：

(1) 符合预定能源管理的安排，包括符合本节的要求。

(2) 符合建立的能源目标和指标。

(3) 得到了有效的实施与保持，并改进了能源绩效。

组织应考虑审核的过程、区域的状态和重要性，以及以往审核的结果制定内审方案和计划；应记录内部审核的结果，并向最高管理者汇报。审核员的选择和审核的实施应确保审核过程的客观性和公正性。

能源管理体系的内部审核可由组织的内部人员进行，或者由组织挑选的外部人员进行。无论何种情况，审核员都应能胜任工作，并公正、客观地进行审核。在小型组织中，可通过将审核员与被审核项目的责任分离来保持审核员的独立性。

如果组织希望将其能源管理体系的内部审核与其他内部审核相结合，应明确规定每项内容的目的和范围。

能源审计或评估与能源管理体系或能源管理体系能源绩效的内审概念不同。

3. 不符合、纠正、纠正措施和预防措施

组织应通过纠正、纠正措施和预防措施来识别和处理实际的或潜在的不符合，包括：

(1) 评审不符合或潜在的不符合。

(2) 确定不符合或潜在不符合的原因。

(3) 评估采取措施的需求，确保不符合不重复发生或不会发生。

(4) 制定和实施所需的适宜的措施。

(5) 保留纠正措施和预防措施的记录。

(6) 评审所采取的纠正措施或预防措施的有效性。

纠正措施和预防措施应与实际或潜在问题的严重程度，以及能源绩效结果相适应。

组织应确保在必要时对能源管理体系进行改进。

（五）管理评审

包括总则、管理评审的输入、管理评审的输出等方面的要求。

1. 总则

最高管理者应按策划或计划的时间间隔对组织的能源管理体系进行评审，以确保其持续的适宜性、充分性和有效性。组织应保存管理评审的记录。

管理评审应覆盖能源管理体系的所有范围，但并非需要一次完成所有要素的评审工作，评审工作可在一段时期内分次进行。

2. 管理评审的输入

管理评审的输入应包括：

（1）以往管理评审的后续措施。

（2）能源方针的评审。

（3）能源绩效和相关能源绩效参数的评审。

（4）合规性评价的结果，以及组织应遵循的法律法规和其他要求的变化。

（5）能源目标和指标的实现程度。

（6）能源管理体系的审核结果。

（7）纠正措施和预防措施的实施情况。

（8）对下一阶段能源绩效的规划。

（9）改进建议。

3. 管理评审的输出

管理评审的输出应包括与下列事项相关的决定和措施：

（1）组织能源绩效的变化。

（2）能源方针的变化。

（3）能源绩效参数的变化。

（4）基于持续改进的承诺，组织对能源管理体系的目标、指标和其他要素的调整。

（5）资源分配的变化。

能源管理体系的运行模式的作用包括以下几个方面：

（1）实现系统管理，提高能源管理效率，并持续改进能源绩效。通过系统管理以能源管理系统方式开展各项管理工作，这些管理工作相互联系和配合，形成合力，能够取得最佳的效果。由节能专家、管理专家总结各类企业的能源管理经验，总结梳理出合理的优秀管理体系的模式，使各项工作之间有严密的逻辑关系。拥有完整持续改进系统，以 PDCA 的方式不断推进组织能源绩效的改进。改变了传统管理中统计、计量、技改、监测多种工作各自为政，繁重而缺乏效果；虽然做了很多工作，由于系统性不够，仍然存在管理交叉或盲点；往往刚开始工作力度较强，随后开始慢慢减弱等缺点。

（2）包含节约用能管理及政府要求的全部节能活动。包含节能规划、能源审计、节能诊断、清洁生产、能源监测、节能采购、能源统计、能源计量、能源奖惩、关键岗位培训、节能技术推广和合同能源管理等。

（3）综合节能机会识别方案，提高节能机会识别的充分性。

（4）科学合理的能源管理模式，避免过度投入。在充分挖掘节能潜力的同时，能源管理体系能够帮助组织合理开展各项工作，由于整个体系有着严密的逻辑关系，因此，可以避免出现管理资源浪费，同时也可以避免"极左"的节约情况。

（5）统筹节能技术应用，使其产生更大的效益。

（6）优化用能管理水平。

能源管理体系有利于组织将节能工作落到实处；有利于及时发现能源管理工作中职责不清问题，为建立和完善能源管理组织结构提供保障。通过识别节能潜力，以及节能管理工作中存在的问题，并通过持续改进，不断降低能源消耗，从而实现组织的能源方针和能源目标。

二、能源管理体系的要求

能源管理体系要求包含总要求、管理职责、能源方针、合规性评价、法律法规及其他要求等五部分的具体内容，要求示意如图 3-3 所示。

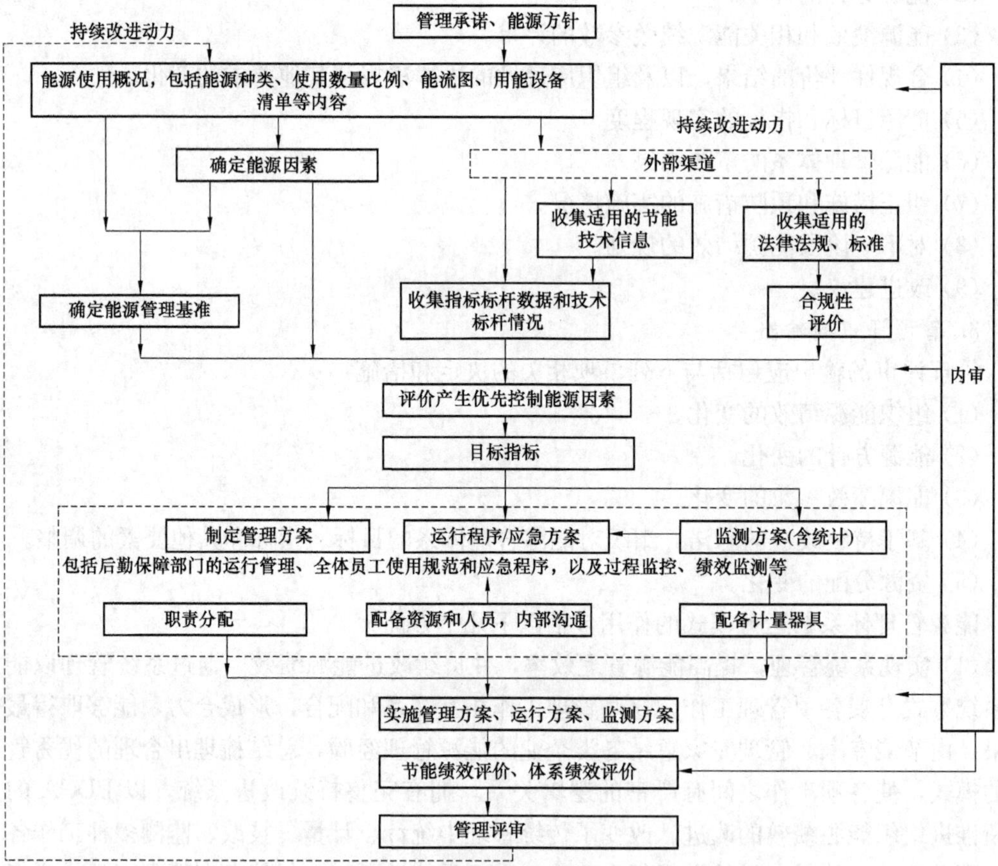

图 3-3　能源管理体系要求示意

1. 总要求

建立能源管理体系，应编制和完善必要的文件，并按照文件要求组织具体工作的实施。体系建立后应确保日常工作按照文件要求持续有效运行，并不断完善体系和相关文件。界定能源管理体系的管理范围和边界，并在有关文件中明确；策划并确定可行的方法，持续改进能源绩效和能源管理体系。

依据要求实施能源管理体系的目的在于改进能源绩效。因此，应用本要求的前提是定期评审、评价能源管理体系，确定改进的机会，并付诸实施。组织可灵活掌握持续改进过程的速度、程度和时间进度，并考虑自身经济状况和其他客观条件；可依据范围和边界的概念自行决定能源管理体系所包含的范围。

能源绩效包括能源使用、能源消耗、能源效率、能源强度和其他。组织可选择的改进能源绩效活动的范围广泛，如组织可降低能源需求、利用余热余能，或者改进体系的运行、过程或设备。

图 3-4 对能源绩效进行了概念性地示意。

2. 管理职责

（1）最高管理者。最高管理者应承诺支持能源管理体系，并持续改进能源管理体系的有效性，具体通过以下活动予以落实：

1）确立能源方针，并实践和保持能源方针。

2）任命管理者代表和批准组建能源管理团队。

3）提供能源管理体系建立、实施、保持和持续改进所需要的资源（包括人力资源、专业技能、技术和财务资源等），以达到能源绩效目标。

4）确定能源管理体系的范围和边界。

5）在内部传达能源管理的重要性。

6）确保建立能源目标、指标。

7）确保能源绩效参数适用于本组织。

8）在长期规划中考虑能源绩效问题。

9）确保按照规定的时间间隔评价和报告能源管理的结果。

10）实施管理评审。

最高管理者或其指派的代表在组织内部进行沟通时，要通过员工参与的活动，包括授权、激励、赞誉、培训、奖励和参股等来提升能源管理的地位。

组织在制定长期规划时应考虑能源管理的内容，如能源资源、能源绩效和能源绩效的改进。

（2）管理者代表。最高管理者应指定具有相应技术和能力的人担任管理者代表，无论其是否具有其他方面的职责和权限，管理者代表在能源管理体系中的职责权限应包括：

1）确保按照最高管理者的要求建立、实施、保持和持续改进能源管理体系。

2）指定相关人员，并由相应的管理层授权，共同开展能源管理活动。

3）向最高管理者报告能源绩效。

4）向最高管理者报告能源管理体系绩效。

5）确保策划有效的能源管理活动，以落实能源方针。

6）在组织内部明确规定和传达能源管理相关的职责和权限，以有效推动能源管理。

7）制定能够确保能源管理体系有效控制和运行的准则和方法。

8）提高全员对能源方针、能源目标的认识。

管理者代表可以是组织现有的、新录用的或合同制的员工。管理者代表可以负责全部或

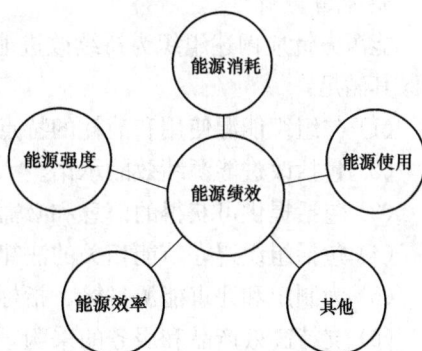

图 3-4 能源绩效概念

部分的能源管理工作。管理者代表的技术和能力要求可根据组织的规模、文化和复杂性而定，也可根据法律法规和其他要求而定。

能源管理团队应确保能源绩效改进过程的顺利进行，团队的规模根据组织的复杂性而定：

（1）对于小型组织而言，可以是一个人，如管理者代表。

（2）对于较大组织而言，跨职能的团队能够采用有效机制，调动组织的各部门策划、实施能源管理体系。

3. 能源方针

能源方针应阐述组织为持续改进能源绩效所做的承诺。最高管理者应制定能源方针，并确保其满足：

（1）与组织能源使用和消耗的特点、规模相适应。

（2）包括改进能源绩效的承诺。

（3）包括提供可获得的信息和必需的资源的承诺，以确保实现能源目标和指标。

（4）包括组织遵守节能相关的法律法规及其他要求的承诺。

（5）为制定和评审能源目标、指标提供框架。

（6）支持高效产品和服务的采购，及改进能源绩效的设计。

（7）形成文件，在内部不同层面得到沟通、传达。

（8）根据需要定期评审和更新。

能源方针促使能源管理体系和能源绩效在组织规定的范围和边界内得以实施和改进。能源方针应简明扼要，使组织成员能够快速理解，并应用到工作中。能源方针的宣传可促进对组织行为的管理。

组织运输时所产生的能源使用和能源消耗可纳入能源管理体系的范围和边界中。

4. 合规性评价

组织应定期评价组织对与能源使用和消耗相关的法律法规和其他要求的遵守情况；应保存合规性评价结果的记录。

5. 法律法规及其他要求

单位应建立渠道，获取与节能相关的法律法规及其他要求；应确定准则和方法，以确保将法律法规及其他要求应用于能源管理活动中，并确保在建立、实施和保持能源管理体系时考虑这些要求；应在规定的时间间隔内评审法律法规和其他要求。

法律法规包括国际、国家、区域及地区的要求，这些要求可应用到能源管理体系的范围内。例如，法律法规可包括国家节能相关法律或行政法规等；其他要求可以包括与客户签订的协议、自愿原则或守则、自愿计划及其他。

第三节　能源管理体系的建立和实施

对照能源管理体系的要求，企业按 GB/T 23331—2012《能源管理体系　要求》的诸多要素，推行能源管理体系时，考虑到要求的复杂性，需要对要求条款进行梳理，如图 3 - 2 所示，纳入 PDCA 循环改进机制中，在不给企业增加负担的前提下，实现能源管理所带来的绩效。

图 3-5 和图 3-6 分别给出了两种可行的能源管理体系建立与实施过程的示例。

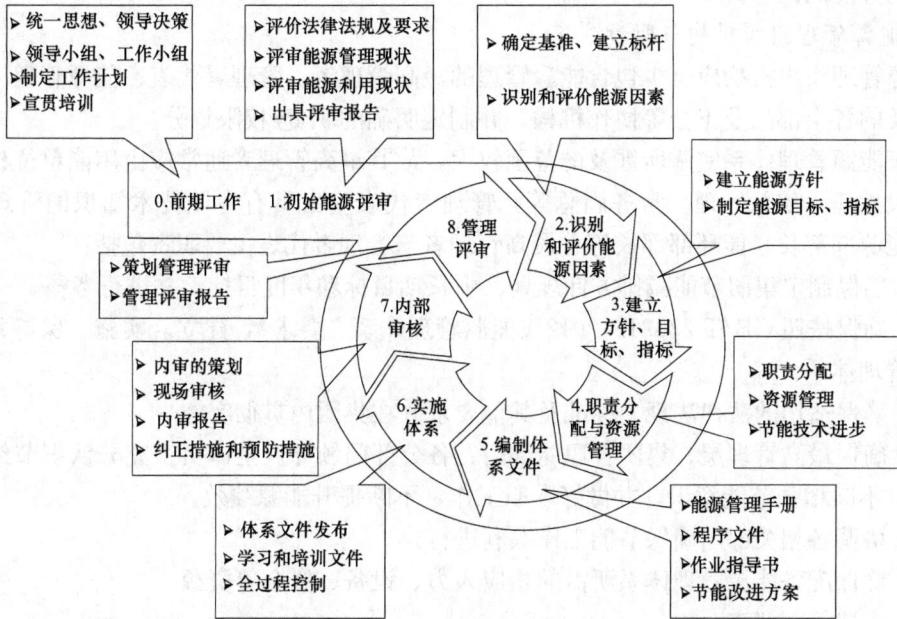

图 3-5 能源管理体系建立与实施流程示例 1

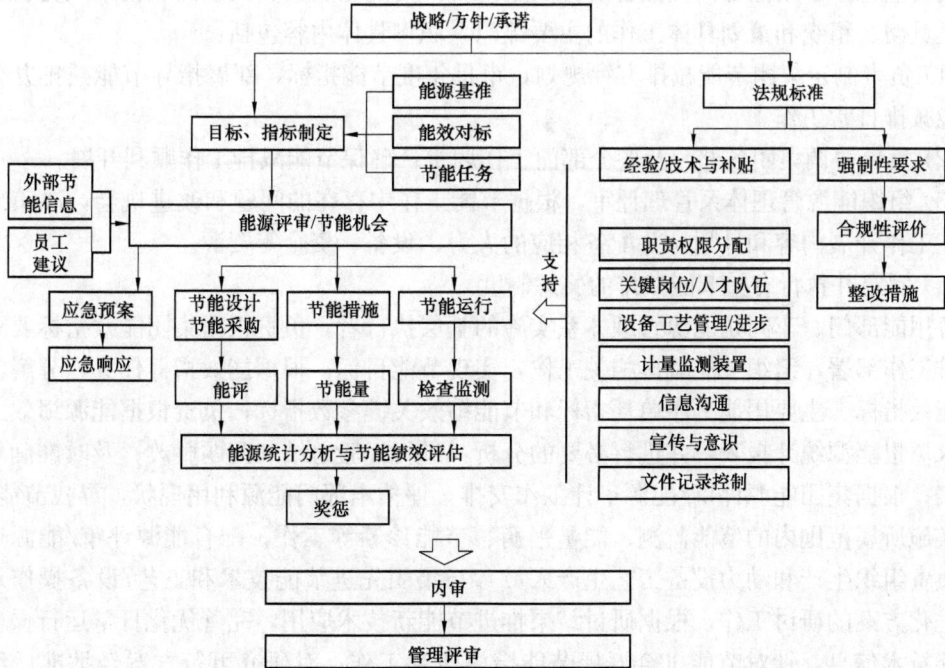

图 3-6 能源管理体系建立与实施流程示例 2

一、前期工作

实施能源管理体系的循环改进机制前，需制定科学、详尽且重点突出的能源管理体系实施计划，该部分包含了统一思想、领导决策、能源管理组织机构的成立与职责分配、节能宣贯培训几方面的内容。

1. 能源管理组织机构与职责分配

能源管理组织机构应至少包含能源管理的最高管理者、管理者代表、能源管理体系实施过程涉及的各个部门及工会等协作机构，并制定明确的职责/权限划分。

由于能源管理体系实施所涉及的范围较大，故其最高管理者通常应由用能单位权限较高的负责人担任，如总经理、常务副总等，管理者代表应由具有专业技术知识的管理人员担任，如能源部部长、能环部部长等。最高管理者与管理者代表主要职责包括：

（1）确保制定集团节能减排方针规划、中长期目标和年度目标，并进行考核。

（2）确保按照 GB/T 23331—2012《能源管理体系　要求》，建立、实施、保持并持续改进能源管理体系。

（3）确保适用的法律法规、标准及其他要求并在集团内贯彻实施。

（4）确保最高管理层、集团各职能部门、各分部门领导及全体员工充分认识节约能源的重要性，不断增强节能意识，并做好本职工作，不断提升能源绩效。

（5）协调各相关部门确保节能工作顺利进行。

（6）确保配备能源管理体系所需的相应人力、设备、资金等资源。

（7）主持管理评审。

节能减排领导小组是能源管理体系实施的关键部门，其领导者为最高管理者与管理者代表，成员应包括各用能部门及能源管理实施配合部门的主要负责人或高级技术人员。其主要职责是贯彻、组织和策划具体工作的主要部门，职责具体内容包括：

（1）负责制定集团节能减排方针规划，审批年度节能指标，部署指导节能减排办公室开展节能减排日常工作。

（2）负责协调集团各部门及各分部门工作职责，确保节能减排工作顺利开展。

（3）组织能源管理体系管理评审，根据节能工作中存在的问题和改进机会，决策确定后续节能工作开展内容和计划，并配备相应的人力、设备、资金等资源。

（4）制定并执行有关节能减排的奖惩制度。

各用能部门、车间是能源管理体系实施的基层执行者，负责根据集团能效指标要求和节能减排工作部署，组织节能减排相关工作，实现节能目标；根据能效指标任务，分解制定各车间能效指标、主要用能工序单耗指标和节能绩效关键参数指标；负责根据能源绩效三级指标要求填报能源统计报表，并进行必要的分析，进行经验总结和问题整改；及时准确填报外部报表；根据集团能源评审/能源审计工作安排，评估本部门能源利用现状，寻找节能机会；负责实施所属范围内的节能监测、能量平衡、节能诊断等工作，配合能源评审/能源审计工作；负责组织生产和动力设备工艺生产人员参与集团先进节能技术和工艺/设备操作规程的节能优化方案的研讨工作，根据研讨结果推进节能新技术应用，完善优化日常运行操作；参考节能技术信息，针对节能机会开展节能措施研究工作；对研究可行方案经批准后组织实施；对方案节能效益进行验证；负责新、改、扩建项目节能设计和大型用能设备节能选型工作的策划、实施、沟通和确认评价；负责所属范围内主要用能设备的识别、采购、更新、使用、维护保养、人员能力确认等工作；负责所辖范围能源供给线路、管道等设施的保养和维修，适时监测输出线路损耗值的变化；根据节能经济运行方法和要求，制定必要的日常检查和参数监控制度，并组织实施；确定所属范围能源管理关键岗位，补充完善岗位职责说明书和岗位能力要求，并组织必要的岗位能力评价，对不符合要求的情况采取培训等措施；依据国家、行业的有关规定和内部管理要求，负责在所属范围内开展能源计量器具的审批、购置、安装、定期检定、报废全过程实施和管理工作；负责本部门采购能源品质验证等验收工作和所属能源供应商管理工作；负责配合集团开展节能减排宣传活动；负责根据节能减排活动绩效开展必要的节能激励活动；负责本部门能源管理相关文件、记录管理工作；配合集团进行内审和管理评审工作。

设备、采购、技术研发、人力资源、财务、生产，以及设备管理诸部门均应在能源管理组织机构中承担相应责任，并对能源管理体系实施的全过程加以配合。

工会作为能源管理的协作机构，应当充分发挥其表达员工诉求的功能，负责组织收集员工节能减排建议，并协同节能减排领导小组进行评价、实施和奖励；配合节能减排办公室开展节能减排宣传活动。

2. 节能宣传培训

用能单位可根据自身情况制定充分体现自身个性的能源管理体系方针，并将方针抽象成简洁明确的口号，便于对能源管理方针的宣传与贯彻。对于高能耗单位应将节能意识作为用能单位文化而加以体现与传承。

用能单位应有组织、有计划地进行节能宣传工作，制定全面并有针对性的节能培训计划，其培训对象除领导层、管理层、内审员及关键岗位外，还应包括基层员工的节能教育工作，使之作为单位领导、员工上岗与考核的重要依据。宣传和培训应包含节能意识、体系标准内容、初始能源评审内容、体系建立的目的和初步计划等。

对宣传、培训的策划和组织还应制定一定的考核机制，形成规范化、标准化的文件记录，以确保宣贯培训工作的落实。

二、能源评审与目标指标

用能单位目标指标应在一个指标系统中包含三个层次、四套数据的内容，三个层次分别指产品单耗层、重点工序单耗层、关键参数层，四套数据分别指基准、标杆、目标、现状统计分析与检测。用能单位目标指标的确定通常需经过初始能源评审、识别和评价能源因素、建立指标体系三个环节。

1. 初始能源评审

能源评审也称能源审计，是建立目标指标的核心工作，其主要目的是了解用能单位在什么地方可以节约能源。

初始能源评审前，应组织评审组，最高管理者任命评审组长，评审组成员应具备专业技术知识和节能法律法规知识，以及相关的评审技巧和能力；同时需确定评审范围，其范围至少覆盖能源管理体系建立的范围。

能源评审包含如下四方面内容：评价法律法规和其他要求的执行情况；评审能源管理现状；评审能源利用现状；出具初始能源评审报告。

(1) 评价法律法规和其他要求的执行情况。评价法律法规和其他要求的执行情况，其目的在于掌握目前企业遵守法律法规的程度，为企业建立遵法贯标机制、评价能源因素、制定目标指标等一系列活动提供依据。法律法规和其他要求的识别和收集应覆盖本单位全部的能源管理活动，其内容与举例见表 3-1。

表 3 - 1 评价法律法规和其他要求

类别	定义	举例
相关法律	由中华人民共和国最高权力机关及其常设机关——全国人民代表大会及其常务委员会制定的规范性文件	《中华人民共和国节约能源法》《中华人民共和国可再生能源法》
行政法规	国务院制定的有关条例、办法、规定、细则等	《公共机构节能条例》《民用建筑节能条例》
地方性法规	省、自治区、直辖市、计划单列市及国务院批准的较大市的人民代表大会及其常务委员会,为执行和实施宪法、基本法和单行法及行政法规,在法定权限内制定和发布的规范性文件	《山东省节约能源条例》《山东省资源综合利用条例》
行政规章	指国务院各部、委和省、自治区、直辖市,以及省、自治区人民政府所在地的市和国务院批准的较大的市的人民政府为了管理国家行政事务所制定的规范性文件	《高效照明产品推广财政补贴资金管理暂行办法》《山东省节能奖励办法》
政府及节能行政主管部门的其他要求	政府及节能行政主管部门的通知、规定、意见等要求	国务院办公厅下发的《关于开展资源节约活动的通知》、国家发改委下发的《关于印发"十一五"十大重点节能工程实施意见的通知》
节能标准	按标准发布的类别分为国际标准、国家标准、行业标准、地方标准等;按标准性质分为强制性标准和推荐性标准两类	GB 17167—2006《用能单位能源计量器具配备和管理通则》、GB/T 12497—2006《三相异步电动机经济运行》
其他	与政府机构的协议、行业协会要求、企业间合同能源管理等	《节能减排自愿协议》《能源管理改进协议》

用能单位在收集和获取方面应规定收集范围、频次、方法及部门的职责;在识别和评价方面应识别出适用于企业的具体条款,并按照具体内容检查企业守法情况;在传递和更新方面确保人员知道并遵守,做到及时更新。

(2)评审能源管理现状。能源管理现状的评审包括对用能单位的方针指标、组织机构、能源利用管理过程、能源计量、能源统计、节能技术、管理系统七个方面。依据如下四条原则加以评判:文件与标准要求的符合性;文件和文件之间的系统性、一致性;文件的可操作性,包括对象、场所、时间、责任人、理由和方式;文件的适宜性,包括适用性、更新、可达到。

1)评审用能单位的能源方针是否符合法律法规要求;能源方针能否为目标指标提供依据;能源目标、指标是否为定量等。

2)评审组织机构方面。评价用能单位是否适应能源管理体系标准的需求;是否设置了能源管理体系运行的主管部门;组织机构关系是否得到了落实和开展;各部门、各岗位人员的职责是否明确等。

3)能源利用管理过程。由能源采购及输入管理、能源转换管理、能源分配和传输管理、能源使用管理四个部分组成。

a. 评审能源采购及输入管理要看用能单位是否合理选择能源供方;能源采购合同是否全面规范;购入能源的计量是否全面准确;购入能源质量的检测及核查是否符合规定;储存管理是否合理等。

　　b. 能源转换管理要看用能单位是否明确保持设备的经济运行状态的系列参数；是否制定全面、合理的操作规程并严格执行；是否定期测定设备的效率并确定其最低极限；是否制定并执行检修规程和检修验收条件；是否制定并执行转换设备与其他设备和环节的运行调度规程。

　　c. 评审能源分配和传输管理要看用能单位能源分配和传输是否明确参数，并制定管理文件；分配传输系统布局是否合理，是否合理调度；是否对输、配管线定期巡查，测定损耗；对部门的用能是否准确计量，建立台账定期统计；与其他环节的沟通交流是否充分。

　　d. 评审能源使用管理要看用能单位在生产工艺的设计和调整中是否考虑到合理安排工艺过程，充分利用余能使加工过程能耗量最小；各工序是否通过优化参数、加强监测调控、改进产品加工方法来降低能耗；是否规定了耗能设备运行状态和参数，是否严格执行操作规程，并加强维护和检修；是否合理地制定能源指标，并层层分解落实；是否对实际用能量进行计量、统计和核算；是否对能源指标完成情况进行考核和奖惩，是否对能源指标进行及时修订。

　　4）评审能源计量方面。首先要评价能源计量是否涵盖三个层次的三种状态。三个层次分别为用能单位、次级用能单位、用能设备，三种状态分别为输入、输出和使用。其次，要评审能源计量器具的配置是否达到 GB 17167—2006《用能单位能源计量器具配备和管理通则》要求，是否满足分类计量；是否满足分级分项考核；是否满足能源检测的需要；是否配备自查用便携式仪器。最后要评审能源计量器具的管理，查看能源计量器具管理制度；查看能源计量器具一览表；查看能源计量器具档案；查看能源计量器具检定、校准和维修人员的资质、查看能源计量器具是否有专人管理。

　　5）评审能源统计方面。应评审能源供入量统计状况，查看各种能源记录的统计是否合理全面；评审能源加工转换统计状况，生产的二次能源和耗能工质的数量、生产二次能源所消耗的数量、生产的二次能源的相关参数记录；评审能源输送分配统计状况，液态、气态能源的管道输送、电能输配、固态能源输送。

　　6）评审节能技术管理方面。应评价用能单位节能技术进步机制，其渠道是否畅通、方法是否有效，可行性研究是否到位；节能技术进步方面的管理文件，对采用的新技术是否评价，是否制定实施计划；方案实施后是否效果评价。

　　7）评审管理系统方面。应判断自身的现有能源管理系统是否具有持续改进性；是否出现问题及时分析，并采取措施；自身系统是否有效。

　　（3）评审能源利用现状。评审能源利用现状要建立系统的能量平衡、核算能耗指标、核算重点工序能耗指标、统计和测试设备参数、计算能源成本。

　　能量平衡是根据热力学第一定律，对一个系统输入、输出及损失能量建立平衡关系的过程。

　　　　转换：$E_{供入能} = E_{转换输出能} + E_{转换外供能} + E_{转换损失}$

　　　　传输：$E_{总传输能} = E_{传输输出能} + E_{传输损失}$

　　　　工艺：$E_{供给能} + E_{转换输出能} + E_{传输输出能} + E_{回收循环能} = E_{工艺用能} + E_{待回收能}$

　　　　回收：$E_{待回收能} = E_{回收循环能} + E_{回收外供能} + E_{排弃能}$

　　核算能耗指标就是要确定产品的综合能耗指标，该指标与指标体系中第一层次——产品单耗指标层相对应。该层次以产品单耗为基础，包含单位产品综合能耗，如吨钢可比综合能耗、单位产品水耗、单位产品综合电耗等。该层次指标主要体现用能单位整体能效的一套指标数。上述指标可通过确定能源消耗量、核定产品产量、计算指标三个步骤得到。

核算重点工序能耗指标就是要确定产品在各工序中的能耗指标，该指标与指标体系中第二层次——重点工序单耗指标层相对应。由于能源使用中帕累托法则的存在，即80%的能源被20%的设备或生产环节用掉，例如，工业锅炉、工业窑炉、风机、电力变压器、蒸汽加热设备、电焊设备等生产设备，办公场所主要用能的照明系统、制冷/采暖系统等。用能单位应确定能源管理的重点环节，优先落实重点环节和用能设备，降低能源管理成本。包含对设备或环节供入能量、有效能量、损失能量的统计数据；设备或环节参数的设定及运行情况；核实资料的准确性和完整性。

统计和测试设备参数就是要确定用能单位在用能过程的监控和控制过程中重点耗能设备的关键参数，该指标与指标体系中第三层次——关键参数指标层相对应。以工业锅炉为例，其转换效率、排烟温度、炉渣含碳量、过量空气系数等指标参数皆为统计和测试设备参数中所应包含的评价指标。该层次的指标重点针对用能设备的运行情况。

计算能源成本包含总能源费用的计算及单位产品能源成本的计算。

（4）出具初始能源评审报告。初始能源评审报告是对上述工作的总结和陈述，应包含以下几个方面的内容：初始能源评审的目的、范围、相关人员、程序和方法，以及企业概况、适用的法律法规和其他要求的识别、能源管理现状、能源利用现状、急需解决的问题。

2. 识别和评价能源因素

识别和评价能源因素需建立能源绩效指标框架，框架中确立一个指标系统中基准和标杆两套数据内容。通过基准和标杆的对比识别节能机会。

（1）指标框架的建立。指标框架的建立要包括明确建立原则、选择确定指标、明确统计口径和计算方法、量化不可比因素四个步骤。

1）明确建立原则。指标框架的建立原则一般有科学性、全面性、独立性、通用性、代表性等五个方面。科学性指指标计算公式的推导要有科学依据；全面性指指标能反映企业的能源利用状况和总体能效水平；独立性指指标间相对独立，减少指标的交叉、影响和重复；通用性指指标体系为业界所熟悉，是通用的、常用的；代表性指指标体系能够反映能源利用效率的主要方面。

2）选择确定指标。建立指标框架应包含初始能源评估中三个层次的内容：①能够反映企业整体能源利用状况和能效水平、能够涵盖全部生产流程的指标；②能够反映主要工艺流程、环节或设备能效水平的指标；③重要工序、设备等的关键性工业参数指标。

3）明确统计口径和计算方法。对给定指标的定义、统计口径和范围做出规定，如有可能，应分析对能源利用的影响程度。表3-2以火力发电厂为例给出明确统计口径和计算方法的示例。

表 3-2　　　　　　　　　　　火力发电厂统计口径和计算方法的示例

指标名称	指标定义	计算公式	单位	备注
发电煤耗	火力发电厂每发 1kWh 的电能所消耗的标准煤量	$b=\dfrac{B_f}{W_f}\times10^6$	g_{ce}/kWh	
锅炉主蒸汽温度	锅炉末级过热器出口的过热蒸汽温度	实测	℃	主蒸汽温度每降低 1℃，热耗率增加 0.03%，供电煤耗率增加 0.1g/kWh

4）量化不可比因素。对于部分指标影响中无法比较的因素，可以通过经验公式或设备性能试验，直接给出某种因素影响的量化计算公式，或是针对不同规模的设备和工艺流程分别给出指标。

目标指标框架通用模式如图 3-7 所示，图 3-8 是以火力发电厂为例给出其目标指标框架示例。

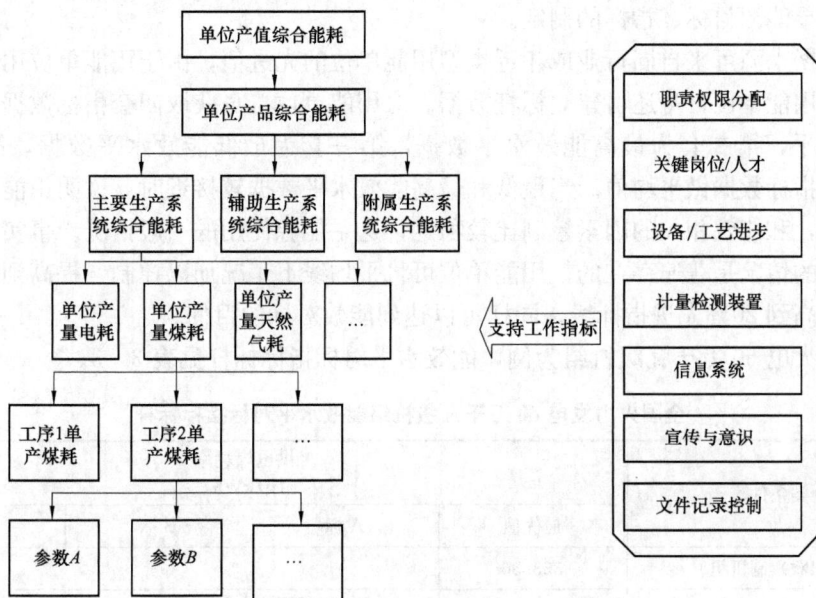

图 3-7　目标指标框架通用模式

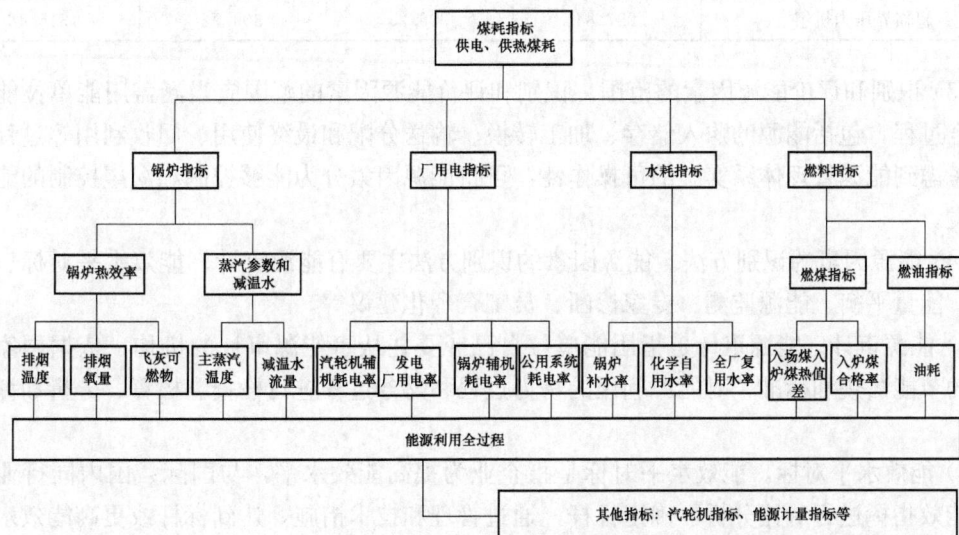

图 3-8　火力发电厂目标指标框架示例

（2）基准与标杆。确定基准就是企业通过利用能源审计、能源统计或节能诊断等工具，按照确定指标的原则，对企业的用能状况进行检查、分析和计算，并将所得的结果填入基准指标框架中，形成基准系统。基准中指标数据应当在初始能源审计中获得。基准数据获得过程中应考虑现状数据评价的客观性、准确性，必要时（如用能单位或其部门存在阶段性停产、改建、整修），则需要对原始数据进行修正，最终体现用能单位在稳定运行时的一套数据。

建立标杆的主要目的在于能效对标。在建立标杆数据前，必须统一基准与标杆指标的统计口径，着重重点工序单耗和关键参数的对比。通过数据分析获得标杆，通过标杆和基准的对比分析，找出差距，并分析这种差距存在的原因，将消除差距的各种措施贯彻到能源管理中去，并指导能源目标、指标的制定。

标杆数据来源可来自同行业或相近类型用能单位的先进值，由于用能单位用能情况本身存在波动，用能单位自身还可建立标杆数据。对用能单位自身获取四套指标数据，第一套为能效平均水平，第二套为最高能效水平数据，第三套为最低能效水平数据，第四套为前20％的先进指标数据做平均值。当最低和最高能效水平数据较接近时，说明用能单位用能情况波动不大，和能效相关的因素控制比较稳定，这是能源使用的一般情况。事实上，上线下线波动较大的情况是普遍存在的，用能单位可将平均线下工况加以控制，提高到自身平均线上工况或提高到20％先进指标线，同样可以达到能效对标的目的。

以全国火电 60 万千瓦级机组为例，能效水平对标指标标杆见表 3-3。

表 3-3 全国火力发电 60 万千瓦级机组能效水平对标指标标杆

分类条件	供电煤耗率 (g/kWh)			
	最优值	A 标	B 标	C 标
俄（东欧）制机组	323.36	—		336.07
空冷机组	342	—		348.39
亚临界压力机组	315.53	318	320.39	325.64
超临界压力机组	297.84	306.25	309.72	315.48

（3）识别和评价能源因素的范围。识别和评价能源因素的范围应当涵盖用能单位能源利用的全过程，包括能源的购入储存、加工转换、输送分配和最终使用、回收利用等过程的活动。考虑到能源管理体系实施的可操作性，可将能源因素分为能够控制和渴望控制的能源因素两类。

（4）能源因素的识别方法。能源因素的识别方法主要有能源审计、能效水平对标、物料平衡、能量平衡、能源监测、专家诊断、员工合理化建议等。

1）能源审计。能源审计是指用能单位自己或委托从事能源审计的机构，依据国家、省有关的节能法规和标准，对能源利用的物力过程和财务过程进行检查、核算、分析和评价的活动。

2）能效水平对标。能效水平对标是指企业为提高能效水平，与国际、国内同行业先进企业能效指标进行对比分析，确定标杆，通过管理和技术措施，达到标杆或更高能效水平的节能实践活动。

3）物料平衡。物料平衡是指根据质量守恒定律进行物料平衡计算，寻找物料和能源的损失部位，确定能源因素。

4）能量平衡。能量平衡是指对企业能量收入和支出的平衡，判断能量的流向，寻求能量利用较多的部位及能量损失的部位，并寻求原因。

5）能源检测。能源检测是指根据节能标准，对设施设备、系统开展的检查、测试和评价工作，判断影响能源利用的部位，寻求能源因素。

6）专家诊断。专家诊断是指在过程能量优化、设备诊断、节能评估、系统优化、能量综合控制等方面通过专家分析评价识别能源因素的方法。

7）员工合理化建议。员工合理化建议是识别能源因素不可或缺的组成部分，能源管理体系的实施要充分发挥基层员工的主观能动性，保证员工合理化建议的提出。

能源因素识别分析方法的综合运用示例，如图 3-9 所示。

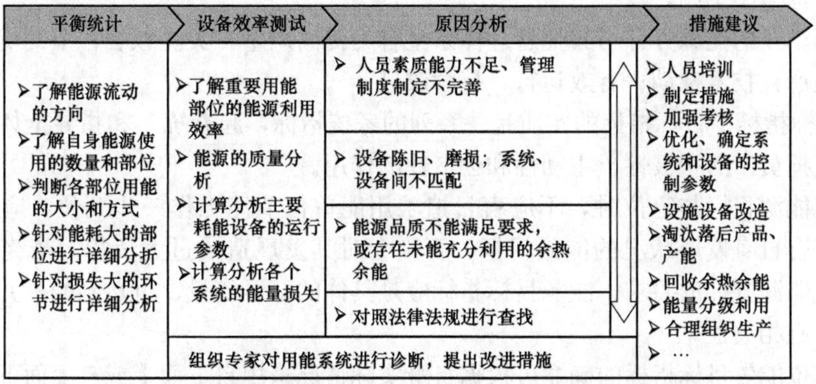

图 3-9 能源因素识别分析方法的综合运用示例

（5）识别评价能源因素应把握的原则。针对所存在的问题分析原因，分析原因要展示问题的全貌，分析原因要彻底，要正确、恰当地运用统计方法，确定重要能源因素要按程序、按步骤分类进行，通过现场验证、测试和测量，调查分析，再根据影响程度的大小，分析研究对策的有效性、可实施性，并尽量采用符合自身能力的对策，避免采用临时性的应急对策。

3. 建立能源方针与工作思路、目标指标

（1）能源方针与工作思路。用能单位最高层需要对自身能源管理体系实施的总目标和工作思路给出明确指示。最高管理者可通过建立能源方针，为企业的能源利用和能源管理活动确定指导思想和行为准则。能源管理方针应当把握方向明确、政策有力；严肃负责、相对稳定；先进合理、可行可信；措辞精炼、言简意赅；与其他方针不冲突等几个原则。

方针的制定应当通过资料的收集和充分的讨论来确定。收集的资料可以包括国家、省市等的总体规划和政策方针；企业总的经营方针、理念和目标；初始能源评审的内容（包括能源利用和能源管理状况、适用的法律法规等）；企业内部的节能意识；目前的能源管理绩效；监测设施配备和运行情况；员工的意见和建议汇总等。在讨论过程中，对以下几个问题加以充分的关注：企业的性质及活动、产品和服务范围、任务、发展战略、核心价值观和信念；与企业的其他方针（如质量、环境、职业健康安全）相协调；结合企业自身资源条件和特点；优先采用节能产品和低耗能设备，并最大限度地使用新能源和可再生能源；节约能源和持续改进的承诺；遵守法律法规、标准、规范和其他要求的承诺；如何提高员工节能降耗意识。

战略方针中，应当充分考虑将可持续作为用能单位发展所秉承的理念；将节约能源作为降低生产成本，提升经营效益的主要手段；将节约能源，减少温室气体排放，作为履行社会责任的重点工作；将公司的能源管理工作与质量管理、安全管理相融合，并使之满足法律法规、标准的强制性要求。

用能单位能源方针可以参考如下示例：

某煤矿企业的能源方针为绿色开采、科学发展、节能降耗、综合利用、全员参与、持续改进。

某钢铁企业的能源方针为遵守能源法律法规、坚持发展循环经济、实行全过程能源因素控制、创建都市型钢厂。

某化肥企业的能源方针与其他管理体系整合为提高质量，关注顾客；节约优先，综合利用；清洁生产，技术推动；有效运行，持续改进。

（2）目标指标。目标指标的实质是一系列的考核指标，起着统一和指导全体人员的思想和行动，发挥员工的积极性、主动性和创造性的作用。

在确定能源目标与定位时，不应盲目追求用能单位节能工作一步到位，应根据自身情况，确定符合自身发展状况的能效目标，否则会对其发展造成过大负担，最终影响节能绩效；应符合能源方针的要求。能源目标指标应是具体的、可衡量、可达到的，并且应与经营目标指标具有相关性。

用能单位能效目标指标的确立可根据自身实际情况采用自下而上或自上而下的方法。自下而上所遵循的顺序是先寻找问题，查找能源因素，然后挖掘节能潜力，判断自己能够达到的程度，最后将确定达到的程度定为能源目标指标。自上而下是指企业根据自己的设施设备状况、工艺状况，以及现行的管理状况，由管理层大致制定一个可行的能源目标，根据各车间或工序的不同，将能源目标分解成各个层次上的指标。

对管理思路相对明确、工艺较为先进、设备运行状况较好的单位，可将同行业或同类型中的领先单位作为其能效目标，可用如下几个要求作为其实施能源管理体系目标的建议：

1）获取行业先进能效数据，锁定行业先进企业进行比对研究。

2）勇于尝试新技术，引入其他行业成功技术，甚至开展前沿研究试验。

3）对于内部用能大户，细致研究确定运行、操作、维护保养影响能效的关键控制点和控制方法，在作业文件中固化，并配合必要的检查工作。

4）在新改扩建、对能效有重要影响的设备或其他服务采购中，从流程制度上保障节能主管部门作为必要的环节，对节能特性、综合采购成本和运行成本的性价比进行评价，考虑现有经验的应用，提出现有问题解决的需求。

5）节能管理向精益化、成本管控发展，逐步建立信息化管控系统。

对于能源绩效情况存在很大提升空间的用能单位，可将同行业或同类型单位中达到平均水平的单位作为其能源绩效的现行目标，将行业中的领先单位作为其远期规划，同样可有如下几个要求作为其实施能源管理体系目标的建议：

1）能够完成政府或上级单位下达的节能任务，获取行业先进能效数据，关注行业平均水平，注意行业水平整体提升的趋势。

2）策划合理节奏，逐步应用行业成熟节能技术，保证跟上行业发展和技术提升的步伐。

3）对于内部用能大户，细致研究确定运行、操作、维护保养等影响能效的关键控制点和控制方法，在作业文件中固化，并配合必要的检查工作。

4）在新改扩建、对能效有重要影响的设备或其他服务采购中，能够听取节能主管部门对节能特性、运行成本预测、现有经验的应用和问题的解决需求，提出建议。

5）节能管理能够系统协调各项节能单项工作，使节能技改、设备操作、维护保养、节能设计与采购等直接产生节能绩效的工作能够顺利开展，并有充分的保障，能够比较轻松地完成外部节能相关工作要求。

用能单位应当立足现状，在总方针的基础上，提出具体的工作思路，用能单位可将如下几个方面纳入工作思路作为备选项：

1）依靠技术进步，加速淘汰和改造落后工艺装备，以工艺现代化和设备大型化为手段，促进产品结构调整和工艺装备结构优化。

2）促进能源结构的合理与优化。

3）注重节能降耗、提高劳动生产率、环境保护和资源回收与综合利用，进一步提高企业的整体素质和经济效益。

4）加大节能经济运行的执行力度。

5）有效落实奖惩制度。

三、编制能源管理体系文件

体系文件作为能源管理体系的必要组成部分，可为实施能源管理体系提供依据和指导，为实现持续改进提供保证，评价能源管理体系持续的有效性和适宜性提供依据，为内部培训提供适宜的材料。

体系文件由能源管理手册、程序文件和支持性文件构成。

在文件编制过程中要充分考虑其法规性、系统性、协调性、可操作性、适宜性、继承性、唯一性、确定性、制衡性和创造性。

文件的编写工作可采用自上而下依次展开的编写方法，按照能源方针、能源管理手册、程序文件、作业指导书、记录的顺序进行编写；也可采用自下而上的编写方法按照记录、作业指导书、程序文件、能源管理手册的顺序进行编写；还可采用从程序文件起步，向两边扩展的编写方法首先编写程序文件，再编写能源管理手册、作业指导书和记录等文件。具体编写方法可由用能单位自身情况而定。

1. 能源管理手册

能源管理手册应包含能源管理体系的范围、为能源管理体系编制形成文件的程序或对其引用、能源管理体系过程的相互作用的表述三方面的内容。其编写有如下几个要点：

（1）突出体系要素在能源管理体系中的地位、作用和相互关系。

（2）描述要素主要从目的和效果两个层次入手。

（3）对各体系要素职责的描述应与"职责和沟通"中的各部门职责一致，不应出现矛盾。

（4）要素描述应重点突出，避免篇幅过长，可采用引用相关文件和程序，而不重复其细节的手法。

（5）使用统一的能源管理体系标准术语和专用的术语定义，同时保证语言描述通俗易懂。

（6）充分依据能源管理体系的标准，尽量贴近企业的实际情况，使手册成为这两方面的有机结合。

2. 程序文件

程序文件是指在完成某项活动中使用规定的方法和途径而形成的文件。编写程序文件时要充分利用现有程序，全面策划，通盘考虑，把握程序文件之间的相关性，注意可操作性、可评价性和可检查性。例如，在编写能源管理程序文件时可参考质量管理、安全管理相关程序文件中的操作规程，进行多体系的整合，形成一套完整的操作规程，或将能源管理的执行步骤固化到原有操作规程中，这将大大简化程序文件的编写任务。

程序文件版面的程序名称由管理对象和业务特性两部分组成，程序文件的编号可根据活动的层次、部门、年代等进行编排，以便识别和管理。程序文件的内容应包含文件的目的、适用范围、术语（若需要）、职责、工作流程、相关文件和支持性文件、报告和记录表格等部分。

3. 支持性文件

支持性文件包含内容相对宽泛，是指在能源管理手册和程序文件中限于文件篇幅未在文件中描述的内容，进而转到下级文件中描述的文件，作业指导书、节能改造方案都可作为支持性文件编写。

作业指导文件是能源管理体系中常见的支持性文件，是指详细规定某项活动如何进行的文件，可分为技术性的作业指导文件与管理性的作业指导文件。作业指导文件编写应涵盖以下几方面内容：

（1）与该作业相关的职责和权限。

（2）作业内容的描述，包括操作步骤、过程流程图等。

（3）所使用的设备，包括设备名称、型号、技术参数规定和维护保养规定。

（4）检验和试验方法，包括计量器具的要求、调整和校准要求。

（5）对工作环境的要求。

节能改造方案也是能源管理体系中常见的支持性文件类型。节能改造方案应包含方案概况、工艺技术评价、经济效益分析、节能量分析、实施进度及职责分工、方案实施监督等内容。

以供热系统为例对体系文件内容及作用方式示意，如图 3-10 所示。

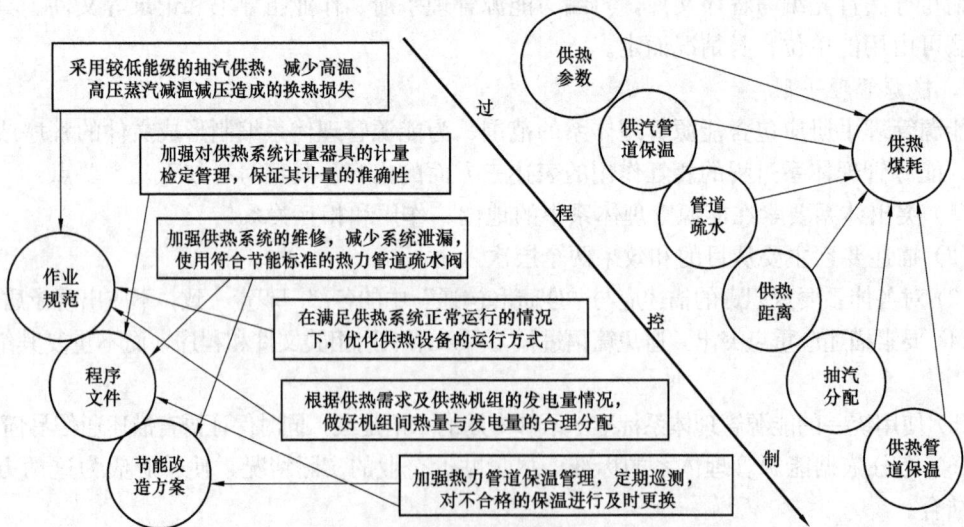

图 3-10 供热系统体系文件内容及作用方式示意

能源管理体系文件列表案例，见表 3－4。

表 3－4　　　　　　　　　　能源管理体系文件列表案例

序号	节能管理制度文件名称	序号	节能管理制度文件名称
1	能源管理手册	14	文件管理规定
2	能源评审管理程序	15	记录管理规定
3	节能方案管理程序	16	内部审核管理程序
4	节能目标指标与考核管理程序	17	管理评审管理程序
5	节能运行控制管理程序	18	不符合、纠正、纠正措施和预防措施管理程序
6	新、改、扩建项目管理规定	19	能效对标管理规定
7	采购管理规定	20	绩效考核管理规定
8	能源统计分析管理程序	21	节能技术改造管理规定
9	能源计量器具配备和管理规定	22	绩效小组活动管理规定
10	法律、法规和其他要求管理程序	23	设备管理规定
11	人力资源管理程序	24	××操作规程
12	合规性评价管理程序	25	××工艺规范
13	信息传递与交流管理程序	26	培训管理规定

第四章　能源建设项目的管理

第一节　能源建设项目概述

一、能源建设项目的分类及特征

能源建设项目根据其规模可分为新建、扩建、改建、迁建和恢复性建设项目等形式。

1. 新建项目

能源基本建设的新建项目，是指一切从头开始的建设项目。有些建设项目原有基础很小，经重新进行总体设计，扩大建设规模后，其新增固定资产价值超过其原有固定资产价值3倍以上时，一般也属于新建项目。这类项目的基本特征是：

(1) 投资规模大。由于项目从头开始，因此，基础设施的配套建设、土建施工量等工程较大，相应的投资规模也较大。

(2) 总体规划性强。新建项目一般易于总体规划，各工序之间、各相邻分厂之间易于按照生产的流程进行建设和设计。由于投资是在一段时间内集中使用的，因此，新技术、新工艺、新装备的整体设计性较好，相互之间较为配套，易于选择、设计适合项目需要的技术体系。同时，在人才的调迁、使用、安排上也易于搞好优化组合。

(3) 涉及因素多。

因此，能源新建项目在能源生产和国民经济发展中的地位都较为重要。一些重大的能源建设项目更会对社会生态环境、区域经济发展产生重大的影响。

2. 扩建项目

能源基本建设的扩建项目一般是指原有企业为扩大原有产品的生产能力和效益，增加新产品的生产能力和效益，在原有企业的基础上通过新增建矿井、车间或其他有关工程，即通常所说的"厂内外延"来进行的。这类项目的基本特征是：

(1) 基础设施较为完备，建设工程量较小。由于项目是在原有企业的基础上的扩建，因此，原有的道路运输条件、征地搬迁工作均可避免。因此，其工程量也一般较小，建设周期较短，建设速度也较快，易于在短期获得收益。

(2) 受原有企业基础工作水平影响较大。由于是在原有企业上的扩建，因此，原有企业的生产经营环境和条件，包括原材料供应状况、资源分布特点、市场状况、企业管理基础水平、各项技术设施，以及职工素质等，都对项目建成后的效益有较大影响。

3. 改建项目

能源基本建设的改建项目是指原有企业为达到提高生产效率、改进产品质量、调整产品结构、提高技术水平等目的，而对原有设备、工艺流程等进行的一种整体性技术改造。对于那些为提高企业综合生产能力而增加的一些附属和辅助车间或非生产性建设工程，一般也属于改建项目。能源建设的技术改造项目同改、扩建工程是有一定区别的。在实际工作中，一般是从下述两方面来加以划分的：①改、扩建工程只是在原有技术水平上的"外延扩大"；②有些项目尽管采用了先进技术，但其规模、投资及建成后的影响，都比技术改造项目大。能源基本建设的改建项目除了具有与扩建项目相同的一些基本特征外，还具有的一个显著特点是受原有企业的整体技术水平和设备配套能力的约束性较强。由于改建是一种在一定范围内，一定生产工序上的技术改造工作，因此，它的整体效益在很大程度上与原有企业的技术装备水平、生产工艺特征有很大关联。如何正确解决和妥善处理改建项目与原有技术体系的相互衔接、配套，是搞好这类项目建设的一个重要方面。

4. 迁建项目

能源基本建设中的迁建项目是指那些由于各种原因，企业整体在空间位置上进行转移的一种建设工程。不管其建设规模是维持原状、还是有所扩大都属于迁建的范围。迁建项目的最显著特征是：企业的技术状况、产品结构、人才队伍、组织管理都保持在原有水平上，是生产各要素在空间范围内的整体转移，而在新址上的各项基础建设则同新建项目无多少差异。

5. 恢复性建设项目

能源基本建设的恢复性建设，是指企业的固定资产由于自然灾害、战争或其他人为因素所造成的损害而部分或全部报废之后，又投资进行的一种恢复性建设。不管这种建设的规模是否与原来相同，在建设过程中是否同时还进行扩建，都属于恢复性建设的范围。这类项目的显著特点是：整个建设是在原有基础上进行的一种修补重建，其目的在于恢复其原有的生产水平。因此，在建设过程中，受原有企业的布局结构、资源状况、外部基础设施功能影响较大。

二、能源建设项目的特点

对于能源资源进行利用的能源建设项目具有如下特点：

1. 项目建设选址受地理环境的制约大

能源的生产首先受地质条件制约，建设项目之前需地质勘探先行，只有在资源富集的地方开采挖掘才能获得较高的经济利益。除对原料的需求外，技术经济、安全、环境和社会经济都直接制约了建设项目的选址。例如，水电站的选址除对水能的要求外，还要考虑到河流分段、水文数据、地形地质、淹没损失等因素。核电站的选址则要求临近水源且水运便利；主要是因为核电所需的大型设备一般在 $300 \sim 500t$，只能通过水运；此外反应堆冷却也要求大量的工业用水。因此，即使现在内陆多个省份确定兴建核电站，其选址也是在大江大河沿岸。太阳能烟囱电站的选址则严格要求地面高差小，地质条件避开地震带，设备输入、电力输出便利等。

2. 能源建设项目建设周期长、工程量大

能源建设项目施工量大，特别是土方剥离和土建工程占有较大的比重。一些大型能源基地的开发建设，还涉及动员拆迁、人员安置、交通枢纽建设等众多社会经济因素。因此，建设周期一般比较长，特别是新建项目。

3. 能源建设项目投资大、资金回收期长

例如，浑江发电公司（五期）扩建工程项目：建设周期 2004～2006 年，投资总额 14 亿元；资溪县刘家山水电站建设工程：电站装机容量 $2 \times 5000kW$，建设周期 2003～2006 年，决算总投资 6289 万元；沁北电厂（二期）工程项目：建设周期 2004～2006 年，投资总额 46 亿元。

4. 能源建设项目受国家能源发展规划制约

能源建设项目的兴建都直接受国家能源规划宏观调控。例如，我国能源发展十二五规划规定：加快建设山西、鄂尔多斯盆地、内蒙古东部地区、西南地区、新疆五大国家综合能源基地。到 2015 年，五大基地一次能源生产能力达到 26.6 亿 t 标准煤，占全国 70％以上；向外输出 13.7 亿 t 标准煤，占全国跨省区输送量的 90％。这些都直接影响能源建设项目的布局和规模。

5. 整体性固定资产联系紧密、服务年限较久、技术设备专用性强

能源建设项目的固定资产之间互相配套，联系紧密。一个能源项目一旦建成将长期地为区域服务，因此设备服务年限久，设备的技术要求也较高。同时能源项目的设备通常为大型设备，只适用于专门的能源生产。

6. 不确定性因素多

三、能源建设项目的建设程序

能源建设项目特别是新建项目，由于投资强度高、规模大、技术密集、建设周期长、影响大，因此建设必须按一定程序进行。我国目前对于一个建设项目从规划到建成投产的建设程序是：

1. 项目建议书

各投资主体根据国家经济发展的长远规划，产业发展政策及各自的行业、地区规则，结合资源、市场、生产力布局等条件，在调查研究、收集资料、地质勘探、初步分析投资效果的基础上，提出项目可行性研究建议书，报各级计划管理部门进行汇总平衡，并按规定分别纳入各级计划的前期准备工作，进行必要的可行性研究分析。

2. 可行性研究

可行性研究是在项目决策之前进行的技术经济分析评价。它一般回答并解决下述几点问题：①项目在技术上是否可行；②项目在经济上是否合理；③财务的盈利情况；④人力、物力资源的需求；⑤建设周期；⑥投资额及其来源保障等。做好可行性研究，需进行必要的准备工作，如资源勘探、工程地质、水文地质勘察、地形测量、工艺技术试验、市场分析调查、技术装备选择，以及地震、气象、环境等资料的收集等。在此基础上，再进行必要的项目财务分析和国民经济综合评价，经过多方案的比较选择，推荐最佳方案以供决策，并为编制设计任务书提供依据。

3. 编制任务设计书

任务设计书是明确项目、编制设计文件的主要依据。其内容包括：①建设的目的和依据；②建设规模、产品方案、生产工艺方法；③矿产资源、水文地质、原材料、燃料、动力、供水、运输等协作配合条件；④资源综合利用和"三废"治理要求；⑤建设地点及土地占用估算；⑥防空、防震等社会自然灾害的要求；⑦建设工期；⑧投资控制数额；⑨劳动定员控制数；⑩要求达到的经济效益和技术水平。

4. 择优选定建设地点

根据建设项目设计任务书的要求和区域规划，在地质勘探和技术经济条件调查基础上，落实项目的外部建设条件，择优选定建设地点。

5. 编制设计文件

根据批准的设计任务书和选点报告要求，由具体设计单位来进行。大、中型建设项目采用初步设计和施工图设计，重大特殊项目增加技术设计。初步设计的主要内容包括设计指导思想、建设规模、产品方案或纲领、总体布置、工艺流程、设备选型、主要设备清单和材料

用量、主要技术经济指标等文字说明。初步设计是编制年度计划的依据，是进行设备订货和施工准备工作的依据，但不能作为施工的依据。技术设计是为了研究和确定初步设计所采用的工艺过程、建筑和结构形式等方面的主要技术问题，补充和修正初步设计，并编制修正总概算而进行的。

6. 施工建设准备

其主要工作有工程、水文地质勘察，收集设计基础资料，组织设计文件的编审，提报物资申请计划，组织大型专用设备和特殊材料订货，落实地方建筑材料的供应，办理征地拆迁手续，落实水、电、路等外部条件和施工力量。

7. 计划安排

建设项目在其初步设计和总概算经过批准，进行综合平衡后，可列入年度计划，合理安排建设所需的各年度投资。

8. 组织施工

施工单位根据设计单位提供的施工图，编制施工图预算和施工组织设计，施工必须按施工图和施工组织设计来进行。

9. 生产准备

根据建设项目的生产技术特点和交工进度，适时做好生产的各项准备工作，以保证项目建成后及时投产。其准备工作主要有招收培训生产人员，落实原材料及协作产品，落实燃料、水电气等来源和协作配合条件，组织工具、器具、备品备件的制造和定货，组织生产管理机构，制定必要的管理制度，收集生产技术资料和产品样品等。

10. 竣工验收

项目建成后，应组织验收，交付使用。生产性项目，要经过负荷试运转和试生产考核之后才能正式交付使用。

正是由于能源建设项目具有自身的特点，能源建设必须严格按照基本建设的程序进行管理。下面以火力发电厂的设计为例。

四、火力发电厂设计

火力发电厂设计是火力发电厂建设中的一个重要环节，包括可行性研究、初步设计和施工图设计。对电厂工程质量、进度、投资控制及其经济效益和社会效益起着关键的作用。

1. 设计程序

中国现行的大、中型火力发电厂的设计程序为建设单位委托有资质的设计机构进行厂址选择、编制初步可行性研究报告，经委托有资格工程咨询机构会同政府有关职能部门审查批准后，项目所在省（市、自治区）政府向国家发展和改革委员会上报项目，申请开展可行性研究工作。获准后，建设单位委托设计机构编制可行性研究报告，阐明电厂厂址条件等主要原则及资金来源等要点，经有资质的工程咨询机构会同政府有关职能部门审查批准，建设单位通过业主和项目所在省（市、自治区）政府按规定上报项目核准申请报告，由国家发展和改革委员会核准。设计机构根据核准文件开展初步设计，确定工程项目的各项具体技术方案，经建设单位或委托有资质的工程咨询机构审查意见批准后，进行施工图设计。

世界各国对火力发电厂设计程序及阶段的划分不尽相同，但设计内容大体相近，分为可行性研究、初步设计（或概念设计、基本设计）、施工图设计等三个阶段，包括编制设备规范书。

（1）可行性研究。一般分为初步可行性研究和可行性研究两个阶段。初步可行性研究在项目立项初期进行，主要对新建电厂的多个厂址条件或扩建电厂条件及其在电力系统中的地位进行论证。可行性研究阶段需详细论证电厂建设的必要性，厂址在技术上的可行性和经济上的合理性，全面落实建厂条件。报告的主要内容包括电力发展规划中对地区负荷的要求；电厂在电网中的作用；厂址有关地形、地质、地震、水文、气象等自然条件；电网连接、出线走廊、煤源、运输、水源、灰场、环境保护、水土保持、劳动安全、职业卫生、资源利用、节能分析、人力资源配置、经济与社会影响分析等和建厂有关的社会条件。确定建厂地址和建设规模，对厂址总体规划、厂区总平面布置规划，以及各主要工艺系统提出工程设想，满足投资估算和财务分析的要求，并提出主机技术条件，满足主机招标的要求。在上述工作的基础上提出工程投资估算，落实投资来源，确定工程建设周期，按照一定的投资回收年限和内部收益率，算出发电成本和上网电价，还应提出下阶段需要进一步解决的重大问题。

（2）初步设计。根据项目核准报告和经审批的可行性研究报告，编制包含各项技术原则的设计文件。设计内容包括各工艺系统配置、厂区总布置及主厂房布置、建（构）筑物的结构、建筑等设计方案及环境保护、水土保持、消防、劳动安全、职业卫生、节约资源等部分的设计说明书及图纸；设备和主要材料清册；运行组织及施工组织大纲；工程概算和有关的技术经济指标。国外有的国家则是进行与初步设计深度近似的概念设计，主要任务是明确各工艺系统的技术要求、初步的布置方案和建筑结构设计准则，作为编制设备采购和发出承包详细设计的技术规范书的依据。

（3）施工图设计。有的国家称为详细设计，该阶段需提供工程项目施工过程需要的全部图纸、计算书和设计说明书，还将编制辅助设备和主要材料技术规范书。中国的发电厂施工图设计是由设备制造厂向设计单位提供设备有关图纸和资料，由设计机构完成全厂的施工图设计。欧洲、美国、日本等国家和地区的工程咨询公司根据概念设计编制设备规范书和承包商招标文件，审查制造厂或承包商的详细设计文件和图纸，解决专业间的联系配合，负责承包商工作范围以外的设计工作。

发电厂工程竣工验收后，尚有竣工图设计工作，以真实反映建设工程项目施工的实际结果，通常由施工单位完成。近期已有建设单位委托承担工程设计的机构进行竣工图设计。

（4）设备规范书编制。发电厂设备规范书编制和采购工作，一般分两个阶段。锅炉、汽轮机、发电机等主机设备通常在初步设计前，根据可行性研究审查意见编制设备技术规范书，并进行设备招标，为开展初步设计创造条件。发电厂的主要辅助设备在施工图设计前期，依据初步设计原则编制技术规范书。中国大多由设计机构编制设备规范书，由项目法人通过招议标方式采购。欧美国家大多由业主委托工程咨询公司编制设备规范书并招标、采购。

2. 设计机构

通常有独立的工程咨询机构、发电公司的电力设计机构、制造厂附设的电力设计机构等三种形式负责设计工作。在国内，一般由建设单位通过招标方式选择设计机构。

（1）独立的工程咨询机构。通常为电力设计（咨询）院、设计事务所和工程公司，国内、外工程公司除能承担设计任务外，还承担设备采购、施工管理、调试投产的全过程工程项目管理工作。

（2）发电公司的电力设计机构。有的大型电力企业拥有自己的火力发电设计部门，如法国电力公司（Electricite De France，EDF），日本东京电力公司（Tokyo Electric Power Company，TEPCO）等，可根据公司的需要和建设标准，进行电厂的概念设计，并审定和汇总各专业制造厂提供的施工图设计。

（3）制造厂附设的电力设计机构。具备成套供应火力发电设备和设计能力的制造厂，一般通过招投标，以"交钥匙"的方式承担初步设计和施工图阶段的设计和采购、施工、调试、投产的建设任务，也有将设计任务单独委托给有资质的设计机构进行。

3. 设计技术管理

为规范技术管理和设计原则，各国都制订有关的设计标准、规程、规范、导则和制度，各工程咨询公司还编有各种设计规定、手册、守则及标准设计等标准化资料，并随着工作实践和发电技术的进步而不断改正、完善。如中国的"火力发电厂设计技术规程"，作为行业标准，先后经1984年和2000年等多次修改，2011年修改后转为国家标准《大中型火力发电厂设计规范》。作为火电厂设计技术管理的"电力工程勘测设计技术管理制度"，经1993、2001年两次修订，发布了《电力工程勘测设计阶段的划分规定》《电力勘测设计生产岗位责任制度》《电力勘测设计专业间联系配合制度》《电力设计图纸会签制度》《电力勘测成品质量评定办法》《电力设计成品质量评定办法》《电力勘测设计成品校审制度》《电力勘测设计驻工地代表制度》《电力勘测设计质量事故报告和处理规定》等九项电力勘测设计技术管理制度，使设计系统管理、流程管理、质量管理和设计作业标准规范化和制度化。

第二节 能源建设项目的可行性研究

一、可行性研究的概念

可行性研究是运用多种科学手段对拟建项目的必要性、可行性、合理性进行技术经济论证。可行性研究通常包括市场研究、技术研究和经济评价。市场研究是可行性研究的前提，论证该项目建设上的"必要性"和"可能性"。技术研究是可行性研究的基础，它论证项目技术上的"先进性"和"适用性"问题。经济评价则是可行性研究的核心，解决经济上的"盈利性"和"合理性"问题。可行性研究既为建设项目的投资决策提供科学依据，又是银行贷款、合作者签约、工程设计中重要的基础资料。

一个建设项目要经历投资前期、建设期及生产经营期三个时期，其全过程如图4-1所示。其中投资前期是决定经济效果的关键时期，是研究和控制的重点。如果到项目实施时才发现工程费用过高，投资不足或原材料不能保证等问题，将会给投资者造成巨大损失。因此，无论是发达国家还是发展中国家，投资者都把可行性研究视为工程建设的首要环节，以排除盲目性，减少风险，在竞争中取得最大利润，提高投资获利的可靠程度。

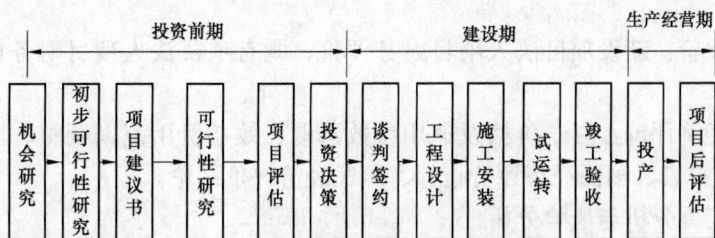

图4-1 项目投资、建设和生产全过程示意

二、可行性研究的工作程序和依据

可行性研究的工作程序如图4-2所示。

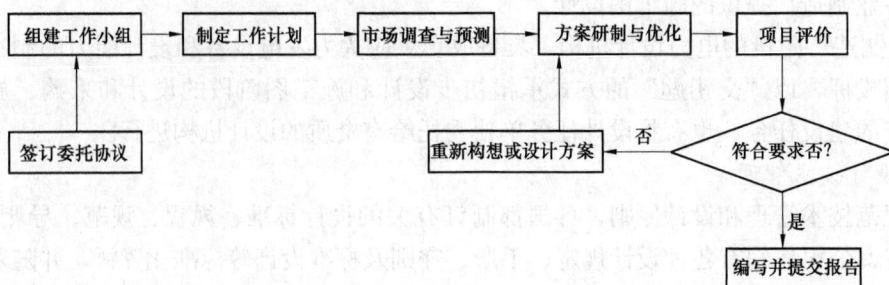

图4-2 可行性研究的工作程序

可行性研究的编制依据是项目建议书；委托方的要求；有关基础资料，规范、标准、定额等指标；经济评价的基本参数等。

可行性研究的编制要求：实事求是；有资格的单位编制；研究内容完整且应达到一定的深度；严格签证和审批。

三、可行性研究报告的内容

每一个可行性研究报告的内容虽因项目而异，但通常应包括以下内容：

(1) 总论：项目背景、项目概况。

(2) 市场预测：产品市场供应预测、产品市场需求预测、产品市场分析、价格现状与预测、市场竞争力分析、市场风险分析。

(3) 资源开发条件评价：资源可利用量、资源品质情况、资源赋存条件、资源开发价值。

(4) 建设规模与产品方案：建设规模、产品方案。

(5) 厂址选择：厂址所在位置现状、厂址建设条件、厂址条件比选。

(6) 技术方案、设备方案和工程方案。

(7) 主要原材料供应，燃料供应，主要原材料、燃料价格，节能措施，节水措施。

(8) 总图布置、场内外运输、公用辅助工程。

(9) 环境影响评价。

(10) 劳动安全、卫生与消防：危害因素和危害程度、安全措施方案、消防设施。

(11) 组织机构与人力资源配置：组织机构、人力资源配置。

(12) 项目实施进度。

(13) 投资估算与融资方案：投资估算依据、建设投资估算、流动资金估算、投资估算表、融资方案。

(14) 财务评价：新设项目法人项目财务评价、既有项目法人项目财务评价、财务评价结论。

(15) 国民经济评价：影子价格及通用参数选取、效益费用范围调整、国民经济效益费用分析表及辅助报表、国民经济评价指标、国民经济评价结论。

(16) 不确定性分析与风险分析。

(17) 社会评价。

(18) 研究结论与建议。

第三节 能源建设项目的技术经济分析

一、能源建设项目的技术评价

技术评价的主要内容包括工艺生产的评价、设备的选型评价、软技术转让评价和项目布置评价。

1. 工艺生产的评价

对项目工艺生产的评价除应遵循前述的技术合理性、先进性、适用性、可靠性和安全性外，还应充分考虑工艺对原材料的适应能力，特别是需要进口原材料时更应考察国际市场的供应潜力和国内原材料的替代问题。此外对各道工序之间的相互衔接，工艺技术的升级应变能力，以及对环境的影响等也要着重考虑。

2. 设备的选型评价

设备的选型评价应包括所有的设备（生产工艺设备、辅助生产设备、研究设备、管理和办公设备、公用设备等），主要考察以下五方面的内容：

(1) 所选设备是否符合工艺流程要求。

(2) 所选设备是否能满足生产规模的需要。

(3) 所选设备能否互相配套、互相衔接。

(4) 所选设备的备品备件是否有保证。

(5) 考察设备时应具体到设备的型号、性能、安装尺寸、操作员的配置等，以使评价准确、翔实。

3. 软技术转让评价

软技术转让的类型主要有以下几种：

(1) 工业产权的软件技术转让（如专利、商标、专门知识的转让）。

(2) 软技术服务性的转让（如工程合同、技术援助）。

(3) 销售软技术的转让（如专营）。

对不同的软技术转让，应采用不同的评价方法：

(1) 对专利转让应着重注意专利的有效时间，出口区域是否有类似专利，能否保障接受方免受第三方对侵权专利的索赔等。

(2) 对专门知识的转让则着重考察专门知识的内容，特别是需保密的内容，保密期限，转让方对专门知识所承担的保证等。

4. 项目布置评价

鉴于能源建设项目通常都很大，因此在技术评价中应包括项目布置的评价。项目布置的评价目的是保证项目的布置（地面布置和建筑物内的布置）能使生产的各环节和各道工序之间实现有机的结合。除考察布置的合理性外，还要从节约用地、便于管理、节约投资等方面来加以评价。

二、能源建设项目的经济评价

建设项目经济评价是在完成市场调查与预测、拟建规模、营销策划、资源优化、技术方案论证、投资估算与资金筹措等可行性分析的基础上，对拟建项目各方案投入与产出的基础数据进行推测、估算,对拟建项目各方案进行评价和选优的过程,是投资主体决策的重要依据。

能源建设项目的经济评价通常分为两个层次,即项目财务评价和国民经济评价,以及在此基础上进行的不确定分析和方案比较。

（一）项目财务评价

1. 财务评价概述

财务评价的目的是衡量项目的盈利能力;权衡非盈利项目或微利项目的经济优惠措施;合营项目谈判签约的重要依据;项目资金规划的重要依据。财务评价的内容是盈利能力分析;清偿能力分析;不确定性分析。

在进行财务评价前应做好准备工作。准备工作包括熟悉拟建项目的基本情况,收集整理有关资料数据;编制辅助报表（建设投资估算表,流动资金估算表,建设进度计划表,固定资产折旧费估算表,无形资产及递延资产摊销费估算表,资金使用计划与资金筹措表,销售收入、销售税金及附加和增值税估算表,总成本费用估算表等）;编制基本财务报表（财务现金流量表、损益和利润分配表、资金来源与运用表、借款偿还计划表等）。

编制基本财务报表是一项最为基础的工作。其中,财务现金流量表反映了项目计算期内各年的现金收支,用以计算各项动态和静态评价指标,并用于项目财务盈利能力分析;损益和利润分配表则反映了项目计算期内各年的利润总额、所得税及税后利润的分配情况;资金来源与运用表反映了项目计算期内各年的资金盈余短缺情况;借款偿还计划表则清楚地显示出项目计算期内各年借款的使用、还本付息,以及偿债资金来源,计算借款偿还期或偿债备付率、利息备付率等指标。

2. 能源建设项目的财务评价

能源建设项目的财务评价是依据国家的财税制度和现行价格,分析测算建设项目的收益和费用,考察项目的获利能力、清偿能力及外汇收益,以评价建设项目在财务上的可行性。

能源建设项目的财务分析评价通常可以分为四个阶段,即资料收集与汇总阶段、投入产出的估算阶段、测算分析阶段和最终决策阶段。

（1）资料收集与汇总阶段。收集、汇总两方面的资料,即项目的基础数据（如项目投入物和产出物的数量、质量、价格,实施项目的进度等）和基本财务报表所需的数据（如投资费用、职工人数等）。

（2）投入产出的估算阶段。主要进行投资估算、生产成本估算和费用效益估算。投资估算应包括固定资产和流动资金两部分;生产成本估算包含基本折旧、流动资金利息、推销费、外购原料、工资等经营性成本费用;费用效益估算在测算出税金、销售收入、营业外支出等收益的情况后与生产成本进行对比分析,测算出项目的收益状况。

（3）测算分析阶段。在编制好的项目基本财务报表的基础上进行测算分析。根据我国项目评价的一般要求,项目财务分析的基本报表有财务现金流量表、利润表、财务平衡、资产负债表、财务外汇流量表。对建设性项目,其财务分析通常包括财务盈利性分析、清偿能力分析、财务外汇流量分析。

有关表格形式、制表的具体要求和相关的财务分析内容,国家发展和改革委员会在有关项目经济评价的文件中都有具体的规定。

（4）最终决策阶段。最终决策是在财务分析的基础上,对项目的盈亏平衡和风险做进一步分析，并通过多方案的筛选比较，决定项目的取舍。

（二）国民经济评价

在市场经济条件下，大部分工程项目财务评价结论可以满足投资决策要求，但由于存在市场失灵，项目还需要进行国民经济评价，也就是站在全社会的角度判别项目配置经济资源的合理性。对能源建设项目而言，因其影响很大，必须进行国民经济评价，它也是经济评价的核心部分。

1. 影子价格的概念

影子价格是指资源处于最佳分配状态时，其边际产出价值。也可说是社会经济处于某种最优状态下，能够反映社会劳动消耗、资源稀缺程度和对最终产品需求情况的价格。所以，影子价格是人为确定的、比交换价格更合理的价格。

在确定影子价格时，影子汇率（SER）是指能反映外汇真实值的汇率。在国民经济评价中，影子汇率通过影子汇率换算系数计算，影子汇率换算系数是影子汇率与国家外汇牌价的比值。工程项目投入物和产出物涉及进、出口的，应采用影子汇率换算系数计算影子汇率。社会折现率则是用以衡量资金时间价值的重要参数，代表社会资金被占用应获得的最低收益率，并用作不同年份价值换算的折现率。

市场定价货物的影子价格包括外贸货物的影子价格和非外贸货物的影子价格。所谓非外贸货物是指生产和使用不影响国家进、出口水平的货物。外贸货物是指生产和使用会直接或间接影响国家进、出口水平的货物。外贸货物影子价格的确定基础是国际市场价格。项目外贸货物影子价格包括产出物的影子价格和投入物的影子价格。对产出物的影子价格包括直接出口（外销）产品的影子价格、间接出口（内销，替代其他货物使其增加出口）产品的影子价格，以及替代进口（内销，以产顶进，减少进口）产品的影子价格；对投入物的影子价格包括直接进口产品的影子价格、间接进口产品的影子价格和减少出口产品的影子价格。

此外考虑到效率优先兼顾公平的原则，市场经济条件下有些货物或服务不能完全由市场机制形成价格，而需由政府调控价格，这就有了政府调控价格货物的影子价格。例如，政府为了帮助城市中低收入家庭解决住房问题，对经济适用房和廉租房制定指导价和最高限价。

政府调控的货物或服务的价格不能完全反映其真实价值，确定这些货物或服务的影子价格的原则是投入物按机会成本分解定价，产出物按对经济增长的边际贡献率或消费者支付意愿定价。

例如，水作为政府主要调控的项目投入物的影子价格，按后备水源的边际成本分解定价，或者按恢复水资源存量的成本计算。水作为项目产出物的影子价格，按消费者支付意愿或按消费者承受能力加政府补贴计算。又如，电力作为项目投入物时的影子价格，一般按完全成本分解定价，电力过剩时按可变成本分解定价。电力作为项目产出物的影子价格，可按电力对当地经济边际贡献率定价。

在国民经济评价中还必须考虑一些特殊投入物的影子价格，如影子工资、土地的影子价格、自然资源影子价格等，它们都有专门的确定原则。

2. 国民经济评价概述

国民经济评价，是从国家的角度来考察项目的收益和费用，即按合理配置稀缺资源和社会经济可持续发展的原则，采用影子价格、社会折现率等国民经济评价参数，从国民经济全局的角度出发，考察工程项目的经济合理性。

正常运作的市场通常是资源在不同用途之间和不同时间上配置的有效机制。市场正常运作的条件包括所有资源的产权一般来说是清晰的；所有稀缺资源必须进入市场，由供求来决定其价格；完全竞争；人类行为无明显的外部效应，公共物品数量不多；不存在短期行为。如不满足以上条件，市场就不能有效配置资源，即市场失灵。

在市场经济条件下，企业财务评价可以反映出建设项目给企业带来的直接效果，但由于市场失灵现象的存在，财务评价不可能将建设项目产生的效果全部反映出来。因此，正是由于国民经济评价关系到宏观经济的持续健康发展和国民经济结构布局的合理性，所以说国民经济评价是非常必要的。

3. 国民经济评价与财务评价的关系

国民经济评价与财务评价相同点反映在：

(1) 评价方法相同。它们都是经济效果评价，都使用基本的经济评价理论，即效益与费用比较的理论方法。

(2) 评价的基础工作相同。两种分析都要在完成产品需求预测、工艺技术选择、投资估算、资金筹措方案等可行性研究内容的基础上进行的。

(3) 评价的计算期相同。

国民经济评价与财务评价不同点是：

(1) 评价的角度不同。

(2) 费用和效益的含义和划分范围不同。财务评价只根据项目直接发生的财务收支，计算项目的费用和效益。国民经济评价则从全社会的角度考察项目的费用和效益，这时项目的有些收入和支出，从全社会的角度考虑，不能作为社会费用或收益，例如，税金和补贴、银行贷款利息。

(3) 采用的价格体系不同。财务评价用市场预测价格；国民经济评价用影子价格。

(4) 使用的参数不同。财务评价用基准收益率；国民经济评价用社会折现率。财务基准收益率依分析问题角度的不同而不同，而社会折现率则在全国各行业各地区都是一致的。

(5) 评价的内容不同。财务评价主要包括盈利性评价和清偿能力分析；国民经济评价主要是盈利能力分析，没有清偿能力分析。

(6) 应用的不确定性分析方法不同。盈亏平衡分析只适用于财务评价，敏感性分析和风险分析可同时用于财务评价和国民经济评价。

4. 国民经济评价方法

国民经济评价是从国家的角度来考察项目的收益和费用，即用影子价格、影子工资、影子汇率和社会折现率等国家参数来分析项目给国民经济带来的净效益，并以此评价项目经济上的合理性。国民经济评价既可以在财务评价的基础上经过适当的调整来完成，也可单独进行。采用调整方法时，调整的主要内容是费用和效益范围的调整，费用与效益数值的调整。

国民经济评价是从国家角度来评价项目效益，在进行费用和效益范围调整时，首先应将转移支付（如企业向国家缴纳的税金、向国内银行支付的利息、从国家获得的补贴等）从国民经济评价的费用效益中剔除。因为从国民经济的角度看，这些在财务评价中作为现金支出或收入的项目，仅仅是国民经济内部各部门之间的一种转移与支付，对国民经济的实际效益并不产生任何影响。

根据同样原则对项目的"外部费用"和"外部效益"也要做相应的调整。对费用效益数值的调整，包括投资的调整、经营成本的调整和工资的调整，调整时应采用影子价格、影子汇率、影子工资等国家参数值。对单独进行的国民经济评价的关键是，在确定费用与效益范围后，对那些投入产出比重较大或国内价格明显不合理的投入产出物应采用影子价格来计算效益与费用，对其余投入产出物则仍采用现行价格计算。

国民经济评价结果通常用反映全部投资的经济现金流量、反映国内投资的经济现金流量，以及反映外汇情况的经济外汇流量表来表示。这三种报表的格式及与财务报表的异同之处，在有关建设项目的评价文件中都有具体的规定。

国民经济的评价指标包括经济内部收益率和经济净现值。经济内部收益率是表示项目占用的投资对国民经济净贡献大小的相对指标，当其大于或等于社会折现率时表明项目达到预期效果，是可以接受的经济净现值，是表示项目占用的投资对国民经济净贡献大小的绝对指标；当其大于零时，表明国家在为项目付出代价后，除了得到符合社会折现率的社会效益外，还可以得到现值表示的超额效率；当其等于零则正好满足社会折现率的要求；当其小于零时，则贡献达不到社会折现率的要求。因此只有前两种情况的建设项目才符合要求。

在财务评价基础上编制国民经济效益费用流量表应注意以下问题：

（1）剔除转移支付，将财务现金流量表中列支的销售税金及附加、所得税、特种基金、国内借款利息作为转移支付剔除。

（2）计算外部效益与外部费用，并保持效益费用计算口径的统一。

（3）用影子价格、影子汇率逐项调整建设投资中的各项费用，剔除涨价预备费、税金、国内借款建设期利息等转移支付项目。进口设备购置费通常要剔除进口关税、增值税等转移支付。建筑安装工程费按材料费、劳动力的影子价格进行调整；土地费用按土地影子价格进行调整。

（4）应收、应付款及现金并没有实际耗用国民经济资源，在国民经济评价中应将其从流动资金中剔除。

（5）用影子价格调整各项经营费用，对主要原材料、燃料及动力费，用影子价格进行调整；对劳动工资及福利费，用影子工资进行调整。

（6）用影子价格调整计算项目产出物的销售收入。

（7）国民经济评价中的各项销售收入和费用支出中的外汇部分，应用影子汇率进行调整，计算外汇价值。从国外引入的资金和向国外支付的投资收益、贷款本息，也应用影子汇率进行调整。

第四节　能源建设项目的不确定性分析

一、进行不确定性分析的原因

根据项目建议书进行可行性研究，确定技术上可行、经济上最节省和合理的方案是整个项目建设过程中最为重要的一步。后期的建设都是在方案确定后按照方案计划予以实施。可行性研究通常可分为资料收集与汇总、投入产出估算、计算分析、最终决策四个阶段。可行性研究阶段的工作大都是建立在历史数据的统计和对未来的预测之上，在未来的发展符合过去的规律的条件下，由此得到的方案确实是最优的。

但是，在实际的建设过程中，往往会出现某项工程的实际投资额大大超过设计的预算，实际建设进度比设计编制的进度计划延长了很多时间，企业投产后的经济效益长期达不到指定的指标，甚至产品在市场上滞销的情况。另外，现在基本建设和技术改造项目采取银行贷款和工程承包的办法，工程建设进度虽然加快了，但按常规的投资预算方法仍不可能全面认识客观的可变性，即不可能认识工程投资的风险性。

发生上述情况的原因是，建设项目中的投资总额、建设工期、产品成本、销售收入、原材料价格等都是根据调查和预测的结果推算出来的。而在实际工作中，由于影响各种方案经济效果的政治因素、经济形势、资源条件、技术发展情况等未来的变化具有不确定性，不可避免地会遇到这些数据与实际有较大的出入。如建设工期的延长、投资总额和资金来源的变化、技术工艺和设备性能的改变、原材料市场价格的上涨、劳务费用增加、市场需求量变化、产品市场价格的下跌、贷款利率变动、政府经济政策的变化等，再加上预测方法和工作条件的局限性，方案经济效果评价的成本与收益都将不可避免地存在误差，都可能使一个能源建设项目达不到预期的经济效果，甚至发生亏损。

设计与实际的脱离是因为客观实际是各种随机因素作用的结果，是变化的、动态的。而我们在设计和计划时，按常规方法是静态的，对统计数据是按算术平均计算并取值的。

就一个企业的新建或改造来说，由于价格的变化，管理水平、施工装备与施工人员的技术水平的差异，以货币表示的投入量是变动的。企业投产后，由于企业生产能力、管理水平、技术条件、工人操作水平，以及市场竞争情况的变化，造成产品的成本和产品的售价、企业赢利额均产生变动。在设计时，由于对外部的条件，以及内部的配套工程考虑不周而漏项，在施工中或投产后要补充建设以致投资增加；原材料、能源及施工力量不足；施工管理不善和施工人员的素质同样不可预期等原因，使施工工期延长。施工拖延不仅因企业晚投产而使企业得利晚，而且贷款付息时间增长，相当于增加了投资额，因而恶化了总的经济效益。

为了尽可能地避免决策失误，就要了解各种外部条件发生变化时对能源建设方案经济效果的影响程度，以及投资方案对外部条件变化的承受能力，尽可能减小不确定性因素给可行性研究带来的误差，提高可行性分析的可靠程度。

借助于数理方法及一些预测方法，可以得出投入和产出参数，以及市场变化的经验概率密度函数。例如，某项原料或材料，由于生产成本的变化及供应地点远近与运输方式的不同，不同时间、不同供应地运到工地的原材料支付费用就不一样。经过对一些数据的处理统计方法或采用某种预测分析方法可以得到连续的概率函数（如某一平均值和方差的正态分布），或估计出最劣值、最可能出现值、最佳值发生的概率。对产品在市场的销售情况也可做出好、中、差发生的概率。对施工工期也可以统计分析类似工程的实际进度，或采取专家咨询法等预测分析方法，做几种可能出现的情况的设定。有一些投入、产出等参数的可能发生情况的估计采取动态的分析方法，规定出衡量准则，就可做出投资决策分析。

二、能源建设项目的不确定性因素

（一）成本

（1）固定成本：一定时期内和一定规模下相对固定的不随产量变化而变化的成本部分。如厂房设备的折旧，管理人员的工资。

（2）变动成本：随产量变化近似成正比变化的成本部分。如原材料费用，直接生产的工人的工资。

（3）混合成本：兼有变动成本和固定成本的性质的成本部分。如设备的维护费、修理费等。

（二）需求与销售

需求与销售包括市场需求、销售量、产品价格、销售收入、销售税金等。

（三）投资

（1）固定资本：包括有形资本和无形资本。有形资本如土地、设备、建筑物、车辆等。无形资本如专有技术、专利权、著作权等。

（2）流动资本：在生产和流通过程中供周转使用的。如购买原材料和支付工资的费用。

（四）国民经济参数

国民经济参数包括净现值、回收期、内部收益率、影子价格等。

（1）净现值：是按行业基准收益率或设定的折现率将计算期内各年的净现金流量折现到基准年的各现值之和。

（2）回收期：是投资返本年限，项目的净收益抵偿全部投资所需要的年限。

（3）内部收益率：是项目在计算期内将各年现金流量折现，使净现值累计为零时的折现率。反映项目盈利能力的动态指标。内部收益率大于或等于行业收益率时方案是可行的。

（4）影子价格：是相对于市场交换价格的一种计算价格，反映货物的真实价值和资源最优配置的要求。国民经济评价中使用影子价格是为了消除在市场机制不充分的条件下价格失真、比价不合理等可能导致的评价结论失实。

（五）建设工程指标

建设工程指标包括建设周期、投产期限、产出能力达到设计能力所需的时间等。

三、不确定性分析的方法

（一）不确定性分析概述

项目评价采用的数据，大部分来自预测和估算，存在一定程度的不确定性。为了估量一些主要因素发生变化时对经济评价指标的影响，预测项目可能承担的风险，需进行不确定性分析。

项目不确定性分析的方法很多。如盈亏平衡分析法、敏感性分析法、乐观悲观法、决策树分析法、概率分析法及蒙特-卡罗（Monte-carlo）模拟法等。联合国工业发展组织出版的《工业可行性研究编制手册》中着重介绍了盈亏平衡分析、敏感性分析和概率分析三种方法。在我国可行性研究实践中也主要是运用这三种方法。

从理论上讲，风险是指由随机原因引起的项目总体的实际价值与预期价值之间的差异；不确定性是指对项目有关的因素或未来情况缺乏足够的情报而无法做出正确的估计，或者没有全面考虑所有因素而造成的预期价值与实际价值之间的差异。二者是可以区分的。但从项目经济评价角度来看，试图将它们绝对地分开没有意义，也是不必要的。因此，我们把对使结果不确定的任何决策都理解为具有风险性，并认为这样的决策是不可靠、不确定的。这里所谓的风险是指某种事件的不利结果是可能发生的，出现不利结果的概率（可能性）越大，风险也就越大。

在处理风险或不确定性问题时，如果能够确定与项目盈利密切相关的一些因素的变化会影响投资决策到什么程度，显然对科学地进行投资决策是非常有益的。这种分析就是敏感性分析，敏感性是指由于特定因素变动而引起的评价指标的变动幅度或极限变化。如果一种或几种特定因素在相当大的范围内变化，但不对投资决策产生很大影响，那么可以说该项目对该种（几种）特定因素是不敏感的；反之，如果有关因素稍有变化就使投资决策发生很大变化，则该项目对那个（些）因素就有高度的敏感性。敏感性强的因素的不确定性将给该项目带来更大的风险。因此，了解在给定投资情况下建设项目的一些最不确定的因素，并知道这些因素对该建设项目的影响程度，我们就能在更合理的基础上做出建设项目的投资决策。

敏感性分析只能告诉决策者某种因素变动对经济指标的影响，并不能告知发生这种影响的可能性究竟有多大。如果事先能够客观或主观地（有一定的科学依据）给出各种因素发生某种变动的可能性的大小（概率），无疑对建设项目决策科学化非常有益。这种事先给出各因素发生某种变动的概率，并以概率为中介进行的不确定性分析就是概率分析。

为减少不确定性对建设项目经济可行性研究的影响，通常认为可以采用盈亏平衡分析、敏感分析和概率分析。

（二）不确定性分析一般步骤

能源建设项目不确定性分析的一般步骤如下：

1. 鉴别关键变量

虽然未来事物都具有不确定性，但不同事物在不同条件下的不确定程度是不相同的，因此，在开始分析时，首先要从各个自变量及其相关因素中，找出不确定程度较大的关键变量或因素。这些变量或因素一般数值较大或变动幅度较大。所以对因变量数值的影响也较大，是不确定性分析的重点。其中要特别注意销售收入、生产成本、投资支出和建设周期这四个变量及其相关因素。引起它们变化的原因一般为物品价格上涨、工艺技术改变导致产品数量和质量发生变化，设计能力达不到，投资超出计划，建设期延长等。

2. 估计变化范围或直接进行风险分析

找出关键变量之后，就要估计关键变量的变化范围，确定其边界值或原预测值的变化率，也可直接对关键变量进行风险分析。

3. 求可能值及其概率或直接进行敏感性分析

对每个关键变量，在其确定的变化范围内，估计其出现机会较多的各可能值及每个可能值的出现概率。这一步是要将上一步确定的变化范围缩小为几个可能值（它们的概率之和为1），而预测值通常是变量未来最可能出现的数值，也可以直接利用上一步所估计的关键变量。

4. 进行概率分析

用上一步求出的可能值及其发生概率，求关键变量的期望值，并以期望值代替原预测值求因变量的数值。然后将新求出的因变量数值与其原来的数值对比，观察第一阶段确定性分析结果的误差，并把概率分析后的数值作为原数值的修正值。

四、盈亏平衡分析方法

（一）盈亏平衡分析概述

盈亏平衡分析又称平衡点（临界点、分界点、分歧点、保本点、两平点、转折点）分析，广泛地应用于预测成本、收入、利润，编制利润计划；估计售价、销量，成本水平变动对利润的影响，为各种经营决策提供必要的信息；投资项目的不确定性分析。

盈亏平衡分析方法是指在一定的市场、生产能力的条件下，研究拟建项目成本费用与收益的平衡关系。项目的盈利与亏损的转折点，称为盈亏平衡点（BEP），此时项目刚好盈亏平衡。盈亏平衡分析就是要找出盈亏平衡点，盈亏平衡点越低，项目盈利的可能性就越大，造成亏损的可能性就越小，可能承担风险的程度也越低。

（二）盈亏平衡分析方法具体说明

所谓平衡点就是对某一因素来说，当其值等于某数值时，恰使方案决策的结果达到临界标准，则此数值为该因素的盈亏平衡点。这里所说的某一因素就是影响投资项目风险的不确定性因素。它可以是产量，也可以是经济寿命，利率等。从这个意义上说，内部收益率就是项目关于利率这一不确定性因素的动态盈亏平衡点。虽然我们广义地理解盈亏平衡分析，但关于产量、成本、利润的分析仍然是盈亏平衡分析的主要内容和出发点。因此，下面主要就这三个因素的分析，介绍盈亏平衡分析方法。

1. 盈亏平衡分析方法的分类

根据总成本费用、销售收入与产量（销售量）之间是否存在线性关系可将盈亏平衡分析分为线性盈亏平衡分析和非线性盈亏平衡分析。

线性盈亏平衡分析要满足以下四个假定的条件：

（1）产量等于销售量。

（2）产量变化、单位可变成本不变，从而总成本费用是产量的线性函数。

（3）产量变化为线性函数。

（4）只生产单一产品，或者生产多种产品，但可以换算为单一产品计算。

由于财务制度的改革，采用了新的总成本费用估算法，这就使得项目在达产后年份产量固定而总成本费用却不一定相同。这是因为：

（1）新的方法允许固定资产采用加速折旧法，无形资产和递延资产可能采用不同的年限摊销，导致各年的折旧费和摊销费数额不尽相同。

（2）生产期的借款利息计入当年总成本费用中的财务费用，且随着借款的偿还，利息逐年减少。

这样，按不同年的成本费用进行盈亏平衡分析就可能出现不同的盈亏平衡点。在这种情况下，建议选取固定成本最高的年份来进行盈亏平衡分析，这样求出的盈亏平衡点是最高的。以此进行盈亏平衡分析对预测项目风险是最有意义的。

2. 盈亏平衡分析方法在项目财务中的评价

国家发展和改革委员会在大、中型基本建设项目和限额以上技术改造项目试行的《建设项目经济评价方法与参数》中规定：盈亏平衡点根据正常生产年份的产品产量或销售量、变动成本、固定成本、产品价格和销售税金等数据计算，用生产能力利用率或产量等表示。其计算公式为

$$\text{以生产能力利用率计算的 } BEP = \frac{\text{年固定总成本}}{\text{年产品销售收入} - \text{年变动总成本} - \text{年销售税金}} \times 100\% \quad (4-1)$$

$$\text{以产量计算的 } BEP = \frac{\text{年固定总成本}}{\text{单位产品价格} - \text{单位产品变动成本} - \text{单位产品销售税金}} \quad (4-2)$$

盈亏平衡点越低，表明项目适应市场变化的能力越大，抗风险能力越强。

3. 盈亏平衡分析方法的优点

（1）分析简单、明了。只要对项目的产量、售价、成本等因素进行分析，就可以了解项目、产品对市场的适应程度及项目可能承担风险的程度。

（2）盈亏平衡分析除了有助于确定项目的合理生产规模外，还可以帮助项目规划者对由于设备不同引起生产能力不同的方案，以及工艺流程不同的方案进行投资抉择。设备生产能力的变化，会引起成本的变化；同样，工艺流程的变化则会影响单位产品的可变成本。通过对方案的 BEP 值计算，可以为方案抉择提供有用的信息。

4. 盈亏平衡分析方法的缺点

盈亏平衡分析方法是建立在生产量等于销售量的基础上的，即产品能全部销完而无积压。此外它用的一些数据，是某一正常生产年份的数据。由于建设项目生产经营期是一个长期的过程，所以使用盈亏平衡分析方法很难得到一个全面的结论。

尽管盈亏平衡分析有上述缺点，但由于它计算简单，可直接对项目的关键因素进行分析，因此，仍然被作为项目不确定性分析的一种重要方法。

（三）盈亏平衡分析方法操作步骤

在可行性研究中进行盈亏平衡分析时，通常是用计算法与作图法或两者结合并用。计算法即用计算公式直接求出盈亏平衡点。图解就是以横坐标表示产量或生产能力利用率（%），以纵坐标表示销售收入和产品总成本费用（包括固定成本和可变成本），分别将销售收入与销售量（或生产能力利用率）的线性函数关系描绘在同一坐标图上，两曲线的交点即盈亏平衡点。与盈亏平衡点对应的横坐标即为以产量或生产能力利用率表示的盈亏平衡点 BEP （图 4 - 3）。另外，在绘制盈亏平衡图时，销售税金及附加通常均可视为项目必要的固定支出，此时，将使盈亏平衡点向上移动。

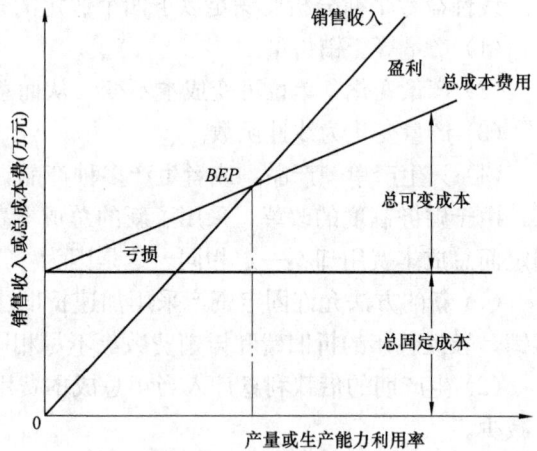

图 4 - 3　盈亏平衡点

（四）因素变化对盈亏平衡的影响

1. 销售价格对盈亏平衡的影响

在市场经济中，产品价格随市场供求状况的变化而变化，而产品价格的变化会直接影响项目盈亏状况的变化。在项目生产能力确定的条件下，分析产品价格变化对项目盈亏平衡的影响及项目对产品价格变化所能承受的能力尤为重要。

2. 变动成本对盈亏平衡的影响

变动成本的高低也是影响项目盈亏平衡的重要因素，如果其他不确定因素保持不变，变动成本越大，成本曲线越陡，与收入曲线的交点越高，盈亏平衡的产量就越大；变动成本越小，曲线越缓，与收入曲线的交点越低，盈亏平衡的产量就越小。

在市场经济中，价格随市场供求状况变化而变化，原料价格的变化会直接影响变动成本的变化而造成项目盈亏状况的变化。因此，在项目生产能力一定的条件下，分析变动成本对盈亏平衡的影响及项目对变动成本变化所能承受的能力也十分重要。

3. 固定成本对盈亏平衡的影响

固定成本的高低对项目盈亏的影响也是很重要的。如果其他不确定因素保持不变，固定成本越高，盈亏平衡产量就越大，项目承担风险就越大；固定成本越低，盈亏平衡产量就越小，项目承担的风险就小。

一般来讲，高科技的项目固然技术先进，但却往往提高了项目的固定成本的投资，必须通过提高产量来弥补，从而增加了项目的风险。因此，要慎重决策，不然会给以后的生产经营带来影响。

盈亏平衡分析方法可具体分析每单一因素变化对方案经济性的影响，确定每一因素在不同范围内经济性最大的方案。总之，通过量-本-利的分析，得到某一因素对各种方案预期收益相同时的数值，从而划定区间，确定各区间内的最优方案，当实际情况落入某一具体区间内时采用相应方案。

盈亏平衡分析方法的意义在于，它不是盲目追求利益最大的方案，而是充分考虑实际因素对方案取舍的影响，得到实际情况的最优方案。

五、敏感性分析方法

（一）敏感性分析方法概述

敏感性分析是投资项目和企业其他经营管理决策中常用的一种不确定性分析方法。它是通过测定一个或多个不确定因素的变化所导致的决策评价指标的变化幅度，来了解各种因素的变化对实现预期目标的影响程度，从而对当外部条件发生不利变化时投资方案的承受能力做出判断。敏感性分析的目的是考察项目主要因素变化时对项目净效益的影响程度。

敏感性分析的关键是通过预测项目主要影响因素发生变化时对经济评价指标的影响，从中找出敏感因素，并确定其影响程度。通常需要分析全部投资内部收益率等指标对产品产量、产品价格、主要原材料或动力价格、固定资产投资、建设工期等影响因素的敏感程度。显然，以上各影响因素对方案经济效益的影响程度是不相同的。图 4-4 表示了某些因素的变动对方案的投资收益率的影响。从图中可以看出，如果销售收入能够增加 5%，那么将使投资收益率从 20% 增加到 28%；如果生产能力利用程度减少 10%，则影响到投资收益率从 20% 下降到 14%。因此，销售收入的变化对投资收益率的影响较大，而投资额的变动对投资收益率的影响较小，也就是说，投资收益率对销售收入变化的反应敏感。因此，通过敏感性分析可以预测项目的风险。对经济效益评价产生强烈影响的因素，称为敏感因素，反之称为非敏感因素。

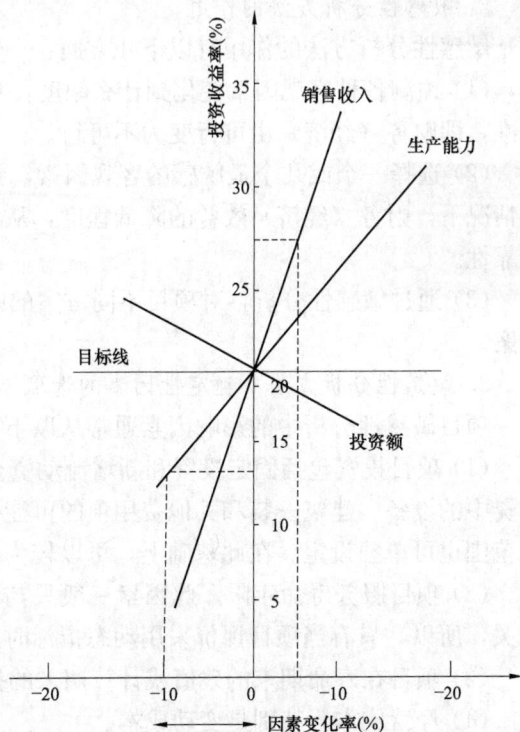

图 4-4 某些因素变动对方案的投资收益率的影响

敏感性分析可以使决策者了解不确定因素变化对项目经济指标的影响，确定不确定因素变化的临界值，以便采取防范措施，从而提高决策的准确性和可靠性。

（二）敏感性分析方法具体说明

1. 敏感性分析方法的分类

根据每次同时分析的变化因素的数目不同，敏感性分析可以分为单因素敏感性分析和多因素敏感性分析。

（1）单因素敏感性分析。单因素敏感性分析就是分析单个不确定因素的变动对项目经济效果的影响。在分析方法上类似于数学上多元函数的偏微分，即在计算某个因素的变化对经济效果指标的影响时假定其他因素不变。

不确定因素的变化可以用相对值或绝对值表示。相对值是使每个因素都从其原始取值变动一个幅度，如±5％、±10％等，计算每次变动对经济评价指标的影响。根据不同因素的变化对经济评价指标影响的大小，可以得到各个因素的敏感性程度排序。用绝对值表示的因素变化可以得到同样的结果。

（2）多因素敏感性分析。在进行单因素敏感性分析时，假定在计算某个因素的变化对经济效果指标的影响时其他因素均不变。实际上，许多因素的变动具有相关性，一个因素的变动往往也伴随着其他因素的变动。例如，石油价格上涨会引起以它为原料的其他产品（如汽油、柴油、塑料、化肥等）的价格上涨。所以，单因素敏感性分析有其局限性，改进的方法是进行多因素敏感性分析，即考察多个因素同时变化对项目经济效果的影响，以判断项目的风险情况。

2. 敏感性分析方法的作用

敏感性分析方法的作用有以下几方面：

（1）预测各种客观因素变化到什么幅度，项目的财务（经济）效益就会低于规定的衡量标准，即财务（经济）由可行变为不可行。

（2）选择一个或几个最敏感的客观因素，预测其最不利的变化幅度，分析在这种最不利的情况下，财务（经济）效益的降低程度，从而提出有针对性的预防措施，提高项目决策的可靠性。

（3）通过敏感性分析，对项目不同方案的财务（经济）效益进行比较，选出效益最高的方案。

3. 敏感性分析方法不确定性因素的选取

项目敏感性分析中的影响因素通常从以下几方面选定：

（1）项目投资包括固定投资和新增流动资金两部分。在设定因素变化范围时，可将固定投资中的设备、建筑安装和其他费用项的可能变化幅度给予分别考虑和设定，流动资金的变化范围也可单独设定。在此基础上，可以较为有根据地设定总投资变化幅度。

（2）项目服务寿命年限。此因素一般只与动态经济评价指标（如净现值、内部收益率）有关，所以，只有当项目评价采用动态指标时，才有必要考虑选取此项因素。

（3）项目在寿命期末的残值或计算期末的折余价值。

（4）经营成本，特别是变动成本。

（5）产品价格。

（6）产销量。

（7）项目建设年限、投产年限和产出水平及达产期限。

（8）基准折现率。

其中，第（3）、（7）、（8）项也主要与动态经济指标有关。

4. 敏感性分析方法的结果表示

敏感性分析方法的结果可以用不同的方式来表示。可以列表，也可以绘图。敏感性分析图是一种直观地表示各种不确定性因素对目标影响程度的分析方法。通过绘制敏感性分析图可以直观地表示各种不确定性因素对项目的影响程度，找到其变化的临界点。不确定因素的变化超过了这个极限，项目由可行变为不可行。将不确定因素允许变动的最大幅度与估计可能发生的变化幅度比较，若前者大于后者，则表明项目经济效益对该因素不敏感，项目承担的风险不大。

绘制敏感性分析图的具体做法是，将不确定因素变化率作为横坐标，以某个评价指标为纵坐标，根据敏感性分析表所示数据绘制指标随不确定因素变化的曲线，标出财务基准收益率线或社会折现率线。

敏感性分析图可以十分方便地求出各种不确定因素的临界值，并非常直观地反映各种因素的敏感程度，而其他方法则不能。

（三）敏感性分析方法操作步骤

1. 单因素敏感性分析方法步骤

（1）选择需要分析的不确定因素，并设定这些因素的变动范围。影响投资项目经济效果的不确定因素很多，严格地说，凡影响项目经济效果的因素都在某种程度上带有不确定性。但事实上没有必要对所有的不确定因素都进行敏感性分析，可以根据以下原则选择主要的不确定因素加以分析：

1) 预计在可能的变动范围内，该因素的变动将会较大地影响项目的经济效果。

2) 对采用的该因素的数据的准确性把握不大。

（2）确定分析指标。各种经济效果评价指标，如净现值、净年值、内部收益率、投资回收期等，都可以作为敏感性分析的指标。由于敏感性分析是在确定性经济分析的基础上进行的，就一般情况而言，敏感性分析的指标应与确定性分析所使用的指标相一致。当确定性经济分析中使用的指标比较多时，敏感性分析可围绕其中一个或若干个最重要的指标进行分析。一般要求分析全部投资内部收益率指标在产品产量、产品价格、主要原材料或动力价格、固定资产投资、建设期等影响因素变化情况下的敏感程度。

（3）进行敏感性分析。计算各不确定因素在可能变动的范围内发生变化时导致的项目经济效果指标的变化情况，建立起一一对应的数量关系，并用图或表的形式表示出来。

在敏感分析图中，曲线陡的因素是敏感因素，曲线平缓的因素是不敏感因素。

2. 多因素敏感性分析方法步骤

因为多因素敏感是分析要考虑可能发生的各种不确定因素的不同变动范围的多种组合，所以计算起来要比单因素敏感性分析复杂得多。如果需要分析的不确定因素不超过三个，而且经济效果指标的计算比较简单，可以用解析法与作图法相结合进行分析。

多因素敏感性分析的步骤为

（1）选定经济效果的评价指标，如净现值（NPV）。

（2）选取不确定因素，如投资额、经营成本和产品价格。

（3）计算各不确定因素变动的百分比，如投资额变动 $x\%$，经营成本变动 $y\%$，产品价格变动 $z\%$，并计算其经济效果（如净现值）。

（4）将计算结果列表并绘制成敏感性分析图。

（5）如果同时考虑两个因素（如投资额和经营成本），则取净现值为零时，可得到 x 和 y 之间的关系，如图 4-5 所示。

在双因素敏感性分析图上，直线为净现值为零的临界线，在其左下方区域净现值 $NPV>0$，在右上方区域，净现值 $NPV<0$，所以投资额和经营成本同时变动时，只要变动范围不超出临界线左下方的区域（包括临界线），方案都是可以接受的。

（6）三因素敏感性分析与二因素敏感性分析类似，只不过以 z 作为参数，得到一组平行临界线而已如图 4-6 所示。

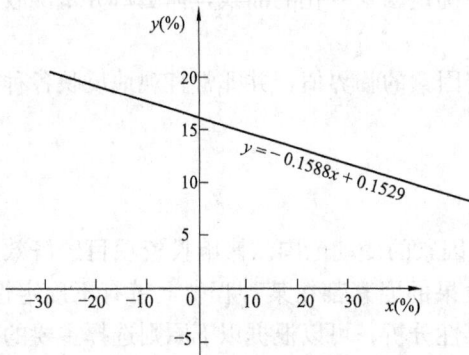

图 4-5　双因素敏感性分析　　　　　　　　图 4-6　三因素敏感性分析

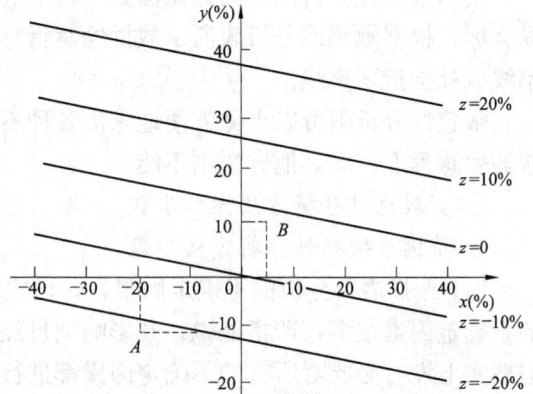

（四）世界银行用于项目评价的敏感性分析方法

敏感性分析的技术并不复杂，世界银行用于项目评价的两种敏感性分析方法更为简单。一种是"最可能结果分析"，另一种是转换值分析或说是安全度分析（临界点分析）。

1. 最可能结果分析法

最可能结果分析分两步进行。第一步先计算项目最可能产生的结果，然后将某一不利于项目的方向改变一个百分比，测试项目对该因素变化的敏感性。

敏感性分析不仅对投资决策有重要的意义，同时对项目的管理也有十分重要意义。假定证明某个项目对延误特别敏感，如果高级决策者知道该项目的敏感程度，以及延误将使国家在失去创造财富的机会上付出多大的代价。这些决策者可能会愿意减少繁文缛节，以保证在处理该项目的筹资和其他申请事项的过程中避免不必要的耽搁，并且保证那些必须支持该项目的机构迅速提供合作，或者他们可能决定，既然延误的可能性这么大——无论项目经理如何得力——最好是重新设计该项目，使之更便于管理，而且在必要时还应推迟某些成本的投入，这样该项目对延误就不那么敏感了。即使重新设计项目可能多少会减少整个项目的 NPV、IRR 或 N/K，但这仍然是合乎需要的。

2. 转换值法（安全度法）

"转换值"法是敏感性分析的一种变化形式，也可称之为安全度法。在进行简易敏感性分析时，我们选择一个数值来改变项目分析中的一项重要成分，然后确定这种改变对该项目吸引力的影响。与之相反，当计算转换值时，我们要知道该成分朝不利的方向变动多少才会使该项目不再符合某种项目价值评价标准所指出的最低限度可接受的水平。而后，项目决策者就可能自问他们认为发生这种数量级变化的可能性究竟有多大。

在项目规划阶段，用敏感性分析可以找出乐观的和悲观的方案，从而提供最现实的生产要素的组合。

敏感性分析还可应用于方案选择。人们可以用敏感性分析区别出敏感性大或敏感性小的方案，以便在经济效益相似的情况下，选取敏感性小的方案，即风险小的方案。

根据项目经济目标（如经济净现值或经济内部收益率）所做的敏感性分析叫作经济敏感性分析。同样，根据项目的财务目标所做的敏感性分析叫作财务敏感性分析。

六、概率分析方法

（一）概率分析方法概述

不确定性投资的定量分析方法，可以借助概率分析的方法来解决。

敏感性分析在一定程度上就各种不确定因素的变化对项目经济效果的影响做了定量的分析，这有助于决策者了解项目的风险情况、确定在决策过程中及项目实施过程中需要重点研究与控制的因素。但敏感性分析对不确定因素发生不同变化的可能性究竟有多大并未加以估计，没有考虑各种不确定因素在未来发生变动的概率，这可能会影响分析结论的准确性。在实际计算分析中可能有这样的情况：通过敏感性分析得出某个敏感性因素在未来发生不利变化的可能性很小，也就是说实际的风险并不大，我们可以忽略不计。而另一个不太敏感的因素在未来发生不利变化的可能性却很大，它给项目经济效果所带来的风险比上种敏感因素更大，对于这种问题使用敏感性分析是无法解决的。为弥补这方面的不足，可以运用概率和数理统计理论来定量描述项目的风险和不确定性，这就是概率分析的方法。

概率分析主要研究、计算和分析各种影响投资效果的不确定因素的变化范围，以及在此范围内出现的概率、期望值与其标准离差大小的问题。概率值是在大量统计、分析资料的基础上确定出的，这是一项非常复杂而艰巨的任务，需要经大量抽样测量后，进行分析，这个测量误差是一个随机变量，这个变量服从于正态概率分布。根据这一特性，就可以确定不确定性因素各种可能状态的概率。

（二）有关概率的知识

1. 概率分布

概率分布是指预测者对每一种可能的事件所给予的一个概率，设为 $f(x)$，则 $f(x)$ 有如下两个特性：

（1）$0 \leqslant f(x) \leqslant 1$，若 $f(x) = 0$，即为不可能发生事件；若 $f(x) = 1$，则为必然事件。

（2）对间断概率分布，$\sum f(x) = 1$，对事务的总体而言是必然事件；对连续概率分布，同样表示是一件必然事件，而 $f(x)$ 则称为概率密度函数。

2. 期望值（数学期望值、均值）

定义：若 x 是一个间断的随机变量，其出现的概率为 $f(x)$，x 的期望值用 $E(x)$ 表示，则

$$E(x) = x \sum f(x) \tag{4-3}$$

它表示随机变量的期望值是 x 所有可能发生值的加权平均数。其权值即为这些随机变量的概率，其运算公式有：

$$E(c) = c \tag{4-4}$$

$$E(cx)=cE(x) \tag{4-5}$$
$$E(x_1+x_2)=E(x_1)+E(x_2) \tag{4-6}$$

对连续概率分布，以积分号代替$\sum$符号即可，上述结论仍然适用。

3. 变异系数

变异系数V是标准差除以期望值的商，即

$$V=\frac{\sigma_x}{E(x)} \tag{4-7}$$

式中：σ_x为标准差。

$$\sigma_x=\sqrt{E(x^2)-[E(x)]^2} \tag{4-8}$$
$$E(x^2)=\sum x^2 f(x) \tag{4-9}$$

变异系数的大小，可以表示为一个投资方案风险的大小，其变异系数越大，则风险也越大。

（三）概率分析方法具体说明

概率分析是在对有关数据进行统计处理的基础上，求得项目各种因素与指标值发生的概率，并利用这些概率对项目具有的潜在风险做出分析。概率分析可分为期望值法和模拟法两种。

1. 期望值法

期望值法的基本原理是，假设各参数是服从某种概率分布（如正态分布和均匀分布等）的相互独立的随机变量，先根据经验对各参数做出概率估计，并以此为基础计算项目的经济效益，通过对经济效益期望值、累计概率、标准差及离差系数的计算分析，定量地反映出项目的风险相对不确定性程度。

我们通常把以客观统计数据为基础的概率称为客观概率，以人为预测和估计为基础的概率称为主观概率。期望值法主要采用的是主观概率。它是根据经验设定各种情况发生的概率，计算项目净现值的期望值及净现值大于或等于零时的累计概率。其一般分析步骤及注意事项如下：

（1）列出各种要考虑的不确定因素，并设定各不确定因素可能发生变化的几种情况。

（2）分别确定每种情况出现的概率，确定概率值时应利用同类项目的历史统计资料认真分析，尽量避免主观性。各种不确定因素的概率之和必须等于1。

（3）分别求出各种情况下的净现值，并根据各种情况发生的概率计算出加权净现值，最后求代数和，得出净现值的期望值。

（4）求出净现值大于或等于零的累计概率，分析项目风险的情况，并绘制累计概率分析图。

2. 模拟法

蒙特-卡罗模拟法是一种用连续概率分布来分析建设项目各种获利可能性的方法。具体地说，是把各项影响现金流量的预期数字的概率分布，通过模拟技术归纳成为经济评价的概率分布。

假定某一建设项目中，影响投资项目风险的因素是销售价格和固定成本，而且其不确定性已经归纳成主观概率分布表。其中，相对机遇的数值表示事件发生的相对可能性，它是根据调查、研究、统计或按照类似产品的统计，经过推测、判断和归纳确定的，不可避免地带有主观因素；相应的概率是由相对机遇的数值除以相对机遇的总和而得；累计概念为相应概

率的累计值。

（四）概率分析方法操作步骤

在进行概率分析时，一般经过下面几个步骤：

1. 选择不确定因素作为随机变量

在进行概率分析时，首先要选择对项目的经济效益影响较大的不确定因素作为概率分析中的随机变量。然后，分析这些变量的变化对项目经济效益的影响。通常由于经济评估预处理系统中的概率分析是以内部收益率来表示项目经济效益优劣的，因此通常也选择对内部收益率影响较大的因素作为概率分析中的随机变量，即产品产量、产品价格、经营成本和固定资产投资。

2. 确定各个因素的变化范围

根据各个因素的特点及这些因素在项目中所起的作用，确定各个因素的变化范围如下：

产品产量变化从 $-30\%\sim+30\%$。

产品售价变化从 $-15\%\sim+15\%$。

经营成本变化从 $-20\%\sim+20\%$。

固定资产投资变化从 $-30\%\sim+30\%$。

3. 计算随机变量发生的概率和累计概率

在分析研究大量统计资料的基础上，根据专家的丰富经验和评估人员的科学判断，可以得出各个变量在不同变化率下发生的概率和累计概率，然后输入计算机中。

4. 产生随机数，并与累计概率比较

根据计算机产生随机数原理，可计算出一组（4个）[0, 1] 区间的随机数。将这组随机数按产量、价格、经营成本、投资的顺序与计算机中对应的累计概率值进行比较，找出满足不等式关系的累计概率值，并取出各自对应的变化率（$Z_i\%$）。

5. 计算内部收益率的概率分布

将上面得到的产品产量、产品价格、经营成本和固定资产投资的变化率代入各自的表达式，得出变化后的值：

$$产品产量＝原产量\times（1+Z_1\%）$$
$$产品价格＝原价格\times（1+Z_2\%）$$
$$经营成本＝原成本\times（1+Z_3\%）$$
$$固定资产投资＝原投资\times（1+Z_4\%）$$

用这些变化后的变量重新计算内部收益率，即得到一个新的内部收益率值 f_i，重复进行上述运算直至达到足够的次数（一般1000次）。根据所得到的这些内部收益率值 f_i，用 f_i 落在某一区间的频率代替 f_i 在这一区间发生的概率，就可以确定出内部收益率的概率分布。

概率分析方法是对不确定分析的完善，利用诸如上述的概率计算，项目分析和决策人员就能对项目风险和实现各种目标值的可能性做出估计，这对项目决策是大有裨益的。

第五节　能源建设项目的竣工验收

一、概述

工程项目的竣工验收是全面考核项目的建设工作，检查设计、工程质量是否符合要求，审查资金使用是否合理的重要环节，对促进建设项目及时投产，发挥投资效果，总结建设经验有重要作用。

由于能源建设项目通常都投资大、建设周期长、技术密集、对国民经济影响大，因此其竣工验收就显得特别重要，故也是能源管理的重要内容。能源建设项目竣工验收是指能源建设项目按设计建成后、正式投入生产前，对项目建设内容、工程质量、国家和行业强制性标准（如环境保护标准）执行情况、资金使用情况等事项的全面检查验收，以及对能源建设项目设计、施工、监理等工作的综合评价。

1. 能源建设项目竣工验收的主要依据

（1）国家及有关部门颁布的相关法律、法规、规章。

（2）国家及有关部门颁布的相关技术标准、规范。

（3）能源建设项目的核准或批复文件。

（4）经批准的能源建设项目初步设计文件，设计变更，以及概算调整批准文件等。

（5）经批准的安全设施设计、环境影响评价报告书、水土保持方案（适用于根据有关法律法规，应当编制水土保持方案、验收水土保持设施的区域）、职业病防护设施设计等专项文件。

（6）建设项目的勘探、设计、施工、监理，以及重要设备、材料、招标文件及其合同文本。

（7）引进技术或成套设备的建设项目，还应出具签订的合同和国外提供的设计文件等资料。

（8）施工图纸和设备技术说明书，现行施工技术规范和验收规范等。

能源建设项目建成后竣工验收前，通常应进行联合试运转。联合试运转的期限一般为1~6个月；特殊情况下，在批准期限内未完成联合试运转工作的可以申请延期，但联合试运转总时间最长不得超过12个月。联合试运转期间，项目建设单位可按有关规定向有关部门申请专项验收。

2. 联合试运转方案应当包括的内容

（1）联合试运转的系统、范围和期限。

（2）联合试运转的测试项目、测试方法、测试机构和人员。

（3）联合试运转的预期目标和效果。

（4）联合试运转期间的产量计划与劳动组织。

（5）应急预案与安全保障措施。

（6）其他规定事项。

联合试运转完成后，项目建设单位应编制联合试运转报告。

3. 联合试运转报告应当包含的主要内容

（1）各主要系统运行情况。

（2）主要生产设备故障处理记录与分析。

（3）提升、运输、排水、通风、供电、采掘等主要设施与装备的检测、检验报告。

（4）联合试运转的效果分析。

（5）有关安全生产的建议。

（6）其他应说明的事项。

4. 能源建设项目竣工验收应当具备的条件

（1）已按批准的建设规模、标准、投资和内容建成，满足设计和生产要求；有剩余工程的，剩余工程不得是主体工程，不能影响正常生产，投资额不得超过项目总概算或批准调整概算的 5%。

（2）单位工程和单项工程通过工程质量监督机构认证，工程质量合格。

（3）安全设施、环境保护设施、水土保持设施、职业病防护设施、消防设施等按要求建成，并通过专项验收。

（4）竣工档案资料齐全，并通过专项验收。

（5）竣工决算报告编制完成，并通过审计。

（6）组织机构设置符合有关要求，建立健全规章制度。

（7）联合试运转达到预期效果，试运转中出现的问题已妥善解决，联合试运转报告已编制完成。

能源建设项目竣工验收工作，应当做到公正、科学、规范。

通常能源建设项目竣工验收合格后，方能申请办理（或变更）生产许可等证件，正式投入生产。

二、竣工验收程序和内容

（一）竣工验收程序

能源建设项目竣工验收前，先由项目建设单位组织设计、施工、监理等有关单位进行预验收。预验收合格并具备前述竣工验收条件后，方可向竣工验收部门申请竣工验收。预验收不合格的项目不得申请竣工验收。能源建设项目竣工验收申请报告应当包括以下主要内容：

（1）项目基本情况。

（2）建设内容完成情况。

（3）管理机构及生产管理制度建设情况。

（4）人员持证上岗、培训、劳动定员情况。

（5）项目招投标，以及合同履约情况。

（6）工程质量认证情况。

（7）主要设备检测检验情况。

（8）专项验收情况。

（9）联合试运转情况。

（10）项目效益与建设效果分析。

（11）存在问题及处理建议。

项目建设单位上报竣工验收申请报告时，应附项目核准批复文件——经批准的初步设计，工程质量认证报告书，安全设施、环境保护设施、水土保持设施、职业病防护设施、消防、档案等专项验收相关材料，竣工决算审计报告书，联合试运转报告等。竣工验收部门应在收到竣工验收申请材料后尽快完成审核，对不符合条件的建设项目，一次性告知需要补充或修改的内容。

竣工验收部门应当根据能源建设项目的具体情况，邀请相关部门代表和有关专家组成竣工验收委员会开展竣工验收工作。项目建设单位、工程质量监督机构，以及设计、施工、监理等相关单位应积极配合竣工验收工作。

对瓦斯、水文、地质等开采条件复杂的能源建设项目，竣工验收部门可委托有关中介机构进行现场检查和技术预验收。受委托的中介机构应与建设项目无经济利益关系，遵照客观、公正、科学的原则开展工作。

竣工验收委员会通过听取汇报、查阅档案资料、现场检查等方式，对能源工程建设情况进行全面检查，对建设项目进行综合评价。

（二）竣工验收主要内容

能源建设项目竣工验收主要内容包括：

（1）检查项目的审批文件是否齐全。

（2）检查项目是否按批准的规模、标准、内容建成。

（3）检查国家和行业强制性标准的执行情况。

（4）检查项目投资及使用情况。

（5）检查项目招投标，以及合同履约情况。

（6）检查工程质量情况。

（7）检查专项验收情况。

（8）检查项目竣工决算报告的审计情况。

（9）检查煤矿组织机构、劳动定员、人员培训及外部条件等落实情况。

（10）检查联合试运转情况。

（11）对存在的问题和剩余工程提出处理意见。

三、竣工验收标准及要求

（一）进行竣工验收必须达到的标准

（1）生产性项目和辅助性公用设施已按设计要求建完，能满足生产使用。

（2）主要工艺设备和配套设施经联动负荷试车合格，形成生产能力，能够生产出设计文件所规定的产品。

（3）生产准备工作能适应投产的需要。

（4）工程结算和竣工决算已通过有关部门审计。

（5）设计和施工质量已经过质量监督部门检验并做出评定。

（6）环境保护、消防、劳动安全卫生，符合与主体工程"三同时"建设原则，达到国家和地方规定的要求。

（7）建设项目实际用地已经过土地管理部门核查。

（8）建设项目的档案资料齐全、完整，符合国家有关建设项目档案验收规定。

（二）竣工验收要求

（1）项目全部工程完工并基本达到验收标准后，通常应在六个月内办理验收手续。投产初期一时不能达到设计生产能力，不应因此拖延办理验收手续。办理竣工验收确有困难的，经验收主管部门批准，可以适当延长期限，但一般不得超过一年。

（2）凡长期达不到竣工验收标准，或达到验收条件却又不申报验收的项目，应按国家和有关部门的相关法规要求，追究有关人员责任。

（3）经验收审查后的档案资料，应按国家有关规定移交使用单位和档案部门妥善保管。

第五章　能源技术方案和节能管理

第一节　能源技术方案

一、概述

能源技术方案是指在能源生产、加工、转换、消费的过程中为达到确定的目的，形成的整体构思与系统设计。由于能源的种类不同（如煤、石油、电等），生产过程不同（如开发、加工、转换等），技术来源不同（如自主创新、仿制、引进等），技术性质不同（如新工艺推广、旧设备改造等），因此能源技术方案将多种多样，能源技术方案的管理也必须有针对性。

能源技术方案管理的主要工作是针对不同的能源技术方案进行技术经济评价。按涉及的范围，能源技术方案的技术经济评价可以分为两个层次，即宏观技术方案的分析评价和微观技术方案的分析评价。宏观分析评价涉及的是国家、地区、部门、行业的能源技术方案。微观分析评价涉及某一企业。由于宏观和微观分析评价范围和对象不同，其评价的内容也有差异。

（1）能源宏观技术方案的分析评价主要内容包括技术分析、经济分析、环境分析和社会分析。

1）技术分析。技术分析是从技术上对备选技术方案的现在和未来、使用范围、发展趋势、技术前景等加以评估，对可替代技术的可能性及前景做出预测。

2）经济分析。经济分析是从经济上全面估算各方案的投资和成本，判定技术方案实施对产品产量、市场需求、劳动力就业，以及经济结构产生的影响，并以此确定方案的宏观经济效益。

3）环境分析。环境分析是从环境角度来判定和评估技术方案对环境的影响程度，充分估计为消除某些环境危害所需的直接投资或间接投资。

4）社会分析。社会分析是评价方案对社会的影响，如对教育、就业、政治等方面的正面和负面效应。

（2）能源微观技术方案的分析评价主要内容包括技术功能分析、经济分析和相关分析。

1）技术功能分析。技术功能分析是对产品或工艺装备的基本功能进行分析，看方案能否满足需求目标。由于需求目标的多样性（如数量、品种上的需求，技术进步的需求，生产优化的需求，环境的需求等），技术功能分析应针对需求目标，对不同方案建立可比基准，以提供可比的技术数据。

2）经济分析。经济分析是从经济上比较各方案的优劣，通常可以分为两个层次，第一层次是评价方案自身的财务效益，投入少、产出多的方案为优；第二个层次是分析考察方案所带来的社会经济效益，即从社会耗费和社会产出上考虑比较方案的优劣。对某些方案进行第一个层次分析即可，而对大多数方案常常需要进行两个层次的分析，以达到财务分析和社会经济分析的统一。

3）相关分析。相关分析是考察方案实施与其他因素之间的关系及带来的相关影响，例如，考察方案所依据的资源条件，看是否有利于发挥现有的资源优势，或能否节约稀缺资源；考察方案对原有生产系统、市场网络的适应性，与上、下游产品之间是否匹配；考察方案与国家政策和发展目标是否吻合等。

二、能源技术方案经济评价的一般方法

由于能源技术方案多种多样，因此技术经济评价的方法也很多，市场上也推出了各种各样的评价软件，但从评价方法上看主要有比较分析评价法、决定型评价法、费用效益法、运筹学评价法等。

（1）比较分析法。比较分析法是一种常用的方法，具体比较内容可根据方案来确定，可以是投资额的比较，即从直接投资、辅助投资、附加投资和相关投资上分析其构成；也可以是成本费用的比较，即从单位产品成本上进行比较。

比较分析法的步骤通常包括：

1）选择对比方案。

2）确定对比的指标体系。

3）妥善处理方案中的不可比性。

4）分析对比指标结果。

5）进行综合分析评价。

（2）决定型分析法。决定型分析法的核心是根据评价方案的特定目标和要求，设立若干个评价项目，并定出各个项目的评价标准和分等标准，分项目进行评价后再综合评价来决定方案的优劣。

在具体实施评价时，可以采用加权评分法、图示评价法或检查表法等。其中，加权评分法用的最为普遍，其关键是如何恰当地确定各评价项目的权重。

（3）费用效益法。费用效益法实际上是对方案进行财务评价，即根据国家的财务税收制度和现行价格，分析测算方案的效益和费用，考察方案的获利能力和清偿能力，并以此判别方案的优劣。费用效益法在能源建设项目中用的最为普遍。

（4）运筹学评价法。运筹学评价法是运用运筹学的各种方法，通过建立模型和确定目标函数后，利用计算机求解来对技术方案进行评价。它多用在能源规划和管理中，主要方法有线性规划法、动态规划法及动态系统模拟等。

三、能源技术方案的分析评价指标

能源技术方案分析评价的指标体系可以分为技术评价部分和经济评价部分。

1. 技术评价指标

技术评价指标由于技术类型太多、差异太大、涉及的技术标准也各不相同，因此很难建立统一的指标体系。不论选择何种技术评价指标，其选择的依据均应遵循：技术的合理性、先进性、实用性、可靠性和安全性。

（1）技术合理性。技术合理性是指技术方案是否符合科学规律，如工艺流程、空间布局、设备选型是否合理，产品规格、生产规模是否相互衔接、配套等。

（2）技术先进性。技术先进性指标主要有以下几个指标：

1）效率指标（如设备利用系数、单位产品的物耗、能耗和产生率）、性能指标（如机械化、自动化程度）。

2）质量指标（如产品合格率、优质品率）。

3）管理指标（如产品设备零部件的标准化、系统化和通用化程度）。

（3）技术实用性。技术实用性是考察技术方案对实施环境、条件、技术基础的适应性，看方案是否能适用国家、地区、行业的技术发展，是否能适应社会的消费水平和消费群体。

（4）技术可靠性。技术可靠性是评价方案在规定的时间和条件下完成既定目标的能力。

（5）技术安全性。技术安全性是评价方案实施后是否会对社会、人员、环境产生安全方面的影响。

2. 经济评价指标

能源技术方案的经济评价指标则比较具体且日趋完善，已逐步形成了由方案的财务分析和社会经济分析组成，以成本效益分析为核心的评价指标体系。

四、能源技术开发方案的分析评价

能源技术开发是指在能源生产、加工、转换、输送过程中为提高效率、扩大生产而对设备、工艺或产品进行的技术开发或科学研究工作。效益需在技术开发方案执行后才能显现出来，因此具有一定的风险性，在实施前应进行分析评估。

技术开发方案的分析评估通常包括待开发新产品或工艺的功能分析、市场分析、生产条件分析和效益分析。

（1）功能分析。主要判定新开发技术的新功能水平、产品的实用性、安全性及维修评价，对某些产品还应有外观设计的评价。

（2）市场分析。主要针对新技术或产品的市场容量、生命周期竞争对手的状况进行评估。

（3）生产条件分析。主要分析产品大批量生产的技术经济基础、条件和对环境的影响。

（4）效益分析。主要通过开发过程的投入费用和预期的效益评价技术方案的收益情况。

有了上述四方面的分析就可以从功能分析看出开发方案的技术优越性，从市场分析得出其销售的市场前景，从生产分析判定其大规模生产或应用的可能性，而根据收益分析则可判定方案在经济上是否可行。

五、能源技术引进方案的分析论证

从国外引进生产工艺技术、设备制造技术、经营管理技术已成为改革开放的一项重要举措。引进所涉及的面很广，例如，购买技术资料（设计、流程、配方、设备制造图纸和工艺检验方法等）、进口样机、聘请专家指导、合作设计、合作制造、为国外产品生产零部件等。对这种技术引进，特别是能源技术的引进，由于所需资金多，风险性较高，通常都需要进行方案的分析论证。论证的内容包括方案总投资的估算、资金来源分析、经济效益评价等三个方面。

方案总投资的估算是对引进技术所需资金的总额逐项进行计算。其各项资金费用包括土地费、技术费（应包括技术转让的一切费用，如专有技术费、专利转让费、资料费、培训费、专家费等）、设备费（应包括生产设备、辅助设备、备品备件等）、土建工程及方案实施费、方案投资前的费用（如调研费、论证费等），以及流动资金、利息等。进行方案总投资估算时不能遗漏某项资金，并应按国际市场价格进行决算。由于引进技术的资金来源不外乎是国外借贷和国内筹集，因此在进行资金来源分析特别是借贷外资时，必须在熟悉国际信贷机构的情况和运作方式的基础上，对市场行情、使用货币的类型、汇价、利率、偿还期限、优惠条件和风险承担等方面做全面地研究和分析。经济效益评价时也应针对方案的特殊性补充一些新的评价指标，如补偿贸易偿还方式的偿还能力分析等。

六、能源技术推广方案的分析论证

技术推广是将国家、地区、部门或行业制定的技术规定、标准在实际工作中加以普及、实施的重要工作，是加速我国技术进步的一项重要措施。在技术推广（如标准化技术、专业技术推广）过程中，常常要求对生产过程进行重新组合和调整，需要投入一定的人力、物力和财力，因此对能源技术的推广方案也需进行评价。

能源技术推广方案的评价主要是经济分析，即推广该项技术所必须投入的费用（如土建费、设备改造费、停工损失费、人员培训费等），以及推广后的收益（如直接节约的材料、燃料、动力费，由于产品质量提高、寿命延长，劳动生产率提高所产生的效益等）。根据经济分析的结果即可决定如何实施该项技术推广方案，如一步推广还是逐步分阶段的推广。

第二节　节　能　概　述

一、节能的意义和目标

（一）节能的意义

能源是国家的基础工业，是国民经济和社会发展的重要物质基础，是提高和改善人民生活的必要条件。它的开发和利用是衡量一个国家经济发展和科学技术水平的重要标志。

20世纪70年代，世界发生两次能源危机，引起各国政府对能源的重视。到20世纪80年代能源更成为世界瞩目的三大问题之一，由于能源问题日益突出，不仅是中国，就世界范围而言，节能已经成为解决当代能源问题的一个公认的重要途径。有科学家把"节能"称之为开发"第五大能源"，与煤、石油与天然气、水能、核能等四大能源相并列，由此可见节能的重要意义。

节能，从能源的角度顾名思义就是节约能源消费，即从能源生产开始，一直到最终消费为止，在开采、运输、加工、转换、使用等各个环节上都要减少损失和浪费，提高其有效利用程度。节能，从经济的角度则是指通过合理利用、科学管理、技术进步和经济结构合理化等途径，以最少的能耗取得最大的经济效益。显然，节能时必须考虑环境和社会的接受能力，因此我国节约能源法给节能赋予了更科学的定义，即节能是指加强用能管理，采取技术上可行、经济上合理，以及环境和社会可以承受的措施，减少能源生产到消费各个环节中的损失和浪费，更加有效、合理地利用能源。

我国是最大的发展中国家，节能对我国经济和社会发展更有着特殊的意义，主要表现在：

（1）节能是实现我国经济持续、高速发展的保证。能源是经济发展的物质基础，我国能源的生产能力，特别是优质能源（如石油、天然气和电力）的生产能力远远赶不上国民经济的发展，其中液体燃料的短缺更为突出。根据国家发展和改革委员会的预测，2020年我国液体燃料的年消费量将达到4.3亿～4.75亿t。目前我国液体燃料的98％来自石油，据估计，国内石油的年产量今后只能维持在1.6亿～2亿t，即使考虑到海外合作开发油田所获得的份额油，也很难突破2.2亿t/年。从1993年开始我国已成为纯粹的石油输入国。因此为了维持我国经济的高速发展，节能就显得特别重要。

（2）节能是调整国民经济结构、提高经济效益的重要途径。当前深化经济改革的关键是调整国民经济结构，提高经济效益。其目的是转变经济增长的方式，走集约型的发展道路，少投入，多产出。能源在工业产品的成本中占相当大的比重，平均约为9％，化工行业则为30％，电力行业则高达80％，因此节能是提高企业的经济效益的重要途径。

（3）节能将缓解我国运输的压力。由于我国能源资源分布不均，能源运输压力很大。大量煤炭的开发利用和长距离运输，严重制约了我国国民经济的发展，节能将有效缓解我国运输的压力。

（4）节能将有利于我国的环境保护。能源开发利用所引发的环境污染问题已日益引起人们的关注。节能在节约能源的同时，也相应减少了污染物的排放，其环保效益非常明显。当然在采取各种节能措施时都应充分考虑对环境的影响。

（二）节能的目标

根据我国节能减排"十二五"规划，节能的主要指标如下：

1. 总体目标

到2015年，全国万元国内生产总值能耗下降到0.869t标准煤（按2005年价格计算），比2010年的1.034t标准煤下降16％（比2005年的1.276t标准煤下降32％）。"十二五"期间，实现节约能源6.7亿t标准煤。

2. 具体目标

到2015年，单位工业增加值（规模以上）能耗比2010年下降21％左右，建筑、交通运输、公共机构等重点领域能耗增幅得到有效控制，主要产品（工作量）单位能耗指标达到先进节能标准的比例大幅提高，部分行业和大、中型企业节能指标达到世界先进水平，见表5-1。风机、水泵、空气压缩机、变压器等新增主要耗能设备能效指标达到国内或国际先进水平，空调、电冰箱、洗衣机等国产家用电器和一些类型的电动机能效指标达到国际领先水平。

表 5-1　　　　　　　　　　　"十二五"时期主要节能指标

重点领域	指标（标准煤）	单位	2010 年	2015 年	变化幅度/变化率
	单位工业增加值（规模以上）能耗	％			［-21％左右］
	火力发电供电煤耗率	g/kWh	333	325	-8
	火力发电厂用电率	％	6.33	6.2	-0.13
	电网综合线损率	％	6.53	6.3	-0.23
	吨钢综合能耗	kg	605	580	-25
	铝锭综合交流电耗	kWh/t	14 013	13 300	-713
	铜冶炼综合能耗	kg/t	350	300	-50
工业	原油加工综合能耗	kg/t	99	86	-13
	乙烯综合能耗	kg/t	886	857	-29
	合成氨综合能耗	kg/t	1402	1350	-52
	烧碱（离子膜）综合能耗	kg/t	351	330	-21
	水泥熟料综合能耗	kg/t	115	112	-3
	平板玻璃综合能耗	kg/重量箱	17	15	-2
	纸及纸板综合能耗	kg/t	680	530	-150
	纸浆综合能耗	kg/t	450	370	-80
	日用陶瓷综合能耗	kg/t	1190	1110	-80

重点领域	指标（标准煤）	单位	2010 年	2015 年	变化幅度/变化率
建筑	北方采暖地区既有居住建筑改造面积	亿 m^2	1.8	5.8	4
	城镇新建绿色建筑标准执行率	%	1	15	14
交通运输	铁路单位运输工作量综合能耗（每百万吨公里）	t	5.01	4.76	［−5％］
	营运车辆单位运输周转量能耗（每百吨公里）	kg	7.9	7.5	［−5％］
	营运船舶单位运输周转量能耗（每千吨公里）	kg	6.99	6.29	［−10％］
	民航业单位运输周转量能耗（每吨公里）	kg	0.450	0.428	［−5％］
公共机构	公共机构单位建筑面积能耗	kg/m^2	23.9	21	［−12％］
	公共机构人均能耗	kg	447.4	380	［15％］
终端用能设备能效	燃煤工业锅炉（运行）	%	65	70～75	5～10
	三相异步电动机（设计）	%	90	92～94	2～4
	容积式空气压缩机输入比功率	$kW/(m^3 \cdot min^{-1})$	10.7	8.5～9.3	−1.4～−2.2
	电力变压器损耗	kW	空载：43　负载：170	空载：30～33　负载：151～153	−10～−13　−17～−19
	汽车（乘用车）平均油耗（每百公里）	L	8	6.9	−1.1
	房间空调器（能效比）	—	3.3	3.5～4.5	0.2～1.2
	电冰箱（能效指数）	%	49	40～46	−3～−9
	家用燃气热水器（热效率）	%	87～90	93～97	3～10

注　［　］内为变化率。

二、节能的主要任务

（一）调整优化产业结构

1. 抑制高耗能、高排放行业过快增长

合理控制固定资产投资增速和火力发电、钢铁、水泥、造纸、印染等重点行业发展规模，提高新建项目节能、环保、土地、安全等准入门槛，严格固定资产投资项目节能评估审查、环境影响评价和建设项目用地预审，完善新开工项目管理部门联动机制和项目审批问责制。对违规在建的高耗能、高排放项目，有关部门要责令停止建设，金融机构一律不得发放贷款。对违规建成的项目，要责令停止生产，金融机构一律不得发放流动资金贷款，有关部门要停止供电供水。严格控制高耗能、高排放和资源性产品出口。把能源消费总量、污染物排放总量作为能评和环评审批的重要依据，对电力、钢铁、造纸、印染行业实行主要污染物排放总量控制，对新建、扩建项目实施排污量等量或减量置换。优化电力、钢铁、水泥、玻璃、陶瓷、造纸等重点行业区域空间布局。中、西部地区承接产业转移必须坚持高标准，严禁高污染产业和落后生产能力转入。

2. 淘汰落后产能

重点淘汰小火电 2000 万 kW、炼铁产能 4800 万 t、炼钢产能 4800 万 t、水泥产能 3.7 亿 t、焦炭产能 4200 万 t、造纸产能 1500 万 t 等，见表 5-2。制定年度淘汰计划，并逐级分解落实。对稀土行业实施更严格的节能环保准入标准，加快淘汰落后生产工艺和生产线，推进形成合理开发、有序生产、高效利用、技术先进、集约发展的稀土行业持续健康发展格局。完善落后产能退出机制，对未完成淘汰任务的地区和企业，依法落实惩罚措施。鼓励各地区制定更严格的能耗和排放标准，加大淘汰落后产能力度。

表 5 - 2 　　　　　　　　　　　　"十二五"时期淘汰落后产能一览表

行业	主 要 内 容	单位	产能
电力	大电网覆盖范围内，单机容量在 10 万 kW 及以下的常规燃煤火力发电机组，单机容量在 5 万 kW 及以下的常规小火力发电机组，以发电为主的燃油锅炉及发电机组（5 万 kW 及以下）；大电网覆盖范围内，设计寿命期满的单机容量在 20 万 kW 及以下的常规燃煤火力发电机组	万 kW	2000
炼铁	400m³ 及以下炼铁高炉等	万 t	4800
炼钢	30t 及以下转炉、电炉等	万 t	4800
铁合金	6300kVA 以下铁合金矿热电炉，3000kVA 以下铁合金半封闭直流电炉、铁合金精炼电炉等	万 t	740
电石	单台炉容量小于 12 500kVA 电石炉及开放式电石炉	万 t	380
铜（含再生铜）冶炼	鼓风炉、电炉、反射炉炼铜工艺及设备等	万 t	80
电解铝	100kA 及以下预焙槽等	万 t	90
铅（含再生铅）冶炼	采用烧结锅、烧结盘、简易高炉等落后方式炼铅工艺及设备，未配套建设制酸及尾气吸收系统的烧结机炼铅工艺等	万 t	130
锌（含再生锌）冶炼	采用马弗炉、马槽炉、横罐、小竖罐等进行焙烧、简易冷凝设施进行收尘等落后方式炼锌或生产氧化锌工艺装备等	万 t	65
焦炭	土法炼焦（含改良焦炉），单炉产能每年 7.5 万 t 以下的半焦（兰炭）生产装置，炭化室高度小于 4.3m 焦炉（3.8m 及以上捣固焦炉除外）	万 t	4200
水泥（含熟料及磨机）	立窑，干法中空窑，直径 3m 以下水泥粉磨设备等	万 t	37 000
平板玻璃	平拉工艺平板玻璃生产线（含格法）	万重量箱	9000
造纸	无碱回收的碱法（硫酸盐法）制浆生产线，单条产能小于 3.4 万 t 的非木浆生产线，单条产能小于 1 万 t 的废纸浆生产线，年生产能力 5.1 万 t 以下的化学木浆生产线等	万 t	1500
化纤	每年 2 万 t 及以下黏胶常规短纤维生产线，湿法氨纶工艺生产线，二甲基酰胺溶剂法氨纶及腈纶工艺生产线，硝酸法腈纶常规纤维生产线等	万 t	59
印染	未经改造的 74 型染整生产线，使用年限超过 15 年的国产和使用年限超过 20 年的进口前处理设备、拉幅和定形设备、圆网和平网印花机、连续染色机，使用年限超过 15 年的浴比大于 1∶10 的棉及化纤间歇式染色设备等	亿 m	55.8
制革	年加工生皮能力 5 万标张牛皮、年加工蓝湿皮能力 3 万标张牛皮以下的制革生产线	万标张	1100
酒精	每年 3 万 t 以下酒精生产线（废糖蜜制酒精除外）	万 t	100
味精	每年 3 万 t 以下味精生产线	万 t	18.2
柠檬酸	每年 2 万 t 及以下柠檬酸生产线	万 t	4.75
铅蓄电池（含极板及组装）	开口式普通铅电池生产线，含镉高于 0.002% 的铅蓄电池生产线，每年 20 万 kWh 规模以下的铅蓄电池生产线	万 kWh	746
白炽灯	60W 以上普通照明用白炽灯	亿只	6

3. 促进传统产业优化升级

运用高新技术和先进适用技术改造提升传统产业，促进信息化和工业化深度融合。加大企业技术改造力度，重点支持对产业升级带动作用大的重点项目和重污染企业搬迁改造。调整加工贸易禁止类商品目录，提高加工贸易准入门槛。提升产品节能环保性能，打造绿色低碳品牌。合理引导企业兼并重组，提高产业集中度，培育具有自主创新能力和核心竞争力的企业。

4. 调整能源消费结构

促进天然气产量快速增长，推进煤层气、页岩气等非常规油气资源开发利用，加强油气战略进口通道、国内主干管网、城市配网和储备库建设。结合产业布局调整，有序引导高耗能企业向能源产地适度集中，减少长距离输煤输电。在做好生态保护和移民安置的前提下积极发展水电，在确保安全的基础上有序发展核电。加快风能、太阳能、地热能、生物质能、煤层气等清洁能源商业化利用，加快分布式能源发展，提高电网对非化石能源和清洁能源发电的接纳能力。到 2015 年，非化石能源消费总量占一次能源消费比重的 11.4%。

5. 推动服务业和战略性新兴产业发展

加快发展生产性服务业和生活性服务业，推进规模化、品牌化、网络化经营。到 2015 年，服务业增加值占国内生产总值的比重比 2010 年提高 4 个百分点。推动节能环保、新一代信息技术、生物、高端装备制造、新能源、新材料、新能源汽车等战略性新兴产业发展。到 2015 年，战略性新兴产业增加值占国内生产总值比重达到 8% 左右。

（二）推动能效水平提高

1. 加强工业节能

（1）电力。鼓励建设高效燃气-蒸汽联合循环电站，加强示范整体煤气化联合循环技术（IGCC）和以煤气化为龙头的多联产技术。发展热电联产，加快智能电网建设。加快现役机组和电网技术改造，降低厂用电率和输、配电线损。

（2）煤炭。推广年产 400 万 t 选煤系统成套技术与装备，到 2015 年原煤入洗率达到 60% 以上，鼓励高硫、高灰动力煤入洗，灰分大于 25% 的商品煤就近销售。积极发展动力配煤，合理选择具有区位和市场优势的矿区、港口等煤炭集散地建设煤炭储配基地。发展煤炭地下气化、脱硫、水煤浆、型煤等洁净煤技术。实施煤矿节能技术改造，加强煤矸石综合利用。

（3）钢铁。优化高炉炼铁炉料结构，降低铁钢比。推广连铸坯热送热装和直接轧制技术。推动干熄焦、高炉煤气、转炉煤气和焦炉煤气等二次能源高效回收利用，鼓励烧结机余热发电，到 2015 年重点大、中型企业余热余压利用率达到 50% 以上。支持大、中型钢铁企业建设能源管理中心。

（4）有色金属。重点推广新型阴极结构铝电解槽、低温高效铝电解等先进节能生产工艺技术。推进氧气底吹熔炼技术、闪速技术等广泛应用。加快短流程连续炼铅冶金技术、连续铸轧短流程有色金属深加工工艺、液态铅渣直接还原炼铅工艺与装备产业化技术开发和推广应用。加强有色金属资源回收利用，提高能源管理信息化水平。

（5）石油石化。原油开采行业要全面实施抽油机驱动电动机节能改造，推广不加热集油技术和油田采出水余热回收利用技术，提高油田伴生气回收水平。鼓励符合条件的新建炼油项目发展炼化一体化。原油加工行业重点推广高效换热器并优化换热流程、优化中段回流取热比例、降低汽化率、塔顶循环回流换热等节能技术。

（6）化工。合成氨行业重点推广先进煤气化技术、节能高效脱硫脱碳、低位能余热吸收制冷等技术，实施综合节能改造。烧碱行业提高离子膜法烧碱比例，加快零极距、氧阴极等先进节能技术的开发应用。纯碱行业重点推广蒸汽多级利用、变换气制碱、新型盐析结晶器及高效节能循环泵等节能技术。电石行业加快采用密闭式电石炉，全面推行电石炉炉气综合利用，积极推进新型电石生产技术研发和应用。

（7）建材。推广大型新型干法水泥生产线。普及纯低温余热发电技术，到2015年水泥纯低温余热发电比例提高到70％以上。推进水泥粉磨、熟料生产等节能改造。推进玻璃生产线余热发电，到2015年余热发电比例提高到30％以上。加快开发推广高效阻燃保温材料、低辐射节能玻璃等新型节能产品。推进墙体材料革新，城市城区限制使用黏土制品，县城禁止使用实心黏土砖。加快新型墙体材料发展，到2015年新型墙体材料比重达到65％以上。

2. 强化建筑节能

开展绿色建筑行动，从规划、法规、技术、标准、设计等方面全面推进建筑节能，提高建筑能效水平。

对新建建筑严把设计关口，加强施工图审查，城镇建筑设计阶段100％达到节能标准要求。加强施工阶段监管和稽查，施工阶段节能标准执行率达到95％以上。严格建筑节能专项验收，对达不到节能标准要求的不得通过竣工验收。鼓励有条件的地区适当提高建筑节能标准。加强新区绿色规划，重点推动各级机关、学校和医院建筑，以及影剧院、博物馆、科技馆、体育馆等执行绿色建筑标准；在商业房地产、工业厂房中推广绿色建筑。

加大既有建筑节能改造力度。以围护结构、供热计量、管网热平衡改造为重点，大力推进北方采暖地区既有居住建筑供热计量及节能改造，加快实施"节能暖房"工程。开展大型公共建筑采暖、空调、通风、照明等节能改造，推行用电分项计量，以建筑门窗、外遮阳、自然通风等为重点，在夏热冬冷地区和夏热冬暖地区开展居住建筑节能改造试点。在具备条件的情况下，鼓励在旧城区综合改造、城市市容整治、既有建筑抗震加固中，采用加层、扩容等方式开展节能改造。

3. 推进交通运输节能

（1）铁路运输。大力发展电气化铁路，进一步提高铁路运输能力；加强运输组织管理；加快淘汰老旧机车机型，推广铁路机车节油、节电技术，对铁路运输设备实施节能改造；积极推进货运重载化；推进客运站节能优化设计，加强大型客运站能耗综合管理。

（2）公路运输。全面实施营运车辆燃料消耗量限值标准；建立物流公共信息平台，优化货运组织；推行高速公路不停车收费，继续开展公路甩挂运输试点；实施城乡道路客运一体化试点；推广节能驾驶和绿色维修。

（3）水路运输。建设以国家高等级航道网为主体的内河航道网，推进航电枢纽建设，优化港口布局；推进船舶大型化、专业化，淘汰老旧船舶，加快实施内河船型标准化；发展大宗散货专业化运输和多式联运等现代运输组织方式；推进港口码头节能设计和改造；加快港口物流信息平台建设。

（4）航空运输。优化航线网络和运力配备，改善机队结构，加强联盟合作，提高运输效率；优化空域结构，提高空域资源配置使用效率；开发应用航空器飞行及地面运行节油相关实用技术，推进航空生物燃油研发与应用；加强机场建设和运营中的节能管理，推进高耗能设施、设备的节油节电改造。

（5）城市交通。合理规划城市布局，优化配置交通资源，建立以公共交通为重点的城市交通发展模式；优先发展公共交通，有序推进轨道交通建设，加快发展快速公交；探索城市调控机动车保有总量；开展低碳交通运输体系建设城市试点；推行节能驾驶，倡导绿色出行；积极推广节能与新能源汽车，加快加气站、充电站等配套设施规划和建设；抓好城市步行、自行车交通系统建设；发展智能交通，建立公众出行信息服务系统，加大交通疏堵力度。

4. 推进农业和农村节能

完善农业机械节能标准体系；依法加强大型农机年检、年审，加快老旧农业机械和渔船淘汰更新；鼓励农民购买高效节能农业机械；推广节能新产品、新技术，加快农业机电设备节能改造，加强用能设备定期维修保养；推进节能型农宅建设，结合农村危房改造加大建筑节能示范力度；推动省柴节煤灶的更新换代；开展农村水电增效扩容改造；推进农业节水增效，推广高效节水灌溉技术；因地制宜、多能互补发展小水电、风能、太阳能和秸秆综合利用；科学规划农村沼气建设布局，完善服务机制，加强沼气设施的运行管理和维护。

5. 强化商用和民用节能

开展零售业等流通领域节能减排行动；商业、旅游业、餐饮等行业建立并完善能源管理制度，开展能源审计，加快用能设施节能改造；宾馆、商厦、写字楼、机场、车站严格执行公共建筑空调温度控制标准，优化空调运行管理；鼓励消费者购买节能环保型汽车和节能型住宅，推广高效节能家用电器、办公设备和高效照明产品；减少待机能耗，减少使用一次性用品，严格执行限制商品过度包装和超薄塑料购物袋生产、销售和使用的相关规定。

6. 实施公共机构节能

新建公共建筑严格实施建筑节能标准；实施供热计量改造，国家机关率先实行按热量收费；推进公共机构办公区节能改造，推广应用可再生能源；全面推进公务用车制度改革，严格油耗定额管理，推广节能和新能源汽车；在各级机关和教科文卫体等系统开展节约型公共机构示范单位建设，创建2000家节约型公共机构；健全公共机构能源管理、统计监测考核和培训体系，建立完善公共机构能源审计、能效公示、能源计量和能耗定额管理制度，加强能耗监测平台和节能监管体系建设。

三、节能的法规

目前我国尚未制定专门的能源法，但有关能源的法规，如《中华人民共和国煤炭法》《中华人民共和国电力法》《中华人民共和国节约能源法》《中华人民共和国可再生能源法》等已先后发布和实施。除了对上述法规根据实施情况和社会经济发展进行修订外，目前正在制定其他的能源法规，以尽快完善与社会主义市场经济体制相适应的能源法律法规体系。

我国于1998年1月1日正式实行的《中华人民共和国节约能源法》首次将节能赋予法律地位。《中华人民共和国节约能源法》涉及节能管理、能源的合理使用、促进节能技术进步、法律责任等。该法明确了我国发展节能事业的方针和重要原则，确立了合理用能评价、节能产品标识、节能标准与能耗限额、淘汰落后高耗能产品、重点用能单位管理、节能监督和检查等一系列法律制度。

《中华人民共和国节约能源法》指出：节能是国家发展经济的一项长远战略方针，并重申了能源节约与能源开发并举，把能源节约放在首位的能源政策。《中华人民共和国节约能源法》规定，固定资产投资工程项目的可行性研究报告，应当包含合理用能的专题论证，达不到合理用能标准和节能设计规范要求的项目，依法审批机关不得批准建设；项目建成后达不到合理用能标准和节能设计规范的，不予验收。把固定资产投资工程项目的经济效益与环境保护、合理用能统一起来将使国家的经济建设、环境保护、能源利用协调发展。

《中华人民共和国节约能源法》明确指出：国家鼓励开发、利用新能源和再生能源，并支持节能科学技术的研究和推广。国家大力发展下列通用节能技术：

（1）推广热电联产、集中供热，提高热电机组的利用率，发展热能梯级利用技术，热、电、冷联产技术和热、电、煤气三联供技术，提高热能综合利用率。

（2）逐步实现电动机、风机、泵类设备和系统的经济运行，发展电机调速节电和电力电子节电技术，开发、生产、推广质优价廉的节能器材，提高电能利用效率。

（3）发展和推广适合国内煤种的流化床燃烧、无烟燃烧和气化、液化等洁净煤技术，提高煤炭的利用效率。

（4）发展和推广其他在节能工作中证明技术成熟、效益显著的通用节能技术。《中华人民共和国节约能源法》的颁布实施，对推进全社会节约能源、提高能源利用效率和经济效益、保护环境、保障国民经济和全社会可持续发展、满足人民生活需要、具有十分重要的意义。

但近年来我国能源消费增长很快，能耗高、利用率低的问题依然严重，节能工作面临的形势十分严峻。现行节能法已经不能完全适应当前及今后节能工作的要求，例如，我国现行节能法对节能的认识主要体现在工业节能上，而对交通、建筑和政府机关节能没有充分的认识。但事实上，这些领域已经成为我国能源消耗的重要领域。目前，我国建筑能耗约占全社会终端能耗总量的 27.5%，交通运输能耗约占 16.3%，政府机关能耗约占 6.7%。

针对以上情况迫切需要通过完善相关法律，加大对节能工作的推动力度。为此，2007年中华人民共和国十届全国人民代表大会常务委员会第三十次会议通过了节约能源法修订草案，并于 2008 年 4 月 1 日起施行。修订后的《中华人民共和国节约能源法》提出了很多具体可操作的节能措施，包括逐步施行供热分户计量、公共建筑物施行室内温度控制制度、鼓励节能环保型交通工具、限制能耗高、污染重的机组发电，以及鼓励工业企业采用洁净煤和热电联产技术等。

修订后的《中华人民共和国节约能源法》在强化政府指导和监管职能的同时，专门新增"激励政策"一章，明确国家实行财政、税收、价格、信贷和政府采购等政策促进企业节能和产业升级。草案还进一步明确了一系列强制性措施限制发展高耗能、高污染行业，包括制定强制性能效标识和实行淘汰制度等。

四、节能应遵循的原则

节能已是我国的一项国策。节能应遵循如下原则：

（1）坚持把节能作为转变经济增长方式的重要内容。我国能源消耗高、浪费大的根本原因在于粗放型的增长方式。要大幅度提高能源利用效率，必须从根本上改变单纯依靠外延发展，忽视挖潜改造的粗放型发展模式，走科技含量高、经济效益好、资源消耗低、环境污染少、人力资源优势得到充分发挥的新型工业化道路，努力实现经济持续发展、社会全面进步、资源永续利用、环境不断改善和生态良性循环的协调统一。

（2）坚持节能与结构调整、技术进步和加强管理相结合。通过调整产业结构、产品结构和能源消费结构，淘汰落后技术和设备，加快发展以服务业为主要代表的第三产业和以信息技术为主要代表的高新技术产业，用高新技术和先进适用技术改造传统产业，促进产业结构优化和升级，提高产业的整体技术装备水平。开发和推广应用先进高效的能源节约和替代技术、综合利用技术及新能源和可再生能源利用技术。加强管理，减少损失浪费，提高能源利用效率。

（3）坚持发挥市场机制作用与政府宏观调控相结合。以市场为导向，以企业为主体，通过深化改革，创新机制，充分发挥市场配置资源的基础性作用。政府通过制定和实施法规标准，加强政策导向和信息引导，营造有利于节能的体制环境、政策环境和市场环境，建立符合市场经济体制要求的企业自觉节能的机制，推动全社会节能。

（4）坚持依法管理与政策激励相结合。增量要严格市场准入，加强执法监督检查，辅以政策支持，从源头控制高耗能企业、高耗能建筑和低效设备（产品）的发展。存量要深入挖潜，在严格执法的前提下，通过政策激励和信息引导，加快结构调整和技术进步。

（5）坚持突出重点、分类指导、全面推进。对年耗能万吨标准煤以上的重点用能单位要严格依法管理，明确目标措施，公布能耗状况，强化监督检查；对中、小企业在严格依法管理的同时，要注重政策引导和提供服务。交通节能的重点是新增机动车，要建立和实施机动车燃油经济性标准及配套政策和制度。建筑节能的重点是严格执行节能设计标准，加强政策导向。商用和民用节能的重点是提高用能设备能效标准，严格市场准入，运用市场机制，引导和鼓励用户和消费者购买节能型产品。

（6）坚持全社会共同参与。节能涉及各行各业、千家万户，需要全社会共同努力，积极参与。企业和消费者是节能的主体，要改变不合理的生产方式和消费方式，依法履行节能责任；政府通过制定法规、政策和标准，引导、规范用能行为，为企业和消费者提供服务，并带头节能；中介机构要发挥政府和企业、企业和企业之间的桥梁和纽带作用。

五、节能的主要措施

根据我国节能的中、长期专项规划，对节能工作应采取以下保障措施：

1. 坚持和实施节能优先的方针

从国情出发，树立和落实以人为本、全面协调可持续的科学发展观，从战略和全局高度充分认识能源对经济和社会发展的支撑作用和约束作用，节能具有缓解能源约束矛盾、保障国家能源安全、提高经济增长质量和效益、保护环境的重要意义，把节能作为能源发展战略和实施可持续发展战略的重要组成部分，无论生产建设还是消费领域，都要把节能放在突出位置，长期坚持和实施节能优先的方针，推动全社会节能。

节能优先要体现在制定和实施发展战略、发展规划、产业政策、投资管理及财政、税收、金融和价格等政策中。编制专项规划要把节能作为重要内容加以体现，各地区都要结合本地区实际制定节能中、长期规划；建设项目的项目建议书、可行性研究报告应强化节能篇的论证和评估；要在推进结构调整和技术进步中体现节能优先；要在国家财政、税收、金融和价格政策中支持节能。

2. 制定和实施统一协调促进节能的能源和环境政策

为确保经济增长、能源安全和可持续发展，促进能源高效利用，需要建立基于我国资源特点、统筹规划、协调一致的能源和环境政策。

（1）煤炭应主要用于发电。煤炭在大型燃煤发电机组上使用，同时配套安装烟气脱硫装置等，一方面能够大幅度提高煤炭利用效率，减少原煤消耗，另一方面集中解决了二氧化硫等污染问题，做到高效、清洁利用煤炭，是最经济有效解决能源环境问题的办法。提高我国煤炭用于发电的比重，终端用户更多地使用优质电能，鼓励企业和居民合理用电，提高电力终端能源消费的比例。

（2）石油应主要用于交通运输、化工原料和现阶段无法替代的用油领域。对目前燃料用油领域要区别不同情况，因地制宜，鼓励用洁净煤、天然气和石油焦来替代。对烧低硫油的燃油锅炉实施洁净煤替代改造，能够实现达标排放的企业，应合理调整污染物排放总量控制指标。统一规划交通运输发展模式，制定符合我国国情的交通运输发展整体规划。特大城市要加快城市轨道交通建设，形成立体城市交通系统，大力发展城市公共交通系统，提高公共交通效率，抑制私人机动交通工具对城市交通资源的过度使用。

（3）城市大气污染治理应以改造后达标排放和污染物总量控制为原则，城市燃料构成要从实际出发，不宜硬性规定燃煤锅炉必须改燃油锅炉，以控制和减少盲目"弃煤改油"带来燃料油需求量的增加。对中、小型燃煤锅炉，在有天然气资源的地区应鼓励使用天然气来替代燃煤；在无天然气或天然气资源不足的地区，应鼓励优先使用优质洗选加工煤或其他优质能源，并采用先进的节能环保型锅炉，减少燃煤污染。

3. 制定和实施促进结构调整的产业政策

加快调整产业结构、产品结构和能源消费结构，是建立节能型工业、节能型社会的重要途径。研究制定促进服务业发展的政策措施，发挥服务业引导资金的作用，从体制、政策、机制、投入等方面采取有力措施，加快发展低能耗、高附加值的第三产业，重点发展劳动密集型服务业和现代服务业，扭转服务业发展长期滞后局面，提高第三产业在国民经济中的比重。

鼓励发展高新技术产业，优先发展对经济增长有重大带动作用的低能耗的信息产业，不断提高高新技术产业在国民经济中的比重。鼓励运用高新技术和先进适用技术改造和提升传统产业，促进产业结构优化和升级。国家对落后的耗能过高的用能产品、设备实行淘汰制度，节能主管部门要定期公布淘汰的耗能过高的用能产品、设备的目录，并加大监督检查的力度。达不到强制性能效标准的耗能产品或建筑，不能出厂销售或不准开工建设，对生产、销售和使用国家淘汰的耗能过高的用能产品、设备的，要加大惩罚力度。制定钢铁、有色、水泥等高耗能行业发展规划、政策，提高行业准入标准。制定限制用能的领域，以及国内紧缺资源和高耗能产品出口的政策。严禁新建、扩建常规燃油发电机组；在区域供电平衡、能够满足用电需求的情况下，限制柴油发电和燃油的燃气轮机的使用和建设。

4. 制定和实施强化节能的激励政策

制定激励政策，重点是终端用能设备，包括高效电动机、风机、水泵、变压器、家用电器、照明产品及建筑节能产品等，对生产或使用节能产品的用户实行鼓励政策，将节能产品纳入政府采购目录。

国家对一些重大节能工程项目和重大节能技术开发、示范项目给予投资和资金补助或贷款贴息支持。政府节能管理、政府机构节能改造等所需费用，纳入同级财政预算。

深化能源价格改革，逐步理顺不同能源品种的价格，形成有利于节能、提高能效的价格激励机制。建立和完善峰谷、丰枯电价和可中断电价补偿制度，对国家淘汰和限制类项目及高耗能企业按国家产业政策实行差别电价，抑制高耗能行业盲目发展，引导用户合理用电，节约用电。

研究鼓励发展节能车型和加快淘汰高油耗车辆的财政税收政策，择机实施燃油税改革方案。取消一切不合理的限制低油耗、小排量、低排放汽车使用和运营的规定。研究鼓励混合动力汽车、纯电动汽车的生产和消费政策。

5. 加大依法实施节能管理的力度

加快建立和完善以《中华人民共和国节约能源法》为核心，配套法规、标准相协调的节能法律法规体系，依法强化监督管理。

（1）研究完善节约能源的相关法律，抓紧制定有关的法规、规章。

（2）制定和实施强制性、超前性能效标准，包括主要工业耗能设备、家用电器、照明器具、机动车等能效标准。组织修订和完善主要耗能行业节能设计规范、建筑节能标准，加快制定建筑物制冷、采暖温度控制标准等。当前重点是加快制定机动车燃油经济性限值标准，从2005年7月1日起分阶段实施，同时建立和实施机动车燃油经济性申报、标识、公布三项制度。

（3）建立和完善节能监督机制。组织对钢铁、有色金属、建材、化工、石油化工等高耗能行业用能情况、节能管理情况的监督检查；对产品能效标准、建筑节能设计标准、行业设计规范执行情况的监督检查；对固定资产投资项目可行性研究报告增列节能篇（章）的规定进行监督检查；健全依法淘汰的制度，采取强制性措施，依法淘汰落后的耗能过高的用能产品、设备；充分发挥建设、工商、质检等部门及各地节能监测（监察）机构的作用，从各环节加大监督执法力度。

6. 加快节能技术开发、示范和推广

组织对共性、关键和前沿节能技术的科研开发，实施重大节能示范工程，促进节能技术产业化；建立以企业为主体的节能技术创新体系，加快科技成果的转化；引进国外先进的节能技术，并消化吸收；组织先进、成熟的节能新技术、新工艺、新设备和新材料的推广应用，同时组织开展原材料、水等载能体的节约和替代技术的开发和推广应用。

国家制定节能技术开发、示范和推广计划，明确阶段目标、重点支持政策，分步组织实施。国家修订颁布《中国节能技术政策大纲》，引导企业有重点地开发和应用先进的节能技术，引导企业和金融机构投资方向。在国家中长期科学技术发展规划、国家高新技术产业发展项目计划等各类国家科技计划，以及地方相应的计划中，加大对重大节能技术开发和产业化的支持力度。

建立节能共性技术和通用设备科研基地（平台）。鼓励依托科研单位和企业、个人，开发先进节能技术和高效节能设备。引入竞争机制，实行市场化运作，国家对高投入、高风险的项目给予经费支持。

地方各级人民政府要采取积极措施，加大资金投入，加强节能技术开发、示范和推广应用。

7. 推广以市场机制为基础的节能新机制

（1）建立节能信息发布制度，利用现代信息传播技术，及时发布国内外各类能耗信息、先进的节能新技术、新工艺、新设备及先进的管理经验，引导企业挖潜改造，提高能效。

（2）推行综合资源规划和电力需求侧管理，将节约量作为资源纳入总体规划，引导资源合理配置；采取有效措施，提高终端用电效率、优化用电方式，节约电力。

（3）大力推动节能产品认证和能效标识管理制度的实施，运用市场机制，引导用户和消费者购买节能型产品。

（4）推行合同能源管理，克服节能新技术推广的市场障碍，促进节能产业化；为企业实施节能改造提供诊断、设计、融资、改造、运行、管理一条龙服务。

（5）建立节能投资担保机制，促进节能技术服务体系的发展。

（6）推行节能自愿协议，即耗能用户或行业协会与政府签订节能协议。

8. 加强重点用能单位节能管理

落实《重点用能单位节能管理办法》和《节约用电管理办法》，加强对年耗能1万t标准煤及以上的重点用能单位的节能管理和监督。组织对重点用能单位能源利用状况的监督检查和主要耗能设备、工艺系统的检测，定期公布重点用能单位名单、重点用能单位能源利用状况及与国内外同类企业先进水平的比较情况，做好对重点用能单位节能管理人员的培训。重点用能单位应设立能源管理岗位，聘用符合条件的能源管理人员，加强对本单位能源利用状况的监督检查，建立节能工作责任制，健全能源计量管理、能源统计和能源利用状况分析制度，促进企业节能降耗水平。

9. 强化节能宣传、教育和培训

广泛、深入、持久地开展节能宣传，不断提高全民资源忧患意识和节约意识。将节能纳入中小学教育、高等教育、职业教育和技术培训体系。新闻出版、广播影视、文化等部门和有关社会团体，要充分发挥各自优势，搞好节能宣传，形成强大的宣传声势，曝光那些严重浪费资源、污染环境的企业和现象，宣传节能的典型。节能要从小学生抓起，各级教育主管部门要组织中小学开展节能宣传和实践活动。各级政府有关部门和企业，要组织开展经常性的节能宣传、技术和典型交流，组织节能管理和技术人员的培训。在每年夏季用电高峰，组织开展全国节能宣传周活动，通过形式多样的宣传教育活动，动员社会各界广泛参与，使节能成为全体公民的自觉行动。

10. 加强组织领导，推动规划实施

节能是一项系统工程，需要有关部门的协调配合、共同推动。各地区、有关部门及企、事业单位要加强对节能工作的领导，明确专门的机构、人员和经费，制定规划，组织实施。行业协会要积极发挥桥梁纽带作用，加强行业节能自律。

第三节 节 能 管 理

一、节能的类型

节能从广义上讲就是要降低能源消费系数，使实现同样的国民经济产值 M 所消耗的能源量 E 最少。节能可以从以下几方面着手。

（1）提高用能设备的能源利用效率，直接减小能耗和 E/M 值，称之为技术节能；采用新工艺以降低某产品的有效能耗，称之为工艺节能。技术节能和工艺节能合称为直接节能。

（2）加强组织管理，通过各种途径减少原材料消耗，提高产品质量，以减少间接能耗，称之为间接节能。

（3）调整工业结构和产品结构，发展耗能少的产品，以降低 E/M 值，称为结构节能，结构节能也是一种间接节能。

在节能工作中，如果运用价值工程的观点，用能效益就相当于价值，能源消耗则相当于成本，因此有如下关系：

$$用能效益 = \frac{产品功能}{能源消耗}$$

不论产品的功能和能耗是增加还是减少，只要用能效益提高了就取得了节能的效果。这样就将节能从单纯数量的含义扩展到效益的范畴，即节能效益。因此根据产品功能和能耗的改变情况，有以下几种节能的类型：

（1）功能不变，能耗降低，称为纯节能型。这是目前普遍采用的节能方式。

（2）功能提高，能耗不变，称为增值节能。这是一种值得提倡的节能法。

（3）功能提高，能耗降低，称为理想节能。这种情况只有在改革工艺方法后才能达到。

（4）功能大量提高，能耗略有提高，称为相对节能。

（5）功能略有降低，能耗大量降低，称为简单节能。这是在能源短缺时不得已才允许采用的方式。

（6）功能或提高或不变或降低，但能耗为零，称为零点节能，或超理想节能。例如，省去一道工序或利用生产过程中的化学反应放热代替外供能源消耗等，都属于这种节能方式。

二、节能的技术经济评价基础

（一）技术经济分析的基本要素

节能，从经济的角度是指通过合理利用、科学管理、技术进步和经济结构合理化等途径，以最少的能耗取得最大的经济效益。显然节能时必须考虑环境和社会的接受能力，因此我国《中华人民共和国节约能源法》给节能赋予了更科学的定义，即节能"是指加强用能管理，采取技术上可行、经济上合理以及环境和社会可以承受的措施，减少能源生产到消费各个环节中的损失和浪费，更加有效、合理地利用能源"。能源利用的原则就是节约为本、合理用能、温度匹配、梯级利用。

节能和其他工程项目一样都需要从技术和经济两方面来进行分析和评价。其目的是要求在技术可行的前提下，获得经济上的合理性。技术经济分析就是以技术方案为对象，比较和分析对项目有影响的，经济上可用数量表示的各因素，并结合政治、社会、环境、资源等多方面进行综合分析平衡，最终获得对该方案的客观评价。

为了对某一具体项目进行经济评估，应尽可能多的将各种因素转化为经济上可以计量的参数，并尽可能用货币来表示。在经济评价时应考虑的主要因素主要有投资费、成本费、折旧费、利润和税金等。

1. 投资及其估算

针对某一项目的投资，包括固定资产投资和流动资金投资。

（1）固定资产投资由以下几方面构成：

1）设备投资与建筑安装费。包括主要生产项目费用、辅助生产项目费用、公用工程项目费用、服务性工程项目费用、生活福利设施的项目费用、治理三废项目费用、厂外工程费用等。

2）其他费用。包括管理费，规划、勘测、设计费，研究实验费，外事费，其他独立费用等。

3）不可预见费。包括职工培训费、报废工程损失费、施工临时设施费等。

（2）流动资金投资由以下几方面构成：

1）储备资金。包括原材料、辅助材料、燃料、包装物、修理配件、低值易耗品等。

2）生产资金。包括在生产产品、半成品、其他待摊费用等。

3）成品资金。主要指生产成品资金。

4）结算及货币资金。包括发出商品、结算资金、货币基金等。

其中储备资金、生产资金和成品资金是定额流动资金，结算及货币资金则为非定额流动资金。

2. 成本

产品的成本通常由以下几部分构成：①原材料及辅助材料；②燃料及动力；③工人工资及附加费；④废品损失；⑤车间经费；⑥企业管理费；⑦销售费。前5项之和为车间成本，加上第⑥项则为工厂成本，再加上第⑦项则为销售成本。

3. 折旧费

折旧费通常用式（5-1）计算：

$$D = \frac{P_0 + R + F - L}{n} \tag{5-1}$$

式中：D 为年折旧额；P_0 为固定资产原值或重估值；R 为折旧期内大修费总和；F 为拆除报废固定资产发生的费用；L 为残值；n 为折旧年限。

4. 销售收入、利润、税金

企业的利润由产品销售利润和非销售利润两部分构成。

（1）产品销售利润包括销售商品利润、其他销售利润。

1）销售商品利润。它通常由两部分利润组成，即产出商品的销售利润和期初、期末库存商品的差额利润。产品销售利润通常按下式计算：

$$产品销售利润 = 销售收入 - 销售成本 - 税金 \tag{5-2}$$

2）其他销售利润。主要指来自不属于商品的产品，如废品、回收品、农副产品的销售利润，以及劳务利润。

（2）非销售利润，主要指罚款、违约金、去年发生的今年入账的利润等。

税金按我国现行税制主要有以下六类：

（1）流转税类。包括增值税、营业税、消费税、关税等。

（2）收益税类。包括企业所得税，个人所得税等。

（3）资源税类。包括资源税、城镇土地使用税等。

（4）农业税类。包括农业税、农林特产税、耕地占用税、契税等。

（5）特定目的税类。包括固定资产投资方向调节税、城乡维护建设税、教育附加税、土地增值税等。

（6）财产和行为税类。包括房产税、车船使用税、印花税、宴席税、屠宰税等。

（二）资金的时间价值及其等值计算

1. 资金的时间价值

在不同时间付出或得到同样数量的资金在价值上是不相等的，这就是资金的时间价值。

资金具有时间价值是商品条件下的普遍规律。充分认识和发挥资金时间价值对于提高经济效益有重要意义。

通常衡量资金时间价值的尺度有利息、盈利（净收益）。其中利息是指银行存款获得的资金增值；盈利是指把资金投入生产产生的资金增值。

2. 利息和利率

利息是使用他人资金所付的费用。借款人付给贷款人超过原借款金额（本金）的部分叫利息。本利（F_n）、本金（P）和利息（I_n）应存在以下的关系：

$$F_n = P + I_n \qquad (5-3)$$

式中：n 为计算利息的周期数。两次计算利息的时间间隔称为计息周期。

利率是单位计息周期的利息与本金之比。可以通过下式计算出利率，即

$$i = \frac{I_1}{P} \times 100\% \qquad (5-4)$$

式中：i 为利率；I_1 为一个计息周期的利息。

这里的计息包括单利计息和复利计息。所谓单利计息，就是仅用本金计息，利息不再生利。其计算公式如下：

$$F_n = P(1 + i \cdot n) \qquad (5-5)$$

而复利计息是按本金和前期累计利息总额之和计算利息，即

$$F_n = P(1+i)^n \qquad (5-6)$$

在利率较低、时间期限不长、本金数不大的情况下，单利计息和复利计息之间的差别不大。但如果这三个因素较大时，两者差别就比较显著。

复利计息符合资金再生产的实际情况，多为技术经济中采用。

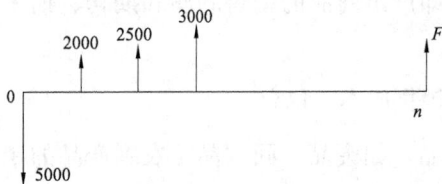

3. 现金流量图和资金等值概念

如果要考察一个投资项目在整个寿期内的经济效果，通常采用现金流量图的方式。现金流量如图 5-1 所示。

图中的横坐标代表年份，其中 0 为考察起点，n 为考察终点，横坐标上的每个点表示该年年末及下年年初。

图 5-1　现金流量

图中的纵坐标表示现金流量，箭头向上表示现金流入系统，现金流量为正。箭头向下表示流出系统，现金流量为负。

资金等值概念的定义是，处于不同时刻的两笔资金，货币面额不同，但考虑时间价值之后，其实际资金相等，则该两笔资金等值。例如，若年利率为 10%，那么今年的 100 元就等值于一年后的 110 元。采用资金等值概念的作用是使不同地点的现金流量在一定利率条件下具有可比性。

4. 资金等值计算

在进行资金等值计算时涉及折现、终值和折现率的概念。折现，也可称为贴现，就是把将来某一时点资金金额换算成零时点等值资金的过程，折现后的资金金额称为现值；终值，也就是将来值的概念，是指与现值等价的将来某时点的基金金额；折现率是指在进行资金等

值计算中，使用的体现资金时间价值的参数（与单纯借贷关系中的利率类似）。

资金等值的计算公式与复利的计算公式相同。根据支付方式和等值换算时点的不同，有三种基本形式。

（1）一次性支付。分析系统的现金流量（无论流入或流出），均在一个时点上一次性支付。一次性支付的情况有两种计算公式。

1）一次性支付终值公式。也就是当现值已知，需要求解终值时所采用的公式。设现在投资 P 元，折现率为 i，则在第 n 年末，其终值 F 为

$$F = P(1+i)^n \qquad (5-7)$$

式中：$(1+i)^n$ 为一次性支付的终值系数。

2）一次性支付现值公式。这是当终值 F 已知，需要求解现值 P 时采用的公式。它是一次性支付终值公式的逆运算。计算公式如下：

$$P = F\left[\frac{1}{(1+i)^n}\right] \qquad (5-8)$$

式中：$\left[\dfrac{1}{(1+i)^n}\right]$ 为一次性支付的现值系数。

很显然，一次性支付现值系数和一次性支付终值系数互为倒数。

（2）等额分付。当现金的流入或流出在多个连续时点上发生，且数额相等时，属于等额分付。如工厂的年运行费和年收入等。计算公式有以下三种。

1）等额分付终值公式。若等额流入或流出金额为 A，折现率为 i，计算年限为 n，因最后一笔等额年值与终值发生在同一时点上，故此笔等额年值不计利息，由此得计算公式为

$$F = A\left[\frac{(1+i)^n-1}{i}\right] \qquad (5-9)$$

式中：$\left[\dfrac{(1+i)^n-1}{i}\right]$ 为等额分付终值系数，符号为 $(F/A, i, n)$。

2）等额分付偿债资金公式。等额分付偿债资金公式是等额分付终值公式的逆运算，其原意是指，为了支付 n 年后到期的一笔债务，每年应预先存取多少等额年值，作为偿债的准备金。通过式（5-9）可以推出：

$$A = F\left[\frac{i}{(1+i)^n-1}\right] \qquad (5-10)$$

式中：$\left[\dfrac{i}{(1+i)^n-1}\right]$ 为等额分付偿债基金系数，符号为 $(A/F, i, n)$。

值得注意的是，式（5-9）和式（5-10）只适应于每年等额流入或流出现金，若每年不等额流入或流出，则不能使用这两个公式。

3）等值分付现值公式。将一系列等额年值按给定的折现率 i 和计息期数 n 转换为现值的总和，即可求得分付现值公式：

$$P = A\left[\frac{(1+i)^n-1}{i(1+i)^n}\right] \qquad (5-11)$$

式中：$\left[\dfrac{(1+i)^n-1}{i\ (1+i)^n}\right]$ 为等额分付现值系数，符号为 $(P/A,\ i,\ n)$。

4）等额分付资本回收公式。等额分付资本回收是指目前投资 P 元，利率 i，在 n 年内，每年末要等额回收多少，才能连本带利回收全部资金。它是等额分付现值公式的逆运算。计算公式为

$$A=P\left[\frac{i(1+i)^n}{(1+i)^n-1}\right] \tag{5-12}$$

式中：$\left[\dfrac{i\ (1+i)^n}{(1+i)^n-1}\right]$ 为等额分付资本回收系数，符号为 $(A/P,\ i,\ n)$。

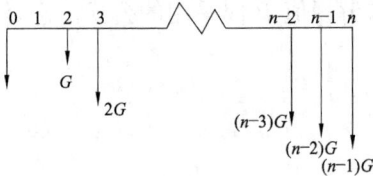

图 5-2　等差序列的现金流量

（3）等差分付。等差序列的现金流量如图 5-2 所示（G 为常量）。

当现金流序列是连续的，而数额为等差数列时，则称为等差序列现金流。

例如，工厂设备维护费，随设备服务年限的增长而逐年增加，增加的费用通常为常量。常用公式有以下两个：

1）等差系列终值公式。为便于推导，规定现金流量从第二年末开始按等差变额 G 逐年增加，终止于第 n 年末。计算公式为

$$F=\frac{G}{i}\left[\frac{(1+i)^n-1}{i}-n\right] \tag{5-13}$$

式中：$\dfrac{1}{i}\left[\dfrac{(1+i)^n-1}{i}-n\right]$ 为等差系列终值系数，符号为 $(F/G,\ i,\ n)$。

2）等差系列现值公式。将终值公式求得的终值乘以一次性支付现值系数，即可求得等差系列现值公式。

$$P=F\frac{1}{(1+i)^n}=\frac{G}{i(1+i)^n}\left[\frac{(1+i)^n-1}{i}-n\right] \tag{5-14}$$

式中：$\dfrac{1}{i\ (1+i)^n}\left[\dfrac{(1+i)^n-1}{i}-n\right]$ 为等差系列现值系数，符号为 $(P/G,\ i,\ n)$。

（三）技术经济的可比性

为了比较不同方案的经济效果，必须使每个方案具有可比性。

1. 产量、质量、品种和需求的可比性

参加比较的不同方案必须满足相同的客观要求，包括产量、质量、品种和需求等指标，如燃用不同燃料的锅炉，或者不同类型锅炉的比较，必须以产生相同压力、温度和相同数量的蒸汽作为可比性的前提；采用柴油机、汽油机等不同方案，必须满足相同的拖动要求；不同制冷方案的比较，必须在产生相同冷负荷的前提下；各种发电方案的比较，必须扣除厂用电和线损才能比较。

2. 总消耗的可比性

各个方案的消耗费用必须是总费用，即直接消耗和间接消耗，生产消耗和非生产性消耗。

3. 时间的可比性

通过资金的等值计算，使各方案的经济效益在时间上具有可比性。对此必须采用相同的计算期，并进行计算期的合理选择，以公平的评价不同方案。

4. 价格的可比性

各不同方案必须采用同一价格体系进行比较。如受物价涨落的影响，价格体系应和计算期相一致。

三、节能经济评价的常用方法

节能经济评价的目标主要有两类。一类是对某一节能技术改造项目进行评价，即计算其经济上是否合理，或者是几个技术方案择一较优方案；另一类是对关键的能源设备的更新项目进行技术经济评价，从而为设备更新提供决策依据。节能经济评价常用的方法有：

1. 投资回收年限法

投资回收年限法主要考虑节能措施在投资和收益两方面的因素，以每年节能回收的金额偿还一次投资的年限作为评价指标。如某项节能措施的一次投资为 K（元），每年节能获得的净收益为 S（元），则投资回收的年限 τ 为

$$\tau = K/S \tag{5-15}$$

若某项节能措施有多个技术方案可供选择，显然投资回收年限 τ 最小的那个方案应该首选。

投资回收年限法概念清楚，计算简单，是比较常用的一种经济评价方法。然而以经济学的观点看，这一方法没有考虑资金的利率及设备使用年限这两个主要因素，因而未涉及超过回收年限以后的经济效益。采用这一方法显然对效益高，但使用年限短的节能方案有利；相反，对于效益低，而使用年限长的节能方案不利。所以投资回收年限法不适用于不同利率、不同使用年限的投资方案的比较。另外，投资回收年限法只能反应各节能方案之间的相对经济效益，因此这种简单的投资回收年限法只常用于节能工程初步设计阶段的审查。一般经验指出，如果简单计算的回收年限小于设计使用年限的一半，而又不大于 5 年时，即可认为投资合理。

2. 投资回收率法

若某项节能措施投产后，在确定的使用年限 n 内，逐年取得的收益为 R，该项措施的总的一次性投资为 K，则使总收益的现值等于一次性投资 K 时的相应利率 r 就称为投资回收率。投资回收率可通过下式计算出来：

$$K = \frac{(1+r)^n - 1}{r(1+r)^n} \times R \tag{5-16}$$

由于投资回收率表示一项投资不受损失而获得的最高利率，所以可以用它来表征节能措施经济性的优劣，适用于比较不同使用年限的技术方案。显然，对某一项节能方案如用式（5-16）计算出的投资回收率 r 大于投资的利率，则该方案在经济上是可行的。当有几种不同的技术方案时，应选取投资回收率最高，又大于投资利率的方案。

3. 等效年成本法

一项节能措施的投资 K，可以按给定的利率 i 和使用年限 n 折算成一定的金额，用于在使用期内每年还本付息，以保证投资在使用期满时全部还原，这就是资金费用。如果资金费用再加上每年的运行维护费用 S，就构成了等效年成本。当计及投资在使用期满的残值 A 时，应将残值从投资中扣除，另加残值的利息。因此节能措施的等效年成本 C 可按式（5-17）计算：

$$C = (K - A) \frac{i(1+i)^n}{(1+i)^n - 1} + Ai + S \tag{5-17}$$

显然在节能措施的多方案比较中，等效年成本最低者即为优选的方案。

4. 纯收入法

纯收入法是根据节能项目的纯收入进行比较；纯收入高，该方案经济效果就好。具体做法是根据合理的计算生产年限，先把每个方案的初投资、流动资金和折旧费用综合起来，求出投产当年的折算投资；将折算投资乘以资金的年利率，并与成本费相加，即得出年支出；最后从年收入减去上述年支出就得到各方案的年纯收入，其中，年收入最高的方案即为最优方案。

用纯收入法进行节能经济评价的关键是如何从初投资、流动资金及折旧费求得投产当年的折算投资 K_z。

通常 K_z 可按式（5-18）计算：

$$K_z = K \frac{(1+i)^{n_0+n} - 1}{(1+i)^n - 1} + F - R \sum_{\tau=1}^{n} \frac{(1+i)^{n-\tau} - 1}{(1+i)^n - 1} \tag{5-18}$$

式中：K 为初投资；n_0、n 为节能措施的建设年限和计算生产年限；F 为流动资金；R 为年折旧费。

四、节能技术改造项目的技术经济评价

根据经济学原理，扩大再生产有两种方式，一种是增加生产要素的投入量来扩大生产规模，另一种是改造生产要素的质量，提高要素的资源利用效率来扩大生产规模。技术改造就属于后一种方式。

技术改造的经济特征是通过追加一笔技术改造投资来提高原先投入资金的使用效率，技术改造的关键是有针对性地改造最落后的部位和薄弱环节。

1. 技改项目的费用和收益

节能技术改造追加的费用主要包括：

（1）追加的投资费。包括技术改造项目的前期费用（如可行性研究论证费、设计费等）、追加的固定资产投资、追加的流动资金投资。

（2）追加的经营成本。包括新增加的原料费、燃料费、管理费用等。

（3）因技术改造引起的减产或停工损失。

节能技术改造的收益包括：

（1）由于产品质量改进销售增加所获得的销售收入的增加费。

（2）由于能耗和原材料消耗减少所节约的成本费。

2. 经济效益的评价

对节能技术改造项目进行经济评价时，常用企业在"改造"和"不改造"的两种情况下的若干差额数据来评价追加投资的经济效果。

在计算现金流动时，要充分考虑可比性原则，因为在进行比较时，"改造"方案的现金流多取自改造后各年的预测数据，而"不改造"方案的现金流则多取自改造前的某一年份的数据，该两组数据在时间上是不可比的。因为如果项目不改造的话，在未来若干年内其经营状态可能上升或下降，因此，对"不改造"方案在计算现金流时应充分考虑未来年份其效益的变化情况，只有这样才能使评估和预测更符合实际情况。

五、设备更新项目的技术经济评价

新设备投入运行使用一段时间后，或因磨损，或因技术发展而导致该设备陈旧落后，要使生产得以持续进行，就必须对该设备进行"补偿"。补偿的形式有修理、现代化改装，或用更先进、经济的设备更换。这种补偿在广义上就称之为"设备更新"。设备更新也是节能的一个重要内容。

1. 设备的磨损分析

设备磨损是广义的磨损，它包括有形磨损和无形磨损。

有形磨损是设备在使用过程中，由于摩擦、振动、疲劳等原因而导致设备实体的损伤，当然在设备闲置不用时，也会由于锈蚀、材料老化等而产生有形磨损。

无形磨损是指设备原始价值的贬值。因此有时将无形磨损又称之为经济磨损。

2. 有形磨损的补偿——检修

有形磨损会导致零部件变形、公差配合改变、加工精度下降、工作效率降低、能耗增加等。对于这种有形磨损，通常是通过修理来进行局部补偿。例如，修复或修理被磨损的零部件，更换已损坏的密封件、连接件、管道阀门等，以恢复设备的性能。

根据修理程度的大小，通常又将其分为日常维护、小修理、中修理和大修理等几种形式。对于能源、动力、化工、炼油、冶金等过程工业，由于其系统复杂和大型设备多，这种修理是非常重要的。

上述修理常和对设备的检测联系在一起，故在企业中又将其称之为检修。目前设备的检修体系可以归纳为三种，即事后检修，预防性的定期检修和基于状态的检修。

（1）事后检修又称之为故障检修，是当设备发生故障或失效时进行的非计划性检修。这种事后检修只适合于对生产影响很小的非重点设备。

（2）预防性的定期检修是一种以时间为基础的预防检修方式，它是根据设备磨损或性能下降的统计规律或经验而事先制定的，所以又称之为计划检修。预防性检修的类别、周期、工作内容、检修方式都是事先确定的。它适合于已知设备磨损或性能下降规律的那些设备，以及难以随时停机进行检查的流程工业、自动生产线设备。目前发电、炼油、化工、冶金等行业都是采用预防性检修方式。

（3）基于状态的检修是由预防性检修发展而来的一种更高层次的检修体制。它以设备在线状态的监测数据为基础，通过故障诊断和专家系统对历史数据和在线数据的分析判断来决定设备的健康和性能状态，并预测其发展趋势。基于状态的检修能在设备故障发生前或性能下降到不允许的极限前有计划的安排检修；能及时和有针对性地对设备进行检修，不仅可以提高设备的可用率，还能有效地降低检修费用，取得明显的经济效益。基于状态的检修代表了当今检修的方向，并与设备的在线检测技术、信号处理技术、信息融合技术、故障诊断技术及设备的寿命评价等有着密切的关系，并随着这些技术的发展而发展。

不论何种检修都是要花费代价的，因此必须对维修，特别是大修进行经济评价，并确定大修的经济界限。如果一次大修的费用超过该种设备的重置价值，则这种大修在经济上是不合算的。通常把这个条件称为大修在经济上合理的起码条件，又称为最低经济界限。光有最低经济界限还不行，显然只有大修后使用该设备生产的单位产品成本，在任何情况下，都不超过用相同的新设备生产单位产品的成本时，这样的大修在经济上才是合算的。对小修和中修，这一原则也是适用的。

3. 无形磨损的补偿——设备更新

导致设备无形磨损通常有两方面的原因：①设备制造工艺改进，劳动生产力提高，生产同种设备的成本下降，致使原有设备贬值，通常将这种原因引起的磨损称为第一种磨损；②由于技术进步，市场上出现了结构更先进、性能更优越、生产效率更高、能源和原材料消耗更少的新型设备，新设备的出现使原有设备在技术上显得陈旧落后而贬值，这种原因引起的无形磨损又称之为第二种无形磨损。

对第一种无形磨损，原有设备虽然贬值，但设备本身的技术特性和功能并不受影响，其使用价值并没有发生变化，因此也不存在对现有设备提前更换的问题。对第二种无形磨损，原有设备不但价值降低，而且还可能丧失其局部或全部使用价值，这是因为原有设备虽然还能正常工作，但生产效率已大大低于新型设备，如果继续使用，就会使生产成本大大高于同类产品，在这种情况下，使用新设备将比继续使用旧设备经济，这时就有必要淘汰原有设备。

当然由于社会消费结构的变化或环保的要求，也可能会使某些设备丧失使用价值，这种情况属于现代经济条件下的设备无形磨损。有些设备在使用过程中也可能会既受到有形磨损，又受到无形磨损。

对于第二种无形磨损的补偿通常有两种方法：

(1) 对程度较轻的无形磨损，往往采用现代化改装（即技术改造）来进行局部补偿。

(2) 对程度严重的无形磨损，或设备产生不可消除的有形磨损时，就必须进行完全补偿，即设备更新。

现代化改装是根据生产需要给旧设备装上新部件、新装置或新附件，改善现有设备的技术性能，使之局部或全部达到新型先进设备的水平。

通常的设备更新有两种含义：

(1) 原型更新。即用结构性能完全相同的新设备更换不宜或不能使用的旧设备，显然这种更新只能补偿有形磨损。

(2) 换型更新。即用结构更先进、性能更好的新型设备更换旧设备，这种更新才能既补偿有形磨损，又补偿无形磨损。

在技术迅速发展的今天，换型更新应该是设备更新的主要方式。

4. 设备更新的经济决策

设备更新的经济决策，一般采用经济寿命期法。这种方法的要点是计算设备使用期内每年的实际支出，然后选择实际支出最少的年份作为旧设备更新的年份。设备使用期内每年的实际支出是由两部分组成：

(1) 购置、安装设备的投资费。

(2) 设备的运行成本，包括能源费、保养费、修理费、废次品损失费等。显然，随着使用时间的延长，每年所分摊的成本费将减少，设备磨损，性能下降，运行成本会逐年增加。因此，年均总费用的最低值所对应的使用期限，即为设备的经济寿命期。从设备的经济寿命图很容易确定旧设备的更新年份。如图5-3所示，经济寿命期法只考虑了设备本身的年均总费用，未能涉及设备更新要有新的资金投入。

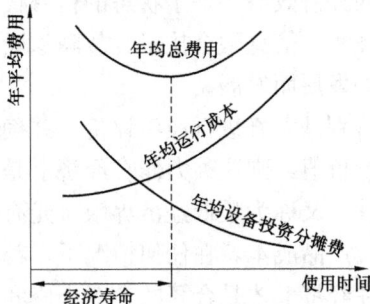

图5-3　设备的经济寿命

　　此外在技术快速发展的今天，旧设备的使用期虽未超过经济寿命，但很可能出现了工作效率更高、运行成本更低的新设备，这样用新设备更新旧设备可能有更好的经济效果，为此应采用年费用比较法。年费用比较法的要点是，分别计算新、旧设备在各自经济寿命期内的年均总费用，如果新设备的年均总费用低于旧设备的年均总费用，则设备应更新，否则就应该继续使用原有设备。

第六章 能源信息管理

第一节 信息管理概述

一、信息

信息作为一个科学术语被提出和使用是在 1928 年，R. V. Hartly 在《信息传输》中写到：信息是指有新内容、新知识的消息。1948 年，C. E. Shannon 博士在《通信的数学理论》中，给出信息的数学定义，认为信息是用以消除不确定性的东西，并提出信息量的概念和信息熵的计算方法，从而奠定了信息论的基础。Norbert Wiener 教授在其专著《控制论——动物和机器中的通信和控制问题》中，阐述信息是"我们在适应外部世界、控制外部世界的过程中，同外部世界交换内容的名称"。1956 年，英国学者 Ashby 提出"信息是集合的变异度"，认为信息的本性在于事物本身具有变异度。

在中国，信息管理系统中广泛使用的信息定义是：信息是客观世界各种事物特征的反映，是关于客观事实的可通信的知识。

信息具有客观性、扩散性、不完全性、价值性、等级性、共享性和滞后性等重要属性。

（1）客观性。信息是人们意识中对客观事物特征和变化的真实反映，不符合事实的信息不仅是没有价值的，而且可能误导人们的判断和决策。所以客观性是信息的第一和基本属性。破坏信息的客观真实性在管理中普遍存在，如做假账、谎报数据等，这些都会给管理者的决策带来错误的引导，因此收集信息时要保证信息的客观真实性。

（2）扩散性。信息通过各种各样的传输方式进行扩散，信息的扩散性是其本性。信息的浓度越大，信息源和接收者之间的梯度越大，信息的扩散能力就越强。信息的扩散存在两面性：一方面它有利于知识的传播，加快信息的扩散；另一方面扩散可能造成信息的贬值。

（3）不完全性。客观事物的复杂性和动态性决定了信息世界的无穷无尽，人们所获得的信息只能是其中的一部分，随着信息技术的发展，人们可以获得越来越多的信息。信息的获取往往与人们认识客观事物的能力和程度密切相关，人们对事物本身认识的局限性导致了信息总是不完全的。

（4）价值性。信息的价值性体现在信息的获取和带来的利益两个方面。获取信息所付出的代价可以称为信息的交换价值，即成本。信息持有者利用信息创造机会和价值也可以成为信息的使用价值。

（5）等级性。由于不同层次的管理人员做出决策时需要的信息是不同的，通常把信息管理分为三级：战略级信息、战术级信息和作业级信息。

（6）共享性。信息是可以共享的，信息资源的共享不同于一般物质资源的分享，共享性是信息的独特属性。物质资源的分享是耗散性的，交换双方只能拥有交换物中的一样，而不是共享的。信息不会因为交换而不再拥有和利用。信息的分享没有直接的损失，但可以造成间接的损失。

（7）滞后性。信息的滞后性是由于信息从信息源发出，经过接收、加工、传递、利用，最后从决策转化为结果是需要时间的，因此信息总是落后于事件的发生时间。

此外信息还具有时效性、实用性、可变换性、可压缩性、可扩充性、可存储性等不同的特征。

按照管理的层次可以将信息分为战略信息、战术信息和作业信息；按照应用的领域可以将信息分为信息管理、社会信息、科技信息等；按照获取信息的方式划分可以将信息分为一次信息（直接信息）、二次信息（间接信息）；按照反映形式可以将信息分为文本数字信息和多媒体信息。文本数字信息的数据形式以字符文本和数值数据为主，多媒体信息的数据形式可以是声音、图片、视频图像等。

信息是人类社会发展的三大资源之一，当前世界正在经历着信息化革命的巨大浪潮。信息化正以前所未有的方式影响着现代社会的发展，信息化已经成为一个国家与社会发展的关键所在，信息化已经成为衡量国家现代化水平与综合国力的重要指标之一。

二、信息管理

管理是指一定组织中的管理者在特定的组织内外环境的约束下，运用计划、组织、领导和控制等职能，对组织的资源进行有效的整合和利用，协调他人的活动，使他人同自己一起实现组织的既定目标的活动过程。因此，信息管理是整个管理工作的重要部分，是企业计划和决策的基础，是企业内部调节和控制生产经营活动的依据和前提，是联系企业管理活动的纽带，是提高企业经济效益的保证。

信息管理是反映控制管理活动中经过加工的数据，通常是通过数字、文字、图表等形式反映企业生产经营活动的运行情况，能反映组织各种业务活动在空间上的分布状况和时间上的变化程度，借之以沟通和协调管理活动中各个环节之间的联系，给组织的管理决策和管理目标的实现提供有参考价值的数据和资料，以实现对整个企业的有效控制和管理。

信息管理除具有信息的一般特性外，还带有一些特殊特性：

（1）系统性。信息管理是在一定的环境和条件下，为实现某种目的而形成的有机整体，它必须能全面地反映经济活动的变化和特征。因此，任何零碎的、个别的信息都不足以帮助人们认识整个生产经营活动的发展变化情况。

（2）目的性。信息管理能反映生产经营过程的运行情况。因此可以帮助人们认识和了解生产经营活动中出现的问题，为各种决策提供科学的依据。对任何信息管理的收集和整理，都是为了某项具体管理工作服务的，都有明确的目的性。

（3）等级性。信息管理的等级性和前述信息的等级性的特点和内涵是一致的。

信息管理的分类方法较多，主要的分类方法如下：

（1）按信息反映的时间来分，信息管理可以分为历史性信息、现时信息和预测性信息。历史性信息是对过去经营管理活动过程的客观描述，是过去一段时间内经营管理活动状况和发展状态的反映；现时信息是反映当前经营管理活动和市场情况的各种情报；预测性信息是指判断未来生产经营活动发展趋势和变化规律的信息。正确的经营决策既依赖于反映过去的历史性信息，又需要表现现时的现时信息及判断未来的预测性信息。

（2）按信息的来源来分，信息管理可以分为企业外部信息和企业内部信息。企业外部信息又称为外源信息，它是从企业外部环境传输到企业的各种信息，它可以通过上级主管部门、财政金融部门、有关信息服务中心、供货单位、国内外市场、有关会议传入企业，也可由企业有关人员专门搜集加工后为企业所用；企业内部信息又称内源信息，它是在企业生产经营管理过程中产生的各种信息，如原始记录、定额、指标、统计报表，以及分析资料等。

（3）按信息的用途来分，信息管理可以分为战略信息、战术信息和作业信息。战略信息又称为决策信息，它是企业最高管理层为决定企业发展的战略目标，以及为实现这一目标所采取对策时需要的信息；战术信息又称管理控制信息；它是企业中层管理人员进行生产经营过程控制所需要的信息；作业信息是反映企业日常生产和经营管理活动的信息，它来自企业的基础部门，主要为企业掌握生产进度、制定和调整生产计划提供依据。

随着全球经济一体化的进程和信息化时代的高速发展，信息管理的作用逐步为人们所认识，主要体现在以下几个方面：

（1）信息管理是重要的企业资源。信息在经济发展、社会进步中发挥的作用与日俱增，信息正与物质、能量一起共同成为人类社会赖以生存和发展的三大资源要素。信息管理是企业的一部分，它能够正确反映企业内部的运行情况；充分开发和利用信息资源，根据企业内部条件、外部环境来确定正确的发展战略、经营方针以开拓市场；能够大幅度提高物质资源利用率。信息管理是企业能够正常运作的不可缺少的重要组成部分，因此也是重要的企业资源。

（2）信息管理是企业内外联系的纽带。信息是由数据转换而来的，而各种大量的数据不仅来自企业内部，同时也来自于企业外部。企业通过对各种数据的加工处理，转换成各种信息流，必须将信息流很好地组织并使之合理流动，才能将企业各组成部分联结为一个整体，使组织内部彼此协同，能够有条不紊地为了共同的目标协同运作。因此，信息既是系统之间联系的纽带，也是系统内各组成部分联系的纽带。

（3）信息管理是进行决策的基础。管理的核心任务是制定决策，其过程包括信息收集、方案制定和确立方案三个步骤，可见信息是决策的基础，也是制定决策方案的根本依据。尽管管理决策是非结构化的过程，一项正确的决策取决于多种因素，但是信息管理的应用有助于企业降低决策中的不确定性和风险，提高决策的效率和科学性。

（4）信息管理是企业控制的依据。管理过程是对相关信息进行收集、传递、加工、判断、决策的过程。通过上游、中游及下游各部门的数据整合可以得到信息管理，企业通过得到的信息管理可以快速地知道各部门的运行状况，从而可以做出相应的决策，进而更好的控制企业。因此，信息管理对企业的生存发展有着至关重要的作用。

三、信息管理系统的概念

技术的进步，社会活动的复杂化，使得管理越来越离不开信息，信息处理已经成为当今世界上一项最主要的社会活动。信息工作的迅速增长，使得计算机的应用范围越来越广泛，应用的功能也由一般的数据处理走向支持决策，这些导致了信息管理系统的产生。

信息管理系统（Management Information System，MIS）一词最早出现在 1970 年，但是直到 20 世纪 80 年代，信息管理系统的创始人，明尼苏达大学卡尔森管理学院的著名教授 Gardon B. Davis 才给出信息管理系统的一个较为完整的定义：它是一个利用计算机硬件和软件，手工作业，分析、计划、控制和决策模型，以及数据库的用户——机器系统。它能够提供信息支持企业或组织的运行、管理和决策功能。这个定义全面说明了信息管理系统的目标、功能和组成，而且反映了信息管理系统当时已经达到的水平。它说明了信息管理系统在高、中、低三个层次上支持管理活动。20 世纪 90 年代以后，支持信息管理系统的环境和技术有了较大的变化，各类贸易体系和经济组织的建立，信息技术和网络技术的发展使得系统本身在目标、功能、内涵方面均有很大的变化，其定义进一步补充为：一个以人为主导，利用计算机硬件、软件、网络通信设备及其他办公设备，进行信息的收集、传输、加工、储存、更新和维护，以企业战略竞优、提高效益和效率为目的，支持企业高层决策中层控制、基层运作的集成化的人机系统。

　　信息管理系统是一门新学科，是一门跨学科多技术的综合性边缘学科，到目前为止，这个学科还不够完善。信息管理系统引用了管理科学、信息科学、系统科学、行为科学、计算机科学和通信技术等诸多学科的概念和方法，并在这些学科的基础上，形成一整套信息收集和加工的方法。它面向管理，利用系统的思想、数学的方法和计算机技术应用，形成自己独特的内涵，从而形成一个纵横交织的系统。因此，信息管理系统是一门理论性和实践性都很强的学科。作为一门综合性学科，信息管理系统的学科体系可用图 6-1 来描述。信息管理系统包含三大要素，即系统的观点、数学的方法和计算机应用。但不同于一般的计算机应用，它面向管理，具有处理、预测、计划、控制和辅助决策等功能：

　　（1）信息处理。信息处理是信息管理系统的首要任务和基本功能，即对各种类型的数据进行采集、输入、传输、存储、加工处理、输出和管理等。

　　（2）预测功能。预测功能是管理计划和管理决策的前提，它运用数学方法、管理方法和预测模型，利用历史的数据对未来可能发生的结果进行预测。

　　（3）计划功能。计划功能是为指导各个管理层高效工作的前提，即对各种具体工作合理地计划和安排，并按照不同的管理层提供相应的计划报告。例如，市场开发计划、销售计划、生产作业计划等。

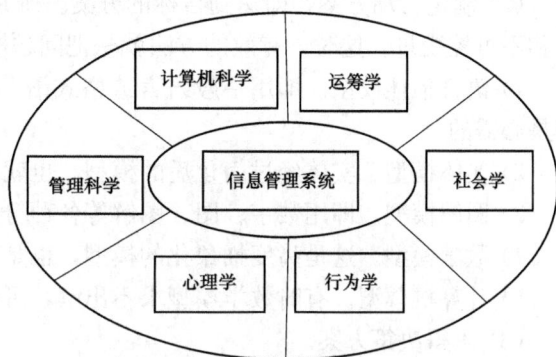

图 6-1　信息管理系统学科体系

　　（4）控制功能。通过对计划的执行情况进行监督、检查，比较执行与计划的差异，并分析其原因，辅助管理人员及时加以控制。

　　（5）辅助决策功能。随着信息技术的推广和应用，信息技术逐渐与组织、管理相结合，信息系统更多地用于支持组织决策和管理控制。

　　基于以上叙述，可归纳出信息管理系统具有以下特征：

　　（1）为管理决策服务的信息系统。能够根据管理的需要，及时提供信息，帮助决策者做出决策。

　　（2）对组织乃至整个供应链进行全面管理的综合系统。

　　（3）人机结合的系统。信息管理系统的目的在于辅助决策，而决策职能由人来做，因此它必然是一个人机结合的系统。

　　（4）需要与现代管理方法和手段结合的系统。信息管理系统要发挥其在管理中的作用，就必须与先进的管理手段和方法结合起来，在开发信息管理系统时，融进现代化的管理思想和方法。

　　（5）多学科交叉形成的边缘学科。信息管理系统是一门年轻的学科，其理论体系还处在不断发展完善当中。

四、信息管理系统的决策步骤

具有集中统一规划的数据库是信息管理系统成熟的标志，它象征着信息管理系统是经过周密的设计建立的，它标志着信息已经集中成为资源，为各种用户所共享。数据库有它自己功能完善的数据库管理系统，管理着数据的组织、数据的输入、数据的存取权限和存取，使数据为多种用途服务。利用信息管理系统进行决策的时候，可遵循以下的步骤：

（1）认识和分析问题，就是以最大的努力和敏锐的洞察力搞清问题的本质、范围。从而确定系统的目标、功能和环境。目标尽力定量化，或者用定量来表示定性的东西，只有这样才能比较和测量。为了完成给定的目标，系统应该具有一定的功能，并能以较少的功能完成目标的要求；系统各成分均可充分发挥作用来完成这些功能。环境分析就是搞清约束条件，不可避免的干扰就是约束。环境分析为制定行动方案做出准备，最后还应确定怎样才能在最坏的条件下达到目标。

（2）制定行动方案，即达到目标的方案。研究在特定环境下怎么完成目标，确定可控变量和不可控变量。这时，有效的方法就是把问题模型化，阐述模型的方法有很多种：

1）语言描述模型。即用一般语言或格式语言记述实体的重要材料，这在建立模型的初期是必需的。

2）实体模型。实体经过简化后的模型，也就是物理模型。

3）图解模型。即用数字、图、图解等各种符号抽象表现实体状态的模型。

4）数学模型。这是高度抽象化的模型，也是最优化分析基础的分析模型。

5）计算机模型。有时数学模型求不出解，可以用计算机模型来模拟，求得近似解。

（3）求得决策方案。

综上所述，我们所说的信息管理系统是个总概念、总方向。它包含一切管理过程中的信息工作，包含一切计算机在管理方面的应用系统，既包括数据的收集保存，又包括处理和支持决策，既包括机器，又包括人。

五、信息管理系统的结构

信息管理系统的结构是指各部件的构成框架，由于对部件的不同理解就构成了不同的结构方式，其中最重要的是概念结构、功能结构、软件结构和硬件结构。

（1）概念结构。从概念上讲，信息管理系统由四大部件组成，即信息源、信息处理器、信息用户和信息管理者。信息源是信息产生地；信息处理器担负着信息的传输、加工、保存等任务；信息用户是信息的使用者，他应用信息进行决策；信息管理者负责信息系统的设计实现，在实现以后，则负责信息系统的运行和协调。

（2）功能结构。一个信息管理系统从使用者的角度来看，它总有一个目标，具有多种功能，各种功能之间又有多种信息联系，构成一个有机结合的整体，形成一个功能结构。例如，可划分为财务管理子系统、制造子系统、营销管理子系统、人力资源管理子系统和办公自动化子系统等。

（3）软件结构。支持信息管理系统的各种功能软件系统和软件模块所组成的系统结构就是信息管理系统的软件结构。

（4）硬件结构。信息管理系统的硬件结构说明硬件的组成和其连接方式，还要说明硬件所能达到的功能，广义而言，还应包括硬件的物理位置安排。目前就我国的应用情况来看，硬件结构所关心的首要问题是用微机网还是用小型机及终端结构。

第二节　能源信息的日常管理

一、能源信息的特点和管理的必要性

能源系统涉及社会各个领域，层次众多、服务周期长，系统中多种能量载体之间多元互补，存在相互转化和替代。因此，对于过程复杂多变的能源系统来说，相应的能源信息具有以下的特点：

（1）能源信息延绵周期长、连续渐变、分散零乱。因此，对能源信息需要定期分别收集整理，并必须对数据长期保存使用。

（2）在受到社会与自然界的影响下，能源数据信息具有突变、随机、离散和社会性。因此，必须保证庞大的能源数据的保密和安全。

（3）能源数据信息之间的联系多而复杂，信息源多变。因此，需要对能源数据信息做深入研究，运用数据库技术对其进行科学管理。

能源信息管理工作，就是运用科学的方法和现代化手段，对能源工作的信息进行收集、加工、传递、使用，从而指导与调节能源经济活动，达到节能降耗的目的。

能源信息管理的作用如下：

（1）通过定期对能源信息进行管理，可以较为及时、准确地掌握能源经济动态、能源信息管理和能源技术情报，充分掌握相关能源信息为企业重大能源问题的决策提供了全面、准确的依据，为企业能够做出一个科学、可行的决策提供了保证，同时对事物的客观实际及发展结果做出正确的判断。

（2）通过对能源信息进行分析，可对能源系统的横向业务和纵向业务关系实现沟通。在能源经济活动中能运用信息反馈进行调节与控制，保证能源工作有条不紊、协调一致地展开。

（3）通过能源信息管理，可以清楚了解企业和各部门的合理用能水平，以及能源投入、产出过程的经济利益关系。在企业生产经营活动中，能为节能技术进步和能源经济运行提供有效的管理方法。

以信息化对节能减排的作用为例，能源信息的管理对企业的节能减排工作具有十分重要的意义。

（1）支持节能改造项目评估，确保节能效果。能源信息的管理工作可以帮助企业收集大量有关能源、产品、物料、成本、模型、案例等各方面的数据，如同一个资源数据一样，为企业提供大量的信息用于节能改造项目的分析，以确保节能改造方案的科学性、可信度与准确度，并对节能改造项目进行建档、跟踪、提醒、评估等，明确节能项目的节能效果与推广价值，促进企业科学合理的持续开展节能改造活动。

（2）及时提供能效报告，支持企业合理决策。根据企业管理的需要开发能源信息管理系统，定期向操作人员、运行管理人员、企业高管、工程师、财务人员及其他核心人员提供能效报告，使相关人员可以感受到开展节能工作带来的实惠，确保了资源、技术可持续地投入到改善能源使用效率方面。

（3）加强绩效管理，实现自主节能。构建企业能效评估指标体系、能源管理质量体系、能源绩效考核体系，并通过信息技术手段使企业员工（部门）与能源使用过程紧密连接在一

起，员工可以感受到自己与能源操作的互动，还可以感受到自己对节能的贡献程度。不仅提高了企业员工的节能意识，调动了员工参与节能的积极性，更是改善了企业员工漠视节能、事不关己的态度。

（4）规范管理与操作，优化运行过程。使用信息技术规范企业能源部门对用能设备、动力系统、生产工艺、计量器具、交接班、供能质量、能源统计等方面的管理流程，提高员工职业素养、技术水平及工作态度，降低工艺过程、动力系统能源低效运行的时间，确保功能质量符合管理生产需要，从而产生持续的节能效果。

（5）实时监测、快速报警，及时应对不良状况。利用信息技术对能源信息进行及时的采集，并自动的完成性能指标的计算和分析，及时发现"跑冒滴漏"等不良状况，并采用企业管理所需要的方式提醒相关人员注意，以便及时采取行动。

二、能源信息的分类和内容

（一）能源信息的分类

能源信息种类繁多，为了对信息进行科学管理，便于准确利用，通常将其分为：

（1）按管理职能划分，有能源技术信息、经济信息和信息管理。

（2）按管理阶段划分，有决策（计划）信息、作业信息、核算信息和监督信息。

（3）按管理层次划分，有全厂信息、车间信息、班组信息。

（4）按用途划分，有指令信息、车间信息、班组信息。

（5）按流向划分，有输入信息、输出信息、反馈信息。

（二）能源信息的内容

能源信息来源于外部环境和内部活动。产生于企业外部的信息，称为外部信息；产生于企业内部的信息，称为内部信息。

（1）企业外部信息。企业外部信息包括以下几个方面的信息：

1）社会环境信息：社会环境信息主要是国家、行业和地方关于能源工作的方针、政策、法规和标准等。

2）市场信息：主要包括市场能源供需及消费结构变化情况、价格趋势及市场预测。

3）国内外同行业企业信息：主要指企业之间用能技术指标的横向对标找差距。如能源利用率、主要设备及工序的能量效率、产品及产值的能源单耗等。

4）科技信息：主要指能源系统有关机器设备、仪器仪表、原材料、外协件等的来源及供应情况。

从企业外部收集的信息往往很粗糙，不够准确，需要专业人员进行查询对照和去伪存真的加工处理。

（2）企业内部信息。企业内部信息包括以下几个方面的信息：

1）能源统计核算信息：全面反映企业能源经济活动动态及其发展的信息，包括能源统计工作和财务核算两部分。

2）能源业务信息：是指反映能源系统业务管理工作效能的各种数据和情况，包括能源管理体系运转情况、定额考核、计量管理、标准化活动等内容。

3）能源计划指令信息：是指经过决策形成的节能目标、能源规划与年度计划、节能技术措施计划，以及厂节能领导小组下达的各项指令、各种会议决议等。

4）能源技术信息：是指反映企业能源利用水平和节能技术进步情况的信息，包括节能技术改造、节能监测、企业能量平衡、节能技术成果等内容。

来自企业内部的信息具有比较直观、系统性较强、来源比较稳定和相对集中等特点。

三、能源信息的收集方法

（一）信息收集的基本程序

（1）确定目标，制定计划。根据企业能源经济活动的需要，确定收集信息的内容，正确选择信息的来源，明确收集信息的方式方法。

（2）做好信息数据结构的设计。能源原始信息以数据为主，这就要求我们按照信息收集的目的和内容，设计出合理的数据结构，并按数据结构去收集各种数据。

（3）确定信息的收集步骤。在信息收集过程中，应按计划要求进行收集，发现问题时，应找出原因，追踪收集，同时注意收集、利用间接资料，然后对收集的信息进行初步分析。

（4）提供收集的信息资料。这是信息收集工作的成果。信息资料可以是调查报告、统计报表、资料摘编、情况汇报等，可根据信息内容来确定。信息加工部门或加工者应对照信息收集计划检查分析，不符合要求时，应继续做补充收集。

（二）信息收集的方法

（1）直接求索资料：企业可以根据需要，向有关能源业务部门求索资料，这是简而易行的收集方法。

（2）索取信息资料：内部资料或有保密级的资料，可经过有关部门批准，发正式函件说明用途进行索取。

（3）交换信息资料：主要包括建立内部资料刊物的固定交换关系，与有关部门建立互通信息网和交换关系，从国外引进节能的科技资料等。

（4）间接摘录信息资料：组织专门人员对一定范围的资料进行整理、分析、筛选获取有用的资料。

（5）现场调查：派专门人员到信息现场直接进行观察、登记所需要的数据，或到资料所有者那里做访问了解情况，或到现场进行试验，收集大家的反映。

四、能源管理日常任务

（一）常用信息载体和统计分析的管理

能源原始记录是能源信息的主要来源，能源档案是能源的固定信息，台账和报表是人工处理信息的主要工具。它们是企业能源管理常用信息的载体，在企业能源管理中起到数据凭证、决策参谋和业务导向的作用。

统计分析是能源信息管理中必不可少的重要环节，通过对企业能源经济活动的数量关系进行分析研究，发现和掌握客观规律，为企业能源重大决策提供准确的信息依据。

（二）信息活动的管理

信息管理的对象主要是信息及信息活动的管理，管理范围为信息的收集、加工、传输、存储、检索和输出。

（1）原始数据的收集。要严格规定好收集的时间、项目、数量和频率。

（2）加工整理信息。一般是指对信息的计算、分类、比较、选择等项工作。

（3）信息的传输。必须对传输的时间、路线、层次等进行规范化处理，通过信息的传输将企业能源管理体系的各个环节和部门联结成一个有机的通信网络。

（4）信息的存储。将有使用价值或重复使用价值的信息存储起来。人工存储方式主要依靠台账和档案，机械化存储方式主要应用电子计算机。

（5）信息的检索。必须建立起科学的查找方法手段，做到迅速准确。

（6）信息的输出。主要是将经处理获得的大量能源信息以各种形式输送给有关职能部门和人员，如各种计划、技术文件、会议、电话、计算机终端等都是输出信息的形式。

五、企业能源信息管理中的图表

在企业能源信息管理中常利用各种各样的图和表，这些图和表能够非常直观形象地说明能源利用中的各种情况。在各种表格中，企业的能量平衡表既反映了企业能量平衡的结果，也是对企业能源系统进行综合分析的有力工具。而各种生产用能系统图，企业能源利用的流向图，企业能源网络图也是企业能源管理中的常用工具。

（一）企业能量平衡表

企业的能量平衡表是在企业能量平衡测试的基础上绘制的，如第二章所述，能量平衡是按照能量守恒的原理采用黑箱的方法，对指定时期内企业（或某一系统）收入能量与支出能量在数量上的平衡关系进行考察，以定量分析用能的情况。值得注意的是能源平衡与能量平衡的区别，前者主要是指能源供产销的平衡，主要用于国家或地区的能源预测与规划；后者是指企业在能量利用方面的收支平衡，主要用于企业的能源管理。

能量平衡可以以生产设备、装置为对象，称为设备能量平衡，也可以以车间、企业为对象，称为车间或企业的能量平衡。这是应用最广的能量平衡，相应的也有电平衡、汽平衡等。能量平衡资料的获得或来自测试或来自统计资料。

企业的能量平衡表是企业能量平衡结果的表示。为了便于能源管理，通常要求能量平衡表既能反映企业的总体用能、系统用能和过程用能，又能反映企业的能耗情况、用能水平。此外能量平衡表还要求尽可能简单、清晰、明确，为此一般都按能源种类、能源流向、用能环节、终端使用情况等来设计表格。表6-1为分车间计的企业能源平衡表，表6-2则为按不同能源计的企业能源平衡表。

表6-1　　　　　　　　　　　　　分车间计的企业能源平衡表

车间名称	供入生产系统能量		能量分配（标准煤）(t)												有效利用能量（标准煤）(t)
	按等价值（标准煤）(t)	按当量值（标准煤）(t)	主要生产系统			辅助生产系统			附属生产系统			其他			
			供入能量	有效利用	损失	供入能量	有效利用	损失	供入能量	有效利用	损失	供入能量	有效利用	损失	
1	2	3	4	5	6	7	8	9	10	11	12	13	14	15	16
一车间															
二车间															
三车间															
…															
…															
…															
合计															
企业能源利用率（%）															

表 6-2　　　　　　　　　　　　　　　　　　按不同能源计的企业能源平衡表

项目		购入储存			加工转换				输送分配	最终使用						
		实物量	等价值	当量值	发电站	制冷站	其他	小计		主要生产	辅助生产	采暖空调	照明	运输	其他	合计
能源名称		1	2	3	4	5	6	7	8	9	10	11	12	13	14	15
供入能量	蒸汽															
	电力															
	柴油															
	汽油															
	煤															
	冷媒水															
	热水															
	合计															
有效能量	蒸汽															
	电力															
	柴油															
	汽油															
	煤															
	冷媒水															
	热水															
	合计															
回收利用																
损失能量																
合计																
能量利用率																
企业能量利用率（%）																

通过企业能量平衡表可以获得如下的信息：

(1) 企业的耗能情况，如能源消耗构成、数量、分布与流向。

(2) 企业的用能水平，如能源利用与损失情况，主要设备和耗能产品的效率等。

(3) 企业的节能潜力，如可回收的余热、余压、余能的种类、数量、参数等。

(4) 企业的节能方向，如主要耗能设备环节和工艺的改进方向，余热、余能的利用途径等。

（二）企业能源应用图

由于图形比表格应用更加直观、形象，因此在能源管理中各种应用图也越来越多，而且有的应用图已经有相应的国家标准。生产用能系统图是一种常用的企业能源应用图，如图 6-2所示。它是企业按照自己的生产过程和工艺流程画出的企业用能系统图，其形象直观，使用普遍，但没有统一的绘制标准。

与生产用能系统图类似的有能源利用流向图。它是根据生产过程的用能按比例绘制的图形，有时又简称能流图。通过能流图可以形象直观地表示能量的来龙去脉、能量的分布、利用程度和损失大小。在能流图中应明显地表示各项输入能量、输出能量、有效利用能量、损失能量和回收利用的能量，各项能量均以供给能的百分数表示，并按一定比例用不同宽度的能流带来表示百分数的大小。能流图按表示的范围，可以分为全国和地区能流图，企业能流图和设备能流图等，按其性质则有热流图、汽流图和电流图等，其中尤以热流图应用最为普遍。图6-3为某一大型锅炉的热流图，图6-4则为炼铁厂的能流图。

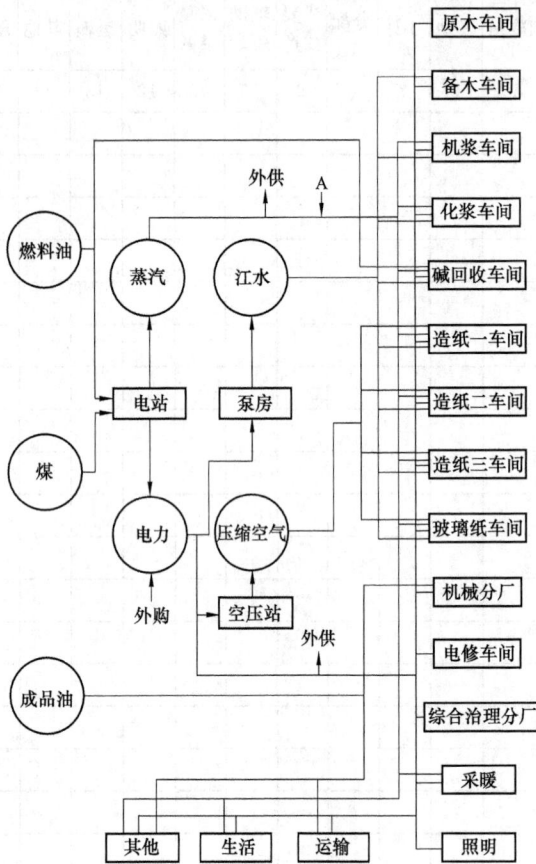

图6-2 某造纸厂的生产用能系统图

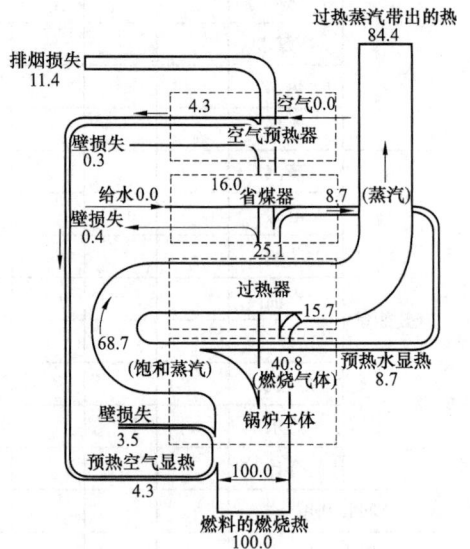

图6-3 某一大型锅炉的热流图

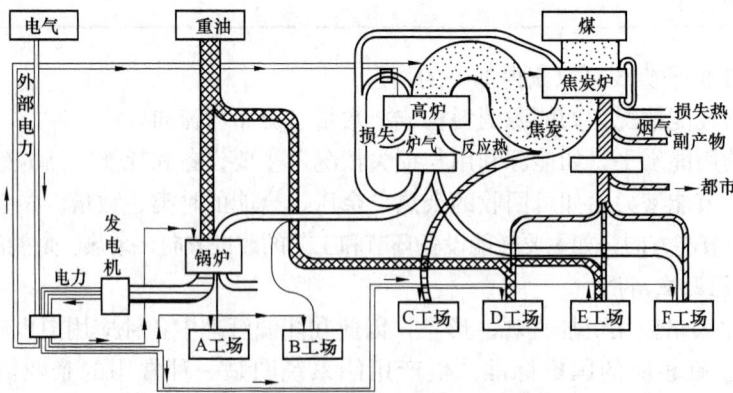

图6-4 某一炼铁厂的能流图

能源网络图是另一种能源应用图，它以能源利用系统为依据，按国家标准规定绘制。图6-5为某一企业的能源网络。按照绘制的规定，将企业的能源系统分为购入储存、加工

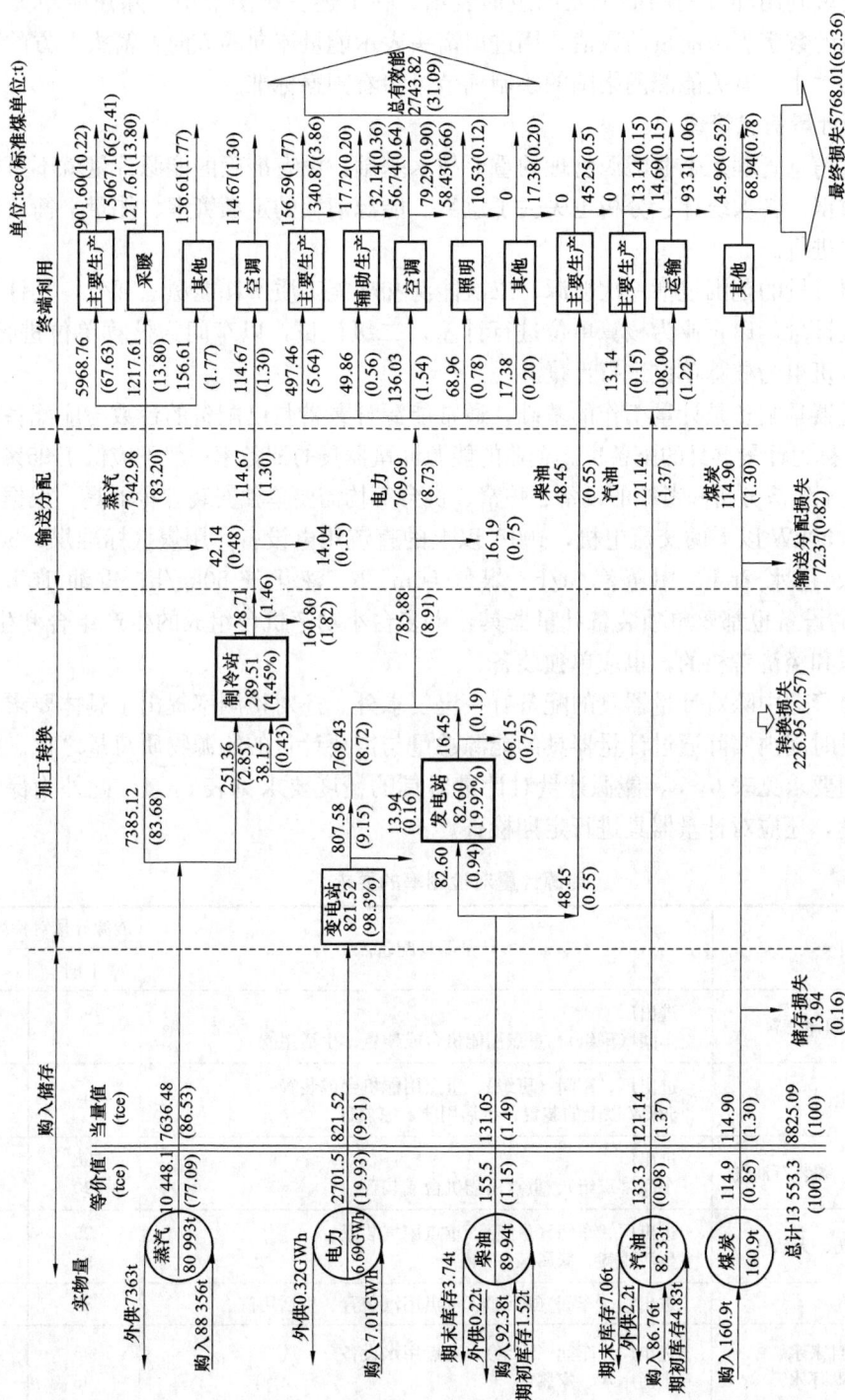

图 6-5 某一企业的能源网络

转换、输送分配、终端利用四个环节。每个环节可能包括几个用能单元。购入储存环节的各种能源用圆形表示；加工转换环节中的用能单元用方形表示；生产过程回收的可利用能源用菱形表示；终端利用环节的用能单元用矩形表示。在上述各种图形中，除注明单元的名称外，还用相应的数字表示能量的数值，用进出箭头表示能量流向的方向，箭头上方的数字则表示能量流的大小。有关能源网络图的绘制细节可参看国家标准。

六、能源计量信息管理

能源计量信息管理是企业能源管理的重要技术基础，没有准确的能源计量就不可能提供可靠的用能数据，各项统计、分析也失去了意义。能源消耗的定额管理、能量平衡，以及能源审计也无法进行。

企业能源计量的范围包括一次能源、二次能源和耗能工质所耗能源三部分，其计量分为三级，即一级计量，以企业为核算单位进行计量；二级计量，以车间为核算单位进行计量；三级计量，以班组为核算单位进行计量。

能源计量器具配备是计量工作的基础，通常能源计量器具已配备的台数与应配备的器具总台数之比，称为计量器具的配备率。企业的能源计量器具的配备率一般不应低于95％，凡需要进行用能技术经济分析和考核的设备、炉窑、机台等均需要单独安装计量器具。根据一般情况，凡容量为50kW以上的交流电机，100A以上的直流用电设备，用煤（标准煤）500t/年、焦炭100t/年、用水2t/h、用蒸汽3t/h、煤气50m³/h、液化气50kg/h、重油1t/h、轻油50kg/h以上的设备也都要单独装备计量器具，由多台小功率机台组成的生产组合和生产线，需要进行能源和经济考核的，也应单独装备。

企业能源管理中除对计量器具的配备有一定要求外，还对检测率提出了具体要求。检测率是指某一段时间内实际通过计量器具的能源总量与需要计量的能源物质总量之比。能源计量对检测率的要求见表6-3，能源计量对计量器具的精度要求见表6-4。此外为保证计量器具的精确度，还应对计量器具进行定期检查。

表6-3　　　　　　　　　　　　　**能源计量对检测率的要求**

能源种类	计量器具配备点	能源计量对检测率要求	
		Ⅰ期	Ⅱ期
煤、焦炭等固体燃料	进出厂 车间（班组）、重点用能机台或装置、生活用能	95 75	98 95
电能	进出厂、车间（班组）、重点用能机台或装置 50kW以上的装置、生活用能、家属区	95	100
原油、成品油、罐装石油气	进出厂 车间（班组）、重点用能机台或装置	98 90	100 98
煤气、瓦斯气、天然气	进出厂、车间（班组）、重点用气装置 生活用气、家属区	95 95	98 100
蒸汽	进出厂、车间（班组）、重点用汽装置、生活用汽	85	95
水（包括自来水、深井水、循环水）	进出厂、车间（班组）、重点用水设备 生活用水、家属区	95 95	98 100
其他能源	进出厂、车间（班组）、重点用能机台或装置	90	95

表6-4	能源计量对计量器具的精度要求	
计量器具名称	分类及用途	精确度（%）
各种衡器	静态：用于燃料进出厂结算的计量 动态：经供需双方协议用于大宗低值燃料进出厂结算的计量 动态：用于车间（班组）、工艺过程的技术经济分析的计量	±0.1 ±0.5 ±（0.5~2）
电能表	用于进出厂、车间的交流电能1000kW的计量 用于进出厂、车间的交流电能1000kW的计量，包括民用电表 用于大于100A直流电能的计量	±（0.1~1） ±（1~2） ±2
水流量计	用于工业和民用水的计量	±2.5
蒸汽流量计	用于饱和蒸汽和过热蒸汽的计量	±2.5
煤气等气体流量计	用于天然气、瓦斯气、煤气的工业和民用计量	±2
油流量计	用于国际贸易核算的计量 用于国内贸易核算的计量 用于车间、班组、重点用能设备及工艺过程的计量监测	±0.2 ±0.35 ±（0.5~1.5）
耗能工质计量器具		±2

对企业的能源管理而言，为了全面了解能源计量信息的实际情况和合理配备能源计量器具，企业应根据国家颁布的《工业企业计量网络图设计规定（试行）》编制企业能源计量的网络图。完整的能源计量点网络图应当包括企业平面分布示意图、能源消耗统计表及能流图、产品生产工艺流程图、能源计量器具配备汇总表等。图6-6为原煤计量点的网络图，图中矩形方框代表工艺程序，上方为工艺号，下方为工序名称。流程方向用空心箭头表示，所指方向为工艺流程方向。圆形框表示计量点（实线圆形框为已配备的合格计量点，虚线圆形框为待配计量点）。圆形框上下两部分符号和数字分别表示的意思为：上部两个符号，前者代表计量器具的类别（L长度、T热工、F力学、E电磁、O光学等），后者表示器具与测量的物理量类型（如F流量、M质量、W重量、P电能、Q热量等）。代表字符的意义，国家计量局有统一规定。而圆形框下部的数字则代表计量器具的型号，可用数字0~99顺序编号。进一步说明计量器具的四等分圆框，左上部为计量器具的序号，右上部为器具精度或型号，左下部为相同器具的数量，右下部为器具检定周期（一般用月数）。

七、能源消耗信息管理

不断减少能源消耗是企业能源管理的重点。评价和考核一个企业的能源利用率就必须综合考虑企业的产品、产量和产值的情况，能源消耗定额就是反映企业能源利用经济效果的综合性指标。

能源消耗定额是指企业在一定的生产技术和生产组织条件下，为生产一定质量和数量的产品或完成一定量的作业，所规定的能源消耗标准。由于生产过程中所消耗的能源种类（煤、油、蒸汽、水、电等）和对所消耗的能源数量统计的口径不同，因此有不同的能源消耗指标。如只对消耗的某一种能源计算，就称之为单项能源消耗，若将所消耗的两种以上的能源总合计算，则称之为综合能源消耗。

（一）能源的折算

由于再生产过程中使用各种形式的能源，其单位含能量差别很大，因此在计算耗能时必

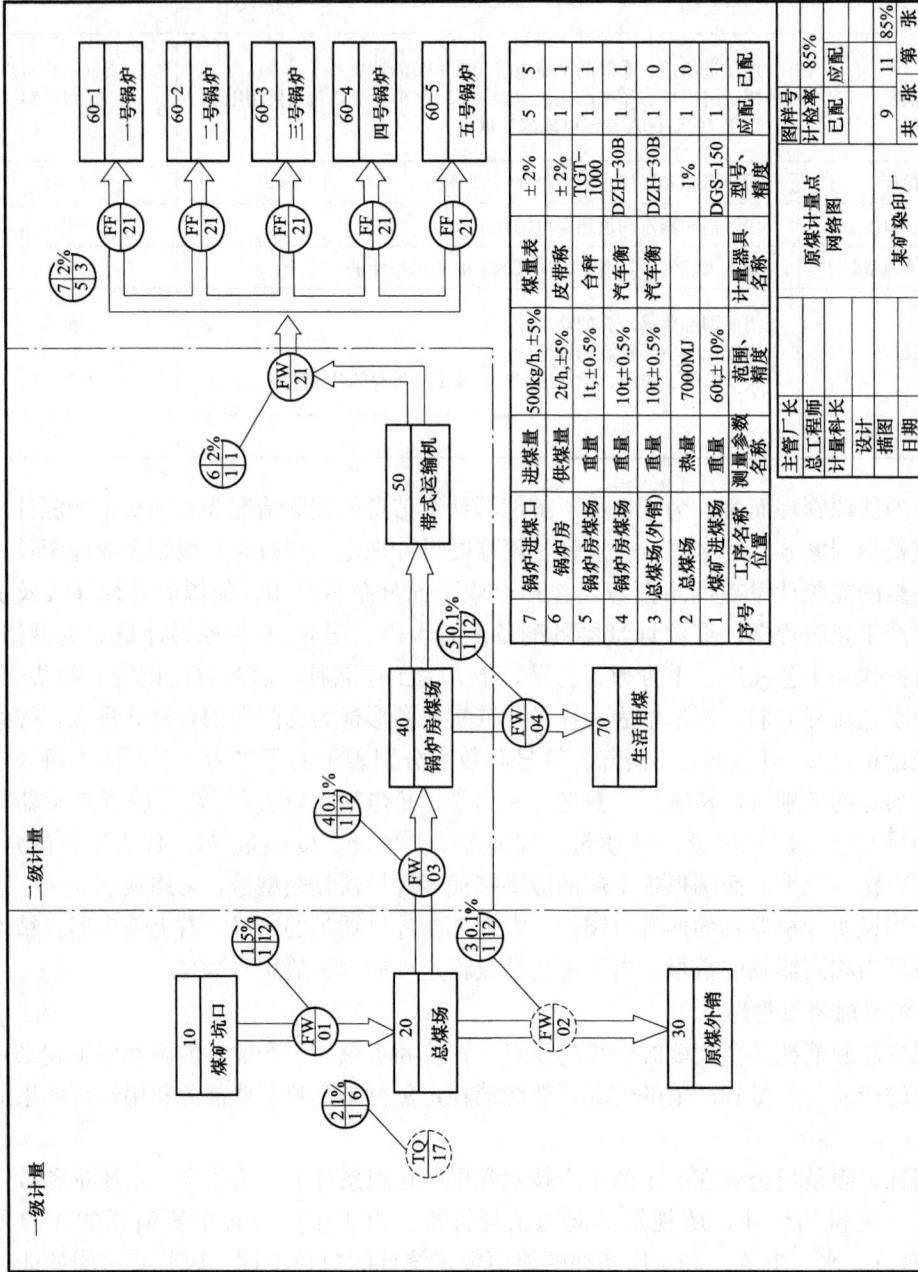

图 6－6 原煤计量点的网络图

序号	工序名称位置	测量参数名称	范围、精度	计量器具名称	型号、精度	应配	已配
7	锅炉进煤口	进煤量	500kg/h,±5%	煤量表	±2%	5	5
6	锅炉房	供煤量	2t/h,±5%	皮带称	±2%	1	1
5	锅炉房煤场	重量	1t,±0.5%	台秤	TGT-1000	1	1
4	锅炉房煤场	重量	10t,±0.5%	汽车衡	DZH-30B	1	1
3	总煤场(外销)	重量	10t,±0.5%	汽车衡	DZH-30B	1	0
2	总煤场	热量	7000MJ			1	0
1	煤矿进煤场	重量	60t,±10%		DGS-150	1	1

主管厂长		原煤计量点网络图	图样号			
总工程师			计检率	85%		
计量科长			已配		应配	
设计		某矿染印厂	9	11	85%	
描图			共 张	第 张		
日期						

须将他们折算成可以相加的统一能量单位。因为热能是一种利用最多的能量形式，所以热量单位就成为能源折算的基础单位。

按 GB/T 2589—2008《综合能耗计算通则》，燃料的发热量以低位发热量为计算基准。低位发热量等于 29.27MJ（7000kcal）的固体燃料称为 1kg 标准煤；低位发热量等于 41.82MJ（10 000kcal）的液体燃料或气体燃料称为 1kg 标准油或 1m³（标准状态）的标准气。在计算和统计时企业消耗的一次能源量，均应按低位发热量换算成标准煤量，企业消耗的二次能源，以及所消耗的耗能工质也应折算到一次能源消费量。根据上述规定，其折算方法是：

$$标准煤量＝能源（或耗能工值）的实物量×折算系数 \qquad (6-1)$$

其中

$$折算系数＝\frac{每单位某种能源（耗能工质）的等价热量}{29.27MJ（1kg\,标准煤的发热量）} \qquad (6-2)$$

式（6-2）中的等价热量，对各种燃料而言取其低位发热量，而对非燃料的二次能源（如电、蒸汽、热水等）和耗能工质是指它们在生产和转换过程中实际消耗的一次能源的热量。显然随着转换技术的进步，等价热量值是逐渐变小的。表 6-5 给出了某些二次能源和耗能工质的平均等价热量的参考值。

表 6-5　　　　　　　　　某些二次能源和耗能工质的平均等价热量

类别	名称		单位	等价热量 WJ(kcal)	折标准煤
二次能源	电		kWh	12.54 (3000) 12.35 (2954) 11.91 (2849)	0.429 (1978 年) 0.422 (1979 年) 0.407 (1981 年)
	蒸汽（低压）		kg	4.18 (1000) 3.97 (950) 3.76 (900)	0.143 (1979 年) 0.136 (1981 年) 0.129 (1983 年)
	石油制品	汽油	kg	47.36 (11 330) 44.77 (10 710)	1.519 (1979 年) 1.530 (1981 年)
		柴油	kg	50.58 (12 100) 57.65 (11 400)	1.729 (1979 年) 1.634 (1981 年)
		煤油	kg	47.36 (11 330) 44.77 (30 710)	1.619 (1979 年) 1.530 (1981 年)
		重油	kg	41.8 (10 000)	1.428
		渣油	kg	37.62 (9000)	1.286
		燃料油	kg	45.39 (10 860) 42.89 (10 260)	1.551 (1979 年) 1.468 (1981 年)
	燃气	城市煤气	m³	32.19 (7700)	1.10
		焦炉气	m³	21.15 (5060)	0.723
		炼油厂气	m³	48.28 (11 550)	1.65
		液化石油气	m³	55.18 (13 200)	1.886
	焦炭		kg	33.44 (8000)	1.148

类别	名称	单位	等价热量 WJ(kcal)	折标准煤
耗能工质	新鲜水	t	7.52 (1800)	0.257
	循环水	t	4.18 (1000)	0.143
	软化水	t	14.21 (3400)	0.486
	除氧水	t	28.42 (6800)	0.971
	压缩空气	m³	1.17 (280)	0.04
	鼓风	m³	0.88 (210)	0.03
	氧气	m³	11.7 (2800)	0.4
	二氧化碳	m³	6.27 (1500)	0.214
	氮气	m³	11.7 (2800)	0.4
	电石	kg	60.82 (14 550)	2.079
	乙炔	m³	243.28 (58 200)	8.314

注 气体工质的平均等价热量均在标准状态下测定。

(二) 能源消耗

企业的生产能耗包括基本生产能耗和辅助生产能耗,前者是指生产工艺过程中直接消耗的能量,后者指为保证生产过程正常进行的辅助设备和辅助部门的能耗。例如,采暖通风、照明、供水、运输、检修所消耗的能量,以及能源转换设备、管道、线路的能量损失等,这两部分能耗之和即为企业的总综合能耗。

在能源管理和统计上常用单位综合能耗,它是以企业单位产品或单位产值表示的综合能耗。例如,每吨钢的综合能耗,每万米布的综合能耗或煤百万元净产值的能耗等。为了在同一行业中实现综合能耗的比较,还有可比单位综合能耗。由于各企业之间生产情况差异很大,因此对可比单位综合能耗而言,需有同行业内人士均认可的标准产品或标准工序,以作为比较的基础。

除了综合能耗外,国家、地区或部门在了解企业能耗时,还常常用到总单项能耗和单位单项能耗。前者是指企业在统计报告期内某种单项能源的总消耗量,如耗煤量、耗电量等;后者则是企业在统计报告期内某种单项能源的单位消耗量,又可以分为单位产量单项能耗和单位产值单项能耗。其定义为

$$单位产量单项能耗 = 总单项能耗/产品总产量 \qquad (6-3)$$
$$单位产值单项能耗 = 总单项能耗/产品净产值$$

上述各种能耗指标和其他能源利用效率指标一起就构成了国家、地区、部门和企业的有关能源利用指标体系。

(三) 能源消耗定额的制定和考核

为了考核企业的能源利用情况,挖掘节能潜力和杜绝浪费,各企业应根据企业的实际情况,参照国家主管部门制定的综合能耗考核定额和单项能耗定额,以及国内外同行业的能源消耗指标制定出适合本企业的各种能源消耗定额。

制定的能源消耗定额,既要有科学依据,能切合企业的实际情况,又要有一定的先进性,以促进企业的降耗和节支。为了有效地贯彻能耗定额的执行,企业能耗的总定额应分解

成若干分定额，并层层落实到车间、班组、各道工序及主要耗能设备。

能源消耗定额的考核也应和执行相一致，即实行分级考核。考核的比较标准既可按定额指标，也可按历史消耗水平或按行业消耗水平来进行比较。考核应在能源的日常记录和统计资料的基础上进行，应建立经常的记录和报告制度，不能采取平时不监督，年终算总账的管理方法。

能源消耗定额应和奖惩制度结合起来，有条件的应实行节约额提成的办法，为了做好能源消耗定额管理，除了采取组织措施外，还要有技术措施，并根据实际执行情况和技术进步修订和完善能源消耗定额。

第三节　能源信息管理系统

一、概述

能源信息管理的概念由来已久，可以追溯到工业革命时期，从工业革命时期到 20 世纪 50 年代左右，能源信息管理的数据处理方式主要是人工处理。随着社会的发展，能源的来源和使用方式越来越多样化，有关能源的信息量成倍增长。整个社会的物质流、能量流、信息流之间的关系越来越密切。到 20 世纪 50 年代以后，随着计算机及相关技术的出现与发展，信息数据处理能力大大提高，节约了大量人力和物力。

从 20 世纪 70 年代起，国外的研究人员开始从能源的不同维度出发，逐步利用计算机对某一部门能耗数据进行采集、存储、处理、统计、查询和分析，提供该部门能源消耗进行监控、分析和诊断，为能源管理和决策人员提供有关的能源信息和分析结果，实现节能绩效的科学有效管理及能源效率的持续改进，这在当时是个重大突破。直到 20 世纪 80 年代后这项技术已经十分成熟，使能源信息管理成为整个能源管理的重要组成部分。

能源信息管理系统是一种综合性的人机系统，由能源数据库和决策模型库组成。能源信息管理系统基于企业能耗管理系统信息化的能耗监控和用能管理性平台，通过建立能源统计数据库，掌握用能单位能源消耗情况和主要能源消耗指标完成情况，实现能源系统分散的数据采集和控制、集中管理调度和能源供需平衡，以及实现所需能源预测，实现整个过程的节能、降耗和环保目标。提高企业能源管理的及时性和准确性，使管理者能够随时了解现场的运行情况，为生产经营提供更多信息和决策依据，降低成本、提高安全系数、增强企业整体效益。

我国目前的计算机处理能源信息的研究工作主要集中于开发自控特性和信息化能源信息管理系统。自控特性能源信息管理系统一般由自控公司开发，带有明显的自控特征，有数据存储、实时报警、运行优化等功能。这类系统主要针对的是自动化程度低、损失浪费严重等问题，直接从执行级进行的一个能源管理优化，引进先进的仪器仪表直接提升企业的制造水平。但是这种方式所需要的成本比较高，由于自控设备一般比较昂贵，所以比较适合大型的企业，对于这些企业，其收益能够迅速填补能源信息系统建设的成本。而信息化能源管理系统则主要针对相关计量、统计、考核制度不完善等问题，这类系统注重能耗的数据统计和基础分析，适当地增加对标、报警等功能，相比而言信息化能源管理系统成本比较低，它并未对具体的生产级进行重大调整。这两类系统更多地只是停留在信息管理或监控，在更深层次的企业能耗分析、能效的评估及提供决策方面有待加强。

二、能源信息管理系统的特征

（一）人机系统

能源信息管理系统是一个将人的现代思维、能源信息及计算机强大的计算运行能力融为一体的人机系统。系统中对企业的能源管理和控制的主体是人，客体是各种各样的能源信息，计算机只是作为一个辅助管理的工具，帮助人进行必要的辅助决策。图 6-7 和图 6-8 分别表示直观角度的能源信息管理系统构成图和能源信息管理系统的概念模型。

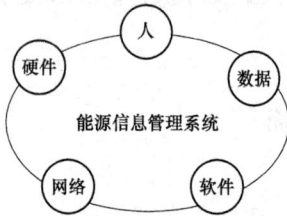

图 6-7　直观角度的能源
信息管理系统构成图

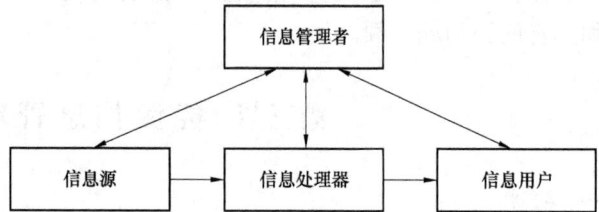

图 6-8　能源信息管理
系统的概念模型

（二）综合系统

能源信息管理系统是一个综合系统，涉及企业管理、组织和技术等方面。从管理的角度来看，能源信息管理系统是企业管理者解决能源效率低下、浪费严重等问题的一种解决方案，管理者需要借助能源信息管理系统完成对能源的监控、调度和管理。从企业的组织角度来看，能源涉及企业的每一个部门，因此能源信息管理系统是企业组织的一个部分，组织的各项能源活动都离不开能源信息管理系统。从技术的角度看，能源信息管理系统是管理者为解决面临的问题而采用的一种工具。

（三）面向管理决策的系统

能源信息管理系统着眼于企业的角度，综合各部门数据，保证数据一致性和完整性。能源信息管理系统的处理对象是整个企业的能源消费，通过反馈机制为决策者提供有用信息，通过内置的各种能源模型对未来进行分析和预测，以科学的方法调度能源，合理生产。

三、能源信息管理系统的作用

能源信息管理系统的作用主要体现在以下四个方面：

（1）实现对各种能源介质和各类供能用能系统的集中监控和统一调度。能源信息管理系统的数据采集功能可以将整个企业的用能情况存储在计算机中供决策者查看，集中监控，发现问题可以及时处理，从计算机终端就能方便地对企业的能源进行统一管理，确保能源介质在各环节的安全性和可用性。

（2）预测能源需求。基于内部的能源模型和外部的能源消耗关联数据，能源信息管理系统能够根据天气、时间、原材料、产量等条件的改变而对未来能源的消耗进行预测，更好地帮助决策者进行决策。

（3）将节能减排工作上升到企业的战略层面，做出更具体、更详细的决策计划。由于能源信息管理系统的出现，决策者能够更直观、更详细地了解整个企业的能源消费情况，对能耗进行综合分析，更容易找到节能减排的突破口，制定有效的能源计划，优化企业生产和能源的使用效率，促进节能减排。

（4）促进节能标准化、定量化。传统的能源管理方式主要采用经验的方式，即主要从定性的角度进行能源管理，而通过能源信息管理系统，借助于系统内部标准化的样表和数据类型，容易统一节能标准，在整个企业内部或企业与企业之间进行节能对标，准确实施能源管理绩效评价标准，避免出现由于统计口径不同而造成数据混乱的情况。

四、能源信息管理系统的结构

（一）能源信息系统的内容

我国现实的能源信息系统的内容如图 6 - 9 所示。它可以看成是由正规的能源信息系统和非正规的能源信息系统两个部分组成。正规的能源信息系统就是由国家和地方统计局规定的能源统计指标体系和其指导下的行业能源管理部门制定的本行业统一的能源统计制度，这是我国能源信息系统的信息基础，有相应的制度或国家标准对其进行详细规定，

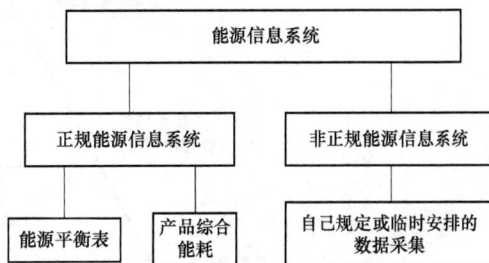

图 6 - 9　能源信息系统内容

在使用上需要遵照国家标准和规定，正规能源信息系统有利于能源管理的标准化；非正规的能源信息系统则主要是由地区、部门或企业自行规定或临时安排采集的能源数据，正规能源信息系统不可能包含能源信息的方方面面，它通常会舍去许多细枝末节而只保留主干部分，因此非正规能源信息系统常用来作为正规能源信息系统的补充，以适应能源管理、能源规划和能源系统分析的需要。

研制各级能源信息管理系统均以正规能源信息系统为基础，以保证能源数据的可靠性和可获取性，同时也保证能源信息的标准化，对于企业而言，有利于促进自身和其他企业的对比，从而提升自己的能源管理水平；对于政府部门而言，能够更直观地了解到各个企业的能源使用状况，以正规能源信息系统为基础有利于提高整个社会的能源管理水平。至于非正规能源信息，可以在用户要求且有保障可靠获取时，根据需要将其纳入能源信息管理系统之中。

从全国的范围来看，正规的能源信息系统是以能源平衡表及产品综合能耗为主的能源统计指标体系，其具体内容包括能源开发量、能源库存量及国家储备量、进出口量及地区调入/调出量、能源加工转换量、能源运输量、能源消费量、能源建设量、单位产品的能耗等。

（二）能源信息管理系统的层次结构

人们对能源的管理活动，大致可以分成能源管理、能源计划、能源规划三个层次，如图 6 - 10所示。

能源管理包括能源计量、能源统计、能源报表管理等多项概念。这是能源系统中经常的例行工作。它要求的能源信息量最大，报表形式最严格，时间间隔最短。能源管理是能源信息系统的基础部分，由于其要求的信息量最大、最全，后续的能源计划和能源规划都是建立在能源管理的基础之上，再加上能源管理是对过去能源使用的一个总结性工作，因此能源管理是联系过去和未来的一个纽带，对于能源预测等未来性工作有重大的意义。这类能源管理工作由普通的能源管理人员即可完成。

能源计划包括能源工业需求预测、能源计划编制、能源计划完成情况的检查和能源计划修订。这里的能源计划指的是五年计划及年度计划，通常每年进行一次检查、总结和修订。

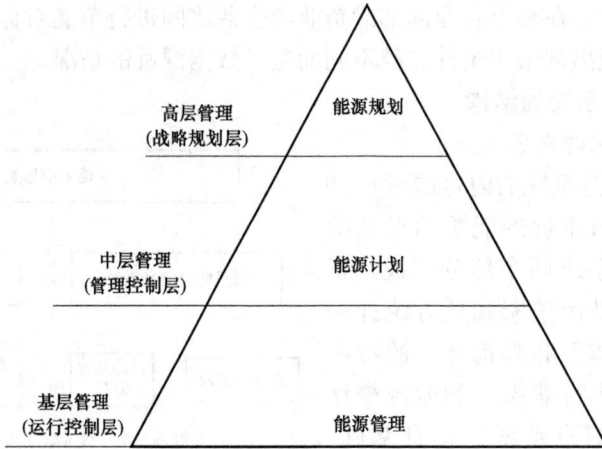

图 6 - 10　能源信息管理系统的金字塔结构

能源计划时间间隔较长，范围较大，但是集结度更高，概括性更强。能源计划是建立在能源管理的基础之上的，是对能源管理的一个总结，同时是对整个系统未来短期内的一个期望。规定了短期未来的目标，对整个企业的能源使用有一个指导性作用，同时也是长期能源规划的基础性工作。

能源规划是研究能源系统要达到既定目标所应该采用的发展战略、发展重点、发展方向及重大措施。能源规划的时间跨度在我国一般是 10 年到 20 年，它的范围大至全国，小至企业，依规划要求而定。能源规划要求的信息范围更广，时间间隔更长，集结度比能源计划更高。

一个先进、实用、经济、高效的能源信息管理系统将为以上三个层次的能源管理和决策提供最有力的工具。

（三）能源信息管理系统的物理结构

能源信息管理系统的物理结构，是指硬件、软件、数据等资源在空间的分布情况，其物理结构主要可以分为集中式和分布式两大类。

（1）集中式系统。集中式系统是资源在空间上集中配置的系统，将软件、数据和主要外部设备集中在一套计算机系统中，由分布在不同地点的多个用户通过终端共享资源组成的多用户系统。如图 6 - 11 为集中式系统示意。

图 6 - 11　集中式系统示意

集中式系统具有资源集中、便于管理、资源利用率高等优点。早期的能源信息管理系统由于规模比较小，计算机技术的发展还比较缓慢，因此采用集中式系统形式的用户比较多。随着能源信息系统需求的复杂化，能源信息系统的规模也越来越复杂，集中式系统的弊端也就凸显出来。集中式系统随着规模的扩大维护管理变得困难，也不利于发挥用户开发、管理的积极性，且由于资源过于集中，所有的终端数据请求都要主机来处理，随着用户数的增加，其处理速度将以指数级下降，而且一旦主机出现故障，可能会使整套系统陷入瘫痪。

（2）分布式系统。分布式系统通过计算机网络把不同地点的计算机硬件、软件、数据等资源联系在一起，服务于一个共同的目标，实现不同地点的资源共享。另外，分布式系统中各地与计算机网络系统相连的计算机系统既可以在计算机网络系统的统一管理下工作，又可以脱离网络环境利用本地信息资源独立开展工作。分布式系统可分为一般分布式和客户机/服务器模式，如图6-12和图6-13所示。

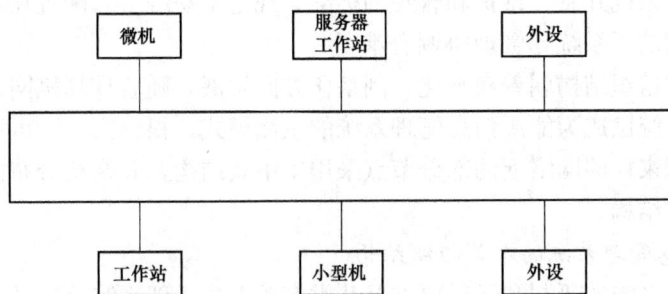

图 6-12　一般分布式系统

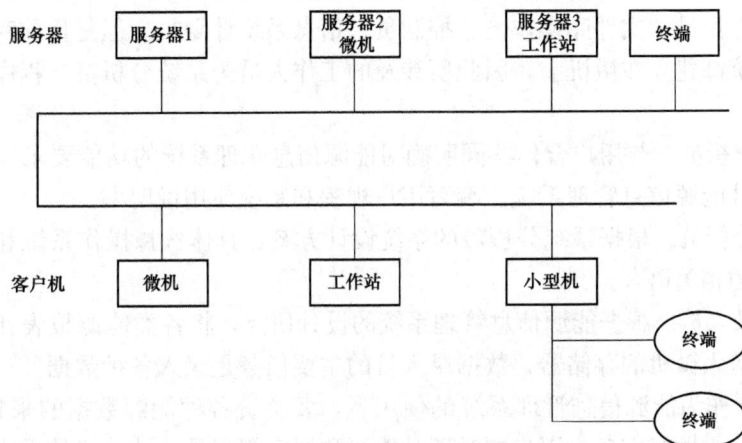

图 6-13　客户机/服务器系统

　　一般分布式系统中的服务器指提供软件和数据的文件服务，各计算机系统可以根据规定的权限存取服务器上的数据文件和程序文件。客户机/服务器式系统中，网络上的计算机系统分为客户机和服务器两大类。服务器可以包括文件服务器、数据库服务器、打印服务器等。网络节点上的其他计算机系统都称为客户机。用户通过客户机向服务器提出服务请求，服务器根据请求向用户提供加工过的信息，其中客户机本身也承担本地的信息处理工作。

　　多数分布式系统建立在计算机网络之上，所以分布式系统与计算机网络在物理结构上基本是相同的，但分布式操作系统的设计思想和网络操作系统是不同的，这决定了他们在结构、工作方式和功能上的差别。网络操作系统要求网络用户在使用网络资源时首先必须了解网络资源，网络用户必须知道网络中各个计算机的功能与配置、软件资源、网络文件结构等情况；而分布式操作系统是以全局方式管理系统资源的，它可以为用户调度网络资源，并且调度过程是"透明"的。当用户提交一个作业时，分布式操作系统能够根据需要在系统中选择最适合的处理器，将用户的作业提交到该处理程序，在处理器完成作业后，将结果传给用户。在这个过程中，用户的体验就相当于只有一个处理器。

分布式系统可以根据应用需要和存取方便来配置信息资源，有利于发挥用户在系统开发、维护和信息资源管理方面的积极性和主动性，提高了系统对用户需求变更的适应性和对环境的应变能力。系统扩展方便，增加一个网络节点一般不会影响其他节点的工作，系统建设可以采取逐步扩展网络节点的渐进方式，以合理使用系统开发所需资源。它的不足之处在于信息资源分散，系统开发、维护和管理的标准、规范不易统一。配置在不同地点的信息资源一般分属于不同的子系统，管理协调有难度。

目前，企业的组织结构朝着扁平化、网络化方向发展，随着计算机网络和通信技术的迅速发展，分布式系统已成为能源信息管理系统的主流模式。根据需要，可以把分布式和集中式两种结构结合起来，即网络上的部分节点采用集中式结构，其余按分布式配置。这种结构又称为分布集中式结构。

（四）能源信息管理系统的人员组织结构

能源信息管理系统的研制和运行要涉及几类有关人员，即系统分析员、程序分析员、操作员、数据录入员、管理控制员和用户。对于建立在大型电子计算机上的能源信息管理系统，上述人员还可以细分为信息分析员、系统设计员、应用程序员、程序维护员、数据库管理员、计算机操作员、文件库操作员、控制员、信息系统计划员。但是目前我国绝大多数能源信息管理系统都建立在微机上，因此所涉及的工作人员为系统分析员、程序设计员、数据录入员和用户。

（1）系统分析员。与用户合作共同明确对能源信息管理系统的功能要求及相应的能源信息的需求，设计能源信息管理系统、编写用户规程和系统使用说明书。

（2）程序分析员。根据系统分析员的系统设计方案，具体选择操作系统和数据库管理系统，以及系统的相关语言。

（3）数据录入员。根据能源信息管理系统的设计研究，将各类能源报表和数据，及时通过键盘或网络送入微机的存储器，数据录入员的主要任务是录入各种数据。

（4）用户。作为能源信息管理系统的使用者，要负责各种能源数据的采集和汇总工作，为能源数据的输入做好准备，用户同时还是能源数据库管理员、计算机的操作员、输出结构的分析员。

上述各方面的工作人员之间的良好合作是能源信息管理系统顺利研制和正常运行的重要条件。

五、能源信息管理系统与环境

能源信息管理系统的应用离不开一定的环境和条件，这里的环境和条件是指具体组织中各种内、外影响因素的总称。这些因素对能源信息管理系统的应用有相当大的影响，在一定程度上决定着能源信息管理系统应用的成功与否。

1. 生产过程的特征

能源信息管理系统的特点之一就是建立在计算机技术上的信息化与管理手段、方法的结合，整个系统包含着人和计算机的软、硬件结构。不同的企业有不同的能源使用情况和生产特征，因此这就需要能源信息管理系统根据企业的特点，采用适合企业的管理方法。

例如，对火力发电厂和水力发电厂的能源信息管理系统而言，就有非常大的差异，两者的侧重点各有不同。电厂的特点决定了这两者的管理工作都必须以实时数据为依据，因此实时数据采集功能是其能源信息管理系统的基本功能之一，两者都注重能源反馈瞬时性。然而由于火力发电厂本身的特性导致它在很长的一段时间是不能关停的,水力发电厂却没有这一限制,水力发电厂的运行可以是间断的,因此水力发电厂发出的电力常用于电力的调峰。由于这两者生产过程的差异导致他们的能源信息管理系统和管理方式有比较大的差别。

2. 组织规模

组织规模是能源信息管理系统环境中最重要的因素之一,它决定了系统的应用目标和规模大小,因此根据组织的大小来确定系统规模是系统分析员的重要任务。

一般来说,小组织在能源信息管理系统上会遇到比较大的问题,能源信息管理系统的开发应用对小组织来说是一个比较大的负担,其前期投资大,往往会影响到其组织的正常运行,且由于组织小,利用能源信息管理系统所产生的收益远不如大组织明显,难以实现良好的经济效益,因此小组织应用能源信息管理系统将冒更大的风险。

3. 管理的规范程度

管理的规范化是管理组织、过程等科学性与合理性的要求。管理规范的组织一般具有较为完备的制度,各个部门之间有比较好的配合联系,而管理不规范的组织,其管理往往集中在少数领导手中,其决策带有领导主观性和随意性的特征。

能源信息管理系统是对一个组织能源使用情况全过程管理的人机系统,自动化程度高,它的开发必须建立在规范的管理模式上,因此在开发一个能源信息管理系统前必须先规范管理,形成责任明确、各有权限、相互配合的一种局面。

4. 信息处理与人

管理决策是一种复杂的活动,特别是对现今的能源状况而言,因此要充分发挥人和计算机的长处,让计算机处理和保存大量历史数据,分析产生各种可行解。由于计算机的计算通常都是建立在诸多假设条件的基础之上,因此这时候人就有必要充分定性地考虑这些因素,根据经验和知识进行模糊推理。人与计算机合理分工,才能真正使能源信息管理系统发挥其应有的作用。

第七章 能源预测和规划

第一节 能源系统和能源模型

一、能源系统

一般地讲,将多个元素有机结合成能够执行特定功能、达到特定目的一个整体叫作系统。

系统可以分成三类:自然系统、人造系统、自然系统和人造系统的复合系统。自然系统是由自然界中本身就存在的物体(如星球、江河、生物等)构成,并且按照其本来的客观规律运动和演变;人造系统则是由人类创造或改造的物体、设施、工程等组成,如供热系统、输电系统等;随着人类活动领域的扩大和人类科学技术的发展,许多自然系统被局部改造为人造系统,从而成为复合系统。能源系统就是典型的复合系统,它不但涉及各种自然的能源资源(如煤、石油、风力、太阳能、潮汐等),还包括了大量的人类活动(如能源的开采、加工、输运、转换和利用等),以及这些活动对自然环境的影响。

能源系统就是由煤炭、石油、天然气、水能、核能、生物质能等构成的一次能源,从能源勘探、开发、生产、加工、转换、运输、分配、储备、使用及环境保护等多个环节组成的系统。能源系统包括的每个环节又由国民经济的若干部门组成(如能源运输环节涉及铁路、公路、水运等交通运输部门,物质管理部门,电力输送部门等),而且每个环节彼此制约和互相影响而形成一个复杂的整体,起着为国民经济发展和人民生活需要提供能量和原料等物质基础的作用。由此可见,能源系统是社会经济大系统中的一个子系统。

能源系统可以分为运输和固定两个分系统,每个系统内的供应、需求和分配设施都是高度适配的,但相互之间又是独立的。根据能源种类划分,能源系统可分为煤炭系统、石油系统、核能系统、电力系统、热力系统等;根据地域大小和范围划分,能源系统又可分成世界能源系统、国家能源系统、城市能源系统、农村能源系统、企业能源系统等。由于能源系统所包含的能源工业部门资本密集度高,在国民经济总投资中能源系统的投资占到很大比重。同时,由于重大能源项目的建设周期长,服役期长,能源系统又是一个大时间常数的惯性系统。这些就使得能源系统的改造和发展非常困难,任何关于能源的决策都会给整个国民经济系统带来重大、长远的影响,这就要求人们首先要对能源系统进行战略性的长期动态分析。

二、能源模型

要对庞大和复杂的能源系统进行有效的研究,单靠经验是不够的,必须借助模型的方法。模型就是通过一定的方法对系统进行抽象的描述,模型既由能说明系统本质或特征的若干因素组成,又能反映这些因素之间的内在联系。因此,通过对模型的分析研究就能更深入地揭示系统的特征,并可用数学的或逻辑的方法来表达系统的内在联系。

模型有多种类型,若根据其来源,有机理模型、经验模型或两者相结合的机理-经验模型;若按模型的基本要素,则有确定性模型和随机模型,稳态模型和非稳态模型,线性模型和非线性模型等。值得指出的是,模型并不是研究对象本身,而只是研究对象本质特征和内在机制的近似描述。因此对模型的研究并不能完全代替对模型所描述对象的研究,只不过模型的研究为对象（或系统）的研究提供了一个良好的平台，可以依靠数学模型进行各种运算、比较和分析的工作。

能源模型是指用各种数学方法建立的，可在计算机上获得定量结果的有关能源的各种理论模型。这些模型不但能定量地揭示能源系统内部各种因素之间的关系，而且还能充分反映能源系统与外部边界（如经济、环境、交通等）的关系。由于研究的目标不同，于是形成了多种不同的能源模型，如能源需求模型、能源供应模型、能源投资模型、能源的投入产出模型、能源系统的最优化模型等。

能源模型的研究大致可以分为四个阶段：

第一阶段为 20 世纪 70 年代以前，大多采用建立单目标函数能源模型对能源需求和供应进行预测和规划。大多以市场均衡或能源供需平衡为理论基础，应用计量经济学、运筹学、图论等理论和方法，建立了能源投入产出模型、能源供应系统模型、能源投资模型和能源需求预测模型等，并将之相互连接构成庞大的经济能源模型系统。由于能源系统的复杂性，存在着众多的不确定性和随机性，能源系统分析者往往在建模时简化了很多条件，并把一些不确定性因素加以确定化，在一个目标的前提下进行方案优化。由于规划系统的设计和分析与决策时一些因素和条件将随时间发生变化，这将导致预测结果的失效。按模型运算和得到的结果不足以作为决策的依据。

第二阶段为 20 世纪 70～80 年代，能源系统研究日益受到人们的重视。这一时期建模的特点是由独立的能源模型发展为大规模的能源模型系统。这一阶段提出了既有世界级的能源模型，也有综合若干国家的区域级的能源系统模型，以及国家级系统模型和省市级的能源系统模型。如美国的布鲁克海文能源技术——经济模型系统（国家能源模型系统）、日本的国家能源经济模型系统、苏联的能源系统预测等都是这一时期建模和应用的。能源系统决策模型应尽可能在考虑多种可能发生情况下进行规划和决策，供决策者参考和使用。

第三阶段为 20 世纪 80～90 年代，在现有能源系统模型的需求和供应中，采用人机对话，以便与决策者及时交流信息，使制订出的能源系统能更充分地考虑决策者当时的要求与希望。

第四阶段为 20 世纪 90 年代以后，随着世界各国能源需求量的逐渐增加，能源在世界经济中扮演的角色越来越重要，各国为实现可持续发展的目标，所关注的焦点已经从单一的能源问题转变为多个重点领域（能源经济、能源环境、能源技术、能源安全），因此，这一时期的能源模型多为能源-环境-经济模型。同时，建模方法则采用对多种学科进行交叉、对多种方法进行整合的系统工程方法。

随着经济的发展及大型计算机的进步，能源模型的应用也越来越广泛，模型中涉及的因素更多，考虑得更加全面，而且由独立的能源模型发展为大规模的能源模型系统。这些能源模型系统多从宏观和战略的层面研究能源问题，并将能源供需系统置于国家宏观经济模型的基础上，一方面以国民经济的发展来确定对能源的需求，另一方面又分析能源系统对国民经济的影响。此外在建模方法、数学方程的求解、全局最优化处理等方面都有长足的进步。目前能源模型已成为研究能源系统最常用的分析手段，广泛用于能源的预测、规划与管理。

第二节　能源系统分析

能源系统分析是能源问题的一种分析方法，它基于一个整体的观点，即能源系统本身各部分是相互作用的，能源系统与整个经济、社会结构是相互作用的。

一、能源系统分析的任务

能源系统分析是要从整体的观点出发来分析各类、各层次能源系统的内部关系及其发展规律，它可以为世界、国家、地区、企业等不同层次的能源系统做预测、分析、规划、管理、评价等工作，具体来说，可以解决以下各种问题。

1. 能源需求预测

采用能源系统分析中的不同方法，按照历史统计数据、人口发展趋势、国民经济发展速度、生活水平提高程度，可以对世界上某一个地区、国家、省市做出一定时期内的需求预测，预测的时间可以是今后几年、十几年、几十年等。预测的能源需求可以是能源总需求量、各种能源的分总需求量、需求的年增长率等。需求预测是能源生产、开发和规划的基本依据，是能源系统分析的首要任务。

2. 能源供应预测

能源供应预测就是在现有的资源条件和现有的能源技术条件下，预计在一定时间内可以供应的各种能源总量及其年增长率。从全球的长远观点来看，能源供应预测更有重要意义，它将影响世界各国在能源经济政策和能源技术政策上的决策方针，以及如何应对世界或地区性的能源危机。

3. 能源发展规划

由于能源与国家的经济发展息息相关，为了解决这个问题，我们就要运用能源系统分析的方法来做好能源规划工作，对可能采取的能源开发总方针和可能实现的总目标做分析，同时对各种能源工业的建设规模、投资分配、发展速度做出明确的规定。研究和制定一个国家或地区的能源发展规划，常常需要建立一个相关的国家或地区的能源模型以作为研究的基础。

4. 能源的合理分配和使用

能源的合理分配和使用是能源利用中重要的一环。我国在计划经济时期，农村的生活用能，农村牧、渔业用能，绝大部分依靠生物质能解决，由于农村能源利用率很低，造成了极大的能源浪费。长期以来我国在能源规划、计划、分配和统计中，主要研究商品能源，往往忽视农村能源。这种重城市、轻农村，重工业、轻农业，重生产、轻生活的能源分配方式造成了能源分配的严重不合理和能源的浪费。运用系统分析的方法，就可以找出较好的解决方案，从根本上解决上述问题。

5. 能流分析

在热力工程中，分析一个能源加工或转换设备的热效率时，经常把流经该设备各部分的热量分配情况以各种图线的方式表达出来，这种热力工程中的热流图可以形象地显示各种热工设备中的热量利用和损耗情况，有利于了解、分析和改善设备的热利用效率。类似的也可以在一个能源系统中把能量的流动用各种图线表示出来，以说明系统中的能量分布。因此能流分析是通过能流图分析能源进入系统扣除各个环节损耗后，各能流的方向、大小及分布情况，并在此基础上进行满足某一特定目标的优化处理。

可以把能流图用到一个工厂、企业、地区或国家，用它来形象地显示工厂、企业、地区或国家的有关能源的信息，包括能源的构成和发展水平，能量的消耗、流动和转换情况，能源从生产、加工转换、运输直到最终使用的各个过程、用量及有效利用率。

在能源系统分析中，作为分析基础而用的更普遍的能流图又称之为能源系统的能流结构网络图。这种图将一个国家、地区、部门或企业内的各种能源从开采到最终消费的整个过程按技术工艺特点划分为若干基本环节，描述在这些环节上的物料流和能量流的变化情况。结构网络图上的基本环节有资源、开采与收集、加工精炼、运输和分配、集中转换、传输、分配与分散转换、用能设施、最终用户或用途、消费部门等。依照实际的物料或能量流动方向，自左至右把上述各个环节内的所有工艺过程用有向连线加以表示，并通过节点相互连接、形成网络，即得到实际能源系统的能流结构网络图。图上连线代表相对应的实际过程，连线的箭头表示实物或能量的转移方向，节点为过程间的相互接口。图 7－1 为某一地区能源系统能流结构网络图。

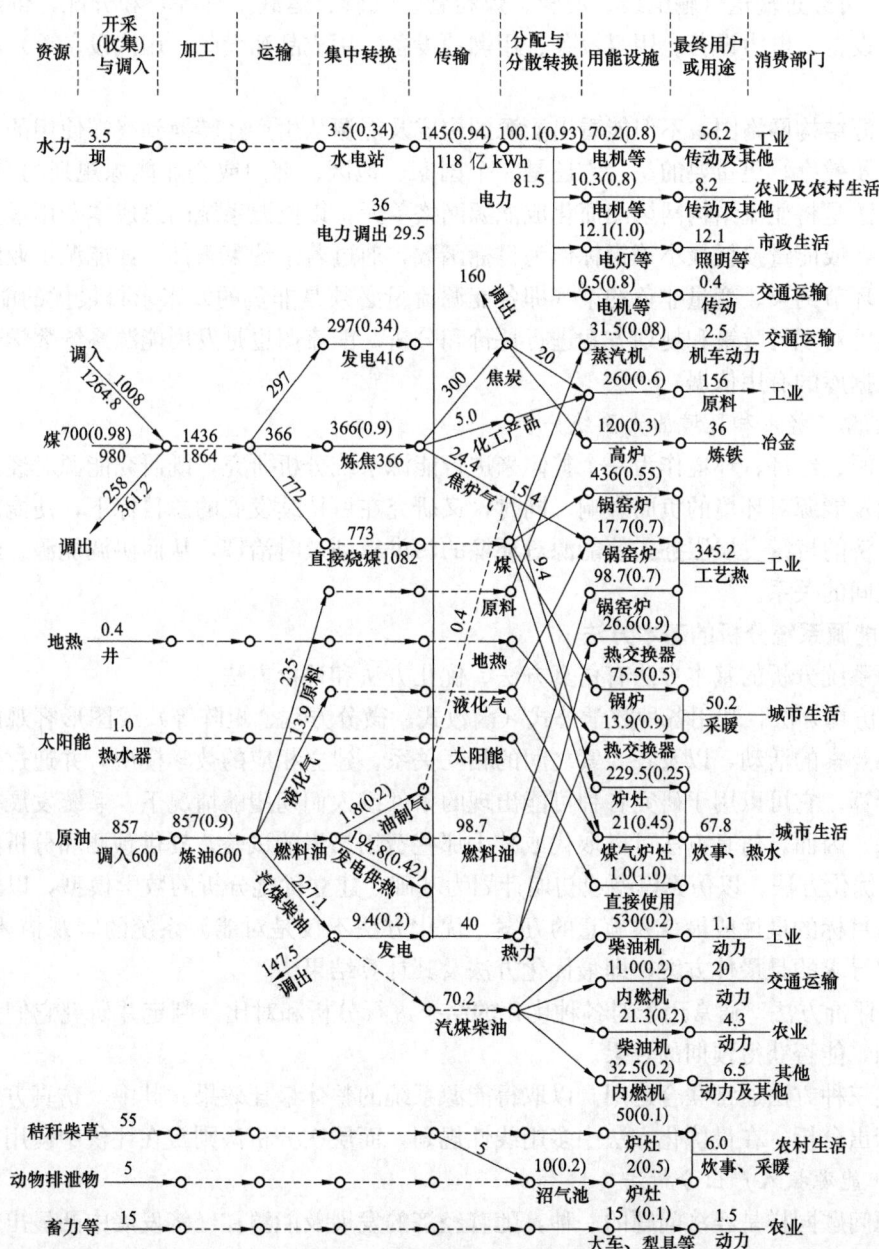

图 7－1　地区能源系统能流结构网络图示例

　　为了使结构网络图用途更广泛，应在图上记录尽可能多的信息，同时又要清晰易读。通常在图上标注的信息量有能量流的数值、相应的工艺效率、工艺过程的名称或主要设施。如有可能，还可注明每个工艺过程上的其他技术经济指标和数据，如成本、投资、"三废"排放量等。

　　一般能流结构网络图都有从一次能源（水力、原煤、天然气、原油、核能、地热、太阳能、风能、生物质能等）经过生产（或开采，其形式有水坝、矿井、露天矿、气井、油井、热水井、太阳能集热器、风力机等），或调入或采集而进一步加工（洗煤、炼油、核燃料加工等），有些再经过发电或转换成其他二次能源（电力、热力、固体燃料、液体燃料、气体燃料等），再经过输送（输电线、油管、煤粉管、气管、运载工具等）和分配，供给用能设备（热力设备、电力设备、用煤设备、用燃油设备、用成品油设备、用汽设备等）的能源流通线路。

　　从能源结构网络图，不但能看出能源的构成及能源从生产经转换到终端使用的各环节的工艺特点及效率；更重要的是，它还是一个国家、地区、部门或企业能源规划的有力工具。通常的做法是将能流结构网络图简化成能源网络单元，以能源系统的总成本费用最少，或节能量最大，或能量损耗最小等指标作为目标函数，通过若干约束条件，如能源工业约束、需求约束、环节约束、变量非负约束（即各能源流量必须是非负的）来求得最优的能流分布。能流图还可对现行政策和规划方案进行评价和分析。能流图也是发展能源系统数学模型和构造能源数据库的有用依据。

　　6. 能源、经济和环境的大系统分析

　　将能源、经济、环境作为一个整体来进行能源系统分析研究，既研究能源对经济发展的制约作用及能源对环境的负面影响，同时，又研究在可持续发展的总目标下，使能源工程更好地为经济的持续发展服务，使能源对环境的污染得到及时治理，从而协调能源、经济、环境三者之间的关系。

二、能源系统分析的基本方法

　　能源系统分析的基本方法有仿真方法、优化方法和评价方法。

　　（1）仿真方法。利用各种数学公式（函数式、微分方程、矩阵等）或图形客观的描述能源系统各要素的活动，以及各要素之间的相互关系，建立相应的数学模型，并通过计算机进行数值计算。它可以用于研究各种可能出现的条件或人们期望的情况下，系统发展变化的趋势和后果。因而，仿真方法可以取代或减少那些费用昂贵的试验，提供预测和分析的手段。

　　（2）优化方法。以仿真模型或初期计划为基础，建立优化分析的数学模型，以达到能源系统整体目标的最优或最令人满意的方案。优化方法不仅是对能源系统的客观描述和分析，而且，它寻求的是最佳方案，即最优化方法及其计算结果。

　　（3）评价方法。通常用于对各种优化的结果进行分析和对比，判定并研究它们是否能够真正使用，能否获得预期的效果。

　　上述三种方法通常联合运用，以取得能源系统的整体最佳效果。其中，仿真方法常用的有投入产出分析，在最优化方法中多用线性规划，而层次分析法则常在评价中使用。

　　（一）能源投入产出分析法

　　能源问题同样是经济问题的一种，随着经济的发展及能源在经济发展中凸显出越来越重要的作用，人们将分析经济问题的许多方法也用于能源问题的研究，投入产出分析法就是一种。投入产出分析方法在定量研究社会总产品再生产过程中的某些经济规律方面越来越得到广泛应用。投入产出分析中的投入，是指生产过程中投入的劳动对象、劳动资料和劳动的数量，产出是指产品的分配使用方向及其数量。投入产出分析首先将各部门的投入和产出编制成一张棋盘式的投入产出表，然后利用这一模型及矩阵运算和计算机算法来综合的分析和考察国民经济各部门在产品的生产和消耗之间的综合平衡。投入产出分析方法也能对未来进行预测，还能对经济结构、经济效益、经济政策和商品价格等问题进行综合分析。

投入产出分析方法产生于 20 世纪 30 年代的美国，经济学家列昂节夫在前人工作的基础上，提出了投入产出分析方法，他把国民经济所有部门的投入与产出放在一个表格，即投入产出表中联系起来加以考察，把简明有用的矩阵代数与实际编制的投入产出表结合起来，创造性地建立了投入产出数学模型，并且计算了各部门的直接消耗系数。人们可以借助列昂节夫的数学模型进行经济分析、经济预测、编制经济计划，使得投入产出表从一般的统计表发展成为现代化的经济数学模型。

由于投入产出分析的科学性、先进性和实用性，自 20 世纪 50 年代以来，世界各国纷纷研究投入产出分析，编制和应用投入产出分析表，许多科学家也继续发展列昂节夫的成果，使得投入产出分析的内容越来越丰富和深入。

我国是应用投入产出分析较晚的国家，20 世纪 60 年代初期，中国科学院成立了专门的小组来研究投入产出分析，并进行这方面的宣传和理论探讨工作。在我国，投入产出分析的应用时间不是很长，但是已经在我国国家、地区、部门和企业等各个方面展开，促进了我国经济管理的现代化，带来了明确的经济效益。

我国投入产出分析的理论基础是马克思主义的再生产理论。马克思主义的再生产理论把整个社会生产划分为生产资料的生产（第 I 部类）和消费资料的生产（第 II 部类），与此相适应，把社会总产品按照经济用途划分为生产资料和消费资料。马克思还把社会产品按照价值特征划分为不变资本（C）、可变资本（V）和剩余价值（M）。

投入产出分析在经济结构的调整、国民经济计划的编制、经济政策评价、经济发展预测等方面有着广泛的应用。投入产出分析可以用于经济结构的分析：分析国民经济中两大部类的比例关系，分析积累和消费的比例关系，分析国民经济各部门之间的比例关系；投入产出分析也可以用于经济效益的分析及价格的分析。投入产出分析在计划工作中有着很大的作用，它可以用来计算各部门的计划产值，计算计划期内各部门的劳动报酬、社会纯收入和固定资产折旧，用来修订计划，与数学规划结合编制最佳计划。

投入产出分析在经济中的应用主要表现为以下四个方面：

（1）经济分析，为编制中、长期计划提供服务。这是投入产出分析最重要的应用之一，由于投入产出表清楚的描述了最终需求的各个部门和生产部门的关系，利用这些数量关系可以分析国民经济中的各种比例关系，并为编制中、长期计划服务，从目前看，投入产出分析在经济分析和计划中的作用主要有以下几个方面：①分析报告国民经济中的各种重要的比例关系，并可以进一步分析如果计划期最终需求发生变动，整个国民经济的结构将发生什么样的变化；②在编制国民经济发展的中、长期计划的草案计算阶段，利用投入产出分析方法进行多方案计算，对各种设想进行论证和估价，调整部门间的比例，以便编制出各部门相互衔接、比例关系得当的经济发展计划；③编制国民经济最优计划。

（2）利用投入产出分析方法进行经济预测。这是投入产出分析方法应用最广泛的一个方面。当编制了若干年份的投入产出表后，就可以对它们进行动态预测，掌握各种经济数据的变化规律，从而对整个国民经济或地区、企业的未来发展趋势做出预测。

（3）政策模拟，分析重大决策对经济的影响。在社会化大生产中，各部门之间存在着各种各样直接和间接的关系，一项新的经济政策的实施往往会引起部门之间的连锁反应，如何估价它的影响以便做出相应的决策是一个复杂的问题，投入产出模型在这个方面有较强的功能。

（4）利用投入产出分析研究一些专门的社会问题。利用投入产出分析可以研究污染问题、人口问题、就业问题、军备开支问题、投资分配问题、能耗平衡问题等多种社会问题，这些都是投入产出分析的一些新的领域。

投入产出法是利用投入产出表对能源系统进行相应分析。列昂杰夫解释说：“一个表扼要地概括一个经济系统中所有部门各种投入的来源和所有各类产出的去向，这个表就叫作投入产出表。”投入产出表的形式有很多，可以分成以下几类：

1）按照不同的目的，可以分成投入产出报告表、投入产出计划表。

2）按照表中数据的计量单位，可以分成实物形态投入产出表、价值形态投入产出表。

3）按照表中所反映的经济内容，可以分成产品投入产出表、劳动投入产出表、固定资产投入产出表、能源投入产出表等。

投入产出表中如果把能源部门扩大，以适应研究能源系统和国民经济其他部门联系的需求，就叫作能源系统投入产出表。这种表可以以一个国家或地区为对象来编制。

根据投入产出表的平衡关系建立的数学模型称为投入产出模型，依据平衡关系的横行和纵行可以分别建立行模型和列模型。

在产出方程组中，我们是以流量的形式表示各个部门之间的投入产出关系，我们这样定义直接消耗系数：第 j 部门生产单位产品所直接消耗第 i 部门的产品的数量，这个系数反映了国民经济各个部门之间的生产技术联系。在实际生产中，各个部门之间的消耗关系是相当复杂的，除了直接消耗各部门的产品外，还要通过中间需求消耗某些产品，这种消耗叫作间接消耗，例如，在炼钢过程中消耗了电力，这是钢对电力的直接消耗，但是由于炼钢的过程中还消耗了生铁、煤、耐火材料等，在这些物质的生产过程中也消耗了电力，由于这些物质是用于炼钢的，所以它们对电力的使用可以看作是炼钢对电力的间接消耗，我们称之为第一次间接消耗，依次类推，在炼生铁的过程中消耗了铁矿石、焦炭、冶金设备等，在煤的生产过程中消耗了坑木、钢材、机械设备等，在铁矿石这些物质的生产过程中也消耗了电力，这是炼钢对电力的第二次间接消耗；这个过程可以无限制地进行下去，从而可以得到无数次地间接消耗。因此，只有直接消耗不足以充分反映部门之间地完全联系，只有将直接消耗和间接消耗联系在一起考虑，才能充分地反映部门之间地联系，我们将直接消耗和间接消耗的总和称为完全消耗。

（二）线性规划方法

整体全局最优化是能源系统分析的主要特点之一，这些最优化问题通常都是采用数学规划的方法来求解。数学规划方法就是指研究多变量函数在变量受多种约束条件限制下最优化问题求解的运筹方法。数学规划包括线性规划、非线性规划、动态规划等。线性规划是其中最简单、最基本的一种规划，其特点是各待选变量在各自约束条件和目标函数中均具有线性关系，即约束条件和目标函数均为线性等式或线性不等式。

　　线性规划就是把企业经营活动的内在规律抽象出来，归纳为一些特定的类型，形成简练易懂的数学表达式，帮助人们进行科学的思考，定量的分析问题，从而使领导做出最优的决策。线性规划在国外企业中已经推广应用了几十年，取得了不小的成绩。我国由于管理落后，长期以来没有引用线性规划等经济数学方法，近些年来，不少先进的企业开始采用线性规划并取得了较好的效果，这样，线性规划也终于提到了我国企业管理的日程上来。

　　总的来讲，线性规划是使企业合理利用现有资源，以发挥最大效益。线性规划具体有两大类：一大类是确定了一项任务，研究怎样精打细算，使用最少的人力、财力和物力去完成它；另一大类是已有一定量的人力、财力和物力，研究怎样合理安排，使之发挥最大限度的作用，而完成最多的任务。主要有以下几个方面的问题：

　　(1) 生产计划与组织问题。如何组织生产是企业经营的关键环节之一。企业的领导者不仅要了解市场、开发新的产品，而且还要研究如何把企业内部的人力、物力和自然资源合理地组织起来，充分挖掘企业内部的潜力，为社会提供尽可能多的产品和创造最大的利润。它包括生产方法的选择、企业长远发展规划的论证、生产计划的综合平衡、生产计划的制定、生产任务的分配和产业结构的配比等。

　　(2) 运输与布局问题。企业的经营活动是一个投入与产出的有机活动过程，这既是一个生产过程，又是一个消费过程。供、产、销贯穿企业活动的整个过程，它们之间的关系是很复杂的，定量研究这些活动关系对于搞好企业的经营管理、提高经济效益都是相当重要的。它包括从产地到消费的运输问题，生产中的成品、半成品、原材料的调运问题，厂址、供应站的布置问题等。

　　(3) 配料与下料问题。配料是产品生产过程中的一个重要的环节，采用不同配方进行配料，不仅会带来产品质量的差异，而且会使原料成本发生很大的变化，这些都将影响企业的综合经济效益。因此，在各个不同的行业，研究在不同要求条件下的最佳配方问题是管理与技术相结合的优化方法，通过最优配方来组织生产，能够合理地使用原材料、降低成本，达到提高企业经济效益的目的。

　　建立线性规划的数学模型的步骤主要为：

　　(1) 确定决策变量。对企业的决策者来说，通常存在可以进行控制的因素，如产量、运输量、配料的比例、下料的方案等，这些因素可以用变量来表示，称为决策变量。

　　(2) 确定目标函数。企业的决策者必须有一个明确的目标，这个目标可以是总运输量最小、成套产品数量最多、利润最大、成本最低等。它是决策变量的函数，称为目标函数。

　　(3) 确定约束条件。实现上述目标，决策者的行为必须受到限制，如运输量要受到供应能力和需求量的限制、机床的加工任务要受到生产能力的限制等，这些变量的限制条件或限制范围，称为约束条件，它是一些限制决策者的条件的数学描述。

　　(4) 线性规划问题的描述。线性规划问题是在约束条件下寻求一组决策变量的值，使目标函数达到最大值或最小值，而模型中无论是目标函数还是约束条件对变量来说都是线性的。线性就是指函数中所含变量都是一次项，即一次函数。

　　线性规划的解法有图解法、单纯形法和数值解法等，图解法简单直观，但是只能解决两个变量的问题，数值解法则要求借助于计算机。

　　1) 图解法。含有两个变量的线性规划模型，可以用在平面上画图的方法——图解法求解。图解法解决线性规划问题简单、方便、直观，对理解线性规划的基本原理也是很有帮助的。

图解法中的几个重要的概念：

可行解：满足所有约束条件的一个变量，叫作一个可行解。

可行域：全体可行解构成的集合，称为可行域。

最优解：使目标函数达到最优解的可行解，叫作线性规划的最优解。

一般情况下，一个线性规划问题可能有一个唯一的最优解、多个最优解、无解或只有无界解。

2) 单纯形法。上面介绍的图解法，对具有两个变量的线性规划问答的求解是非常方便的，但它无法解决变量是三个或超过三个以上时的线性规划问题。美国数学家 Dantzig 发明的单纯形法则是解决多变量线性规划的一种有效的代数方法。单纯形法的最大特点就是计算简单、方便、宜于推广，这个方法一般只需要用到加、减、乘、除运算。目前，单纯形法的计算机程序已经十分成熟，也已经运用于许多部门，有效地解决了许多实际问题。

为了更好地理解单纯形法的思想，我们先了解一下有关线性规划解的一些基本性质：

a. 线性规划的约束条件所构成的可行域是一个凸多边形或凸多面体。

b. 在这个凸多边形或凸多面体中有一些重要的点，与我们讨论的问题有着密切的关系，这就是多边形的顶点。在线性规划中，我们称可行域顶点对应的可行解为基本可行解，可行解顶点之所以重要在于如果线性规划有最优解，那么它的最优解一定在可行域的顶点达到。

基本可行解的概念：对一个具有 m 个方程 n 个变量（$n>m$）的线性方程组，如果其系数矩阵中含有一个 m 阶单位矩阵（或对方程组的增广矩阵经过初等行变换简化后其系数部分出现一个单位矩阵），则称单位矩阵所在列对应的变量为基变量，其他的变量称为非基变量。由线性代数的知识可以知道，当令非基变量取零值时，则立即得到方程组的一组解（也叫一个解），若这组解的所有分量皆为大于等于零的值，则这样得到的解成为基本可行解。一个基本可行解中基变量的个数等于约束方程的个数 m，基变量一般是大于零的，而非基变量永远是等于零的。

上面说过，最优解可以在基本可行解中寻找，但是要把所有的基本可行解全部找出来，代入目标函数依次进行比较是比较麻烦的，单纯形法的优越性就在于不用找出全部的基本可行解，在得到一个基本可行解 X^0 后，依据这个解可以求出一个新的基本可行解 X^1，并且新解比旧解的目标函数值会有所改善，不断重复这个过程，直到求出的解无法再使目标函数得到改善为止。

（三）层次分析法

由于客观事物关系的复杂性，许多事物是不能用数学简单而明确的表达的，还有许多事物的关系本来就不是数学关系，因此完全用定量的分析方法就难免带有局限性。在目前的系统分析方法中，对涉及因素多、范围广、关系复杂的大系统，相当多的还要依靠定性分析。这些定性分析中包括专家对专业范围内事物发展变化的推测、对其内部和外部关系的定性描述、对事物的定性评价等。因此，如何将专家的主观分析数量化，即将定量分析和定性分析结合起来对客观事物进行分析、评价，就成为系统工程的一个问题，层次分析法正是这样一种将定量分析和定性分析结合起来的方法。

层次分析法是分析复杂问题的一种简便方法，它特别适宜于那些难于完全用定量进行分析的复杂问题。我们可以运用层次分析法来处理决策和评选问题，也可以将层次分析法用于有限资源的分配等。层次分析法在能源问题中有很多用处，如在各种能源优化规划中确定多目标的权重，对于各种能源开发方案进行评比等。

用层次分析法做系统分析，首先要把问题层次化，根据问题的性质和要达到的目标，将问题分解成不同的组成因素，并按照因素间的相互关联影响及隶属关系，将因素按照不同的层次聚集组合，形成一个多层次的分析结构模型，并最终把系统分析归结为最低层（供决策的方案、措施等），相对于最高层（总目标）的相对重要性权值的确定或相对优劣次序的排序问题。

在排序计算中，每一层次的因素相对于上一层次某一因素的单排序问题又可以简化成一系列相对因素的判断比较。为了将比较判断定量化，层次分析法引入 1－9 比率标度方法，并写成矩阵形式，即构成所谓的判断矩阵。形成判断矩阵后，即可通过计算判断矩阵的最大特征根及其对应的特征向量，计算出某一层元素相对于上一层次各个因素的单排序权值后，用上一层次因素本身的权值加以综合，即可计算出某层因素相对于上一层次整个层次的相对重要性权值，即层次总排序权值。这样，依次由上至下即可计算出最低层次因素相对于最高层的相对重要性权值或相对优劣次序的排序值，决策者根据对系统的这种数量关系，进行决策、政策评价、选择方案、制订和修改计划、分配资源、决定需求、预测结果、找到解决冲突的方法等。

层次分析法大致分为五个步骤：

（1）建立层次结构模型。在深入分析所面临的问题后，将问题中所包含的因素划分为不同层次，如目标层、准则层、指标层、方案层、措施层等，用框图形式说明层次的递阶结构与因素的从属关系，当某个层次包含的因素较多时，可以将该层次进一步划分为若干个层次。

（2）构造判断矩阵。判断矩阵元素的值反映了人们对各种因素相对重要性（或优劣、偏好、强度等）的认识，一般采用 1－9 比率标度方法。当相互比较因素的重要性能够用具有实际意义的比值说明时，判断矩阵相应元素的值则可以取这个值。

（3）层次单排序及其一致性检验。对于判断矩阵计算最大特征根及对应特征向量，利用一致性指标、随机一致性指标和一致性比率做一致性检验。若检验通过，特征向量（归一化后）即为权向量；若不通过，则需要调整判断矩阵的元素取值，重新构成判断矩阵。

（4）层次总排序。计算同一层次所有因素对最高层（目标层）相对重要的排序权值，称为层次总排序。这一过程是从最高层次到最低层次逐层进行的。

（5）层次总排序的一致性检验。这一步骤也是从高到低逐层进行的。

第三节　能　源　的　预　测

一、能源预测的意义和分类

对社会经济系统中各类事态的发展做出预测，不仅是制定社会经济政策的需要，而且也是控制社会和经济发展的手段。预测一般是根据过去和现在，运用某些数学方法定性或定量的寻求有关的客观发展规律，借以推测未来的发展情况。预测的方法有很多，最基本的可以分为定性法、定量法和混合法。定性法应用直接而简便，特别是对那些很难单纯以具体数据来描述的系统的发展预测更是如此。定量法基本上依靠建立各种类型的预测数学模型，然后推导出预测结果。这两类方法对短期和中期预测比较有效。对更为复杂的系统做长期的预测，通常就需要采用定量和定性相结合的混合法。

能源是经济发展和社会进步的重要物质基础，是影响人类生存环境的重要因素。在经济发展和社会进步的诸多方面（如工业化、农业现代化、城市化等），能源都起着决定性的作用。每个国家及地区都必须清楚在今后一段时期内为保证它本身的经济发展所必需的能源量，以及每年的能源需求量，每类能源（每种一次能源和二次能源）的需求量。对能源问题，不论是市场机制的调节，还是国家的宏观调控，都应以能源与社会经济、环境的协调发展为目标，而此目标的实现是建立在科学地进行能源需求和供给的预测的基础上。因此，为了确保国民经济发展战略目标的顺利实现，构建资源节约、环境友好、社会和谐的局面，科学、合理地预测各层次能源系统的能源供求情况，制定能源发展政策具有重要意义。

按照预测的期限、范围、结果、品种等的不同，可将能源预测分为以下四类：

（1）按照预测期限的不同，可将能源预测分为近期预测、中期预测和远期预测。近期能源预测周期为 5～10 年，中期能源预测周期为 10～20 年，远期能源预测周期为 20～30 年。其中，近期能源预测对国民经济发展起指导作用，意义较大。而中、远期能源预测工作是一项战略研究任务，如重大能源基地的开发与建设，重大新能源的研究和发展，就必须用科学方法进行预测后做出决策。

（2）按照能源预测的范围大小的不同，可将能源预测分为宏观预测和微观预测。宏观能源预测是指对国家或地区的能源供需前景所做的预测；微观能源预测是指对小范围内（如某一企业）能源供需前景所做的预测。

（3）按照能源预测的结果，可将能源预测分为定性预测、定量预测和定时预测。能源定性预测主要研究和预测能源供需在未来所表现的性质和能源供需发展的总体趋势，估计能源供需随某些因素变化的定性关系；能源定量预测是指对能源供需未来的数量表现加以确定的过程；能源定时预测是指对能源供需未来的表现时间进行确定的过程。

（4）按照能源预测的品种范围的不同，可将能源预测分为总量预测和分品种预测。

二、能源需求预测和能源供应预测

能源预测的基本任务是分析社会对能源需求的变化，以及能源系统能否满足这些要求，即能源需求预测和能源供应预测。能源需求预测研究的主要是整个国民经济系统，而不是能源系统本身；能源供应预测则研究能源系统本身，主要包括能源资源预测、生产能力预测和技术发展预测。能源供应预测由能源需求预测驱动，能源需求预测是制定能源规划的重要组成部分，对国民经济的发展有着重要的意义，通过能源需求预测可以制定最优的能源战略、安排能源建设，以及优化配置等。

（一）能源需求预测

在进行能源规划时首先会遇到一个问题是，为了满足发展国民经济和提高人民生活水平的需要，究竟需要多少能源呢？这就是说，对能源需求量必须进行预测，它是制定能源规划乃至整个国民经济规划的重要组成部分。

真正的科学预测必须立足于系统地研究自然过程和社会现象中，预测的过程就是认识客观规律的过程。能源需求预测也是从研究一个国家或地区能源消费的历史和现状开始，分析影响能源消费的因素，找出能源消费需求量和这些因素的关系，并根据这些关系对未来能源需求发展趋势做出估计和评价。一般来说，影响能源需求的因素有人口数、国民经济发展速度及其结构、生产技术水平、能源生产和消费构成等。

能源需求预测时，必须遵循以下两个主要原则：

（1）紧紧抓住经济发展与能源需求的内在联系。能源需求量主要取决于国民经济的发展和人民生活水平的提高，而国民经济又是由各物质生产部门（包括生产性的服务部门和商业部门）组成的。它们各自对能源的需求量及所需能源的种类又是随着技术的进步而变化的，同时能源系统本身的构成也会随着国民经济的发展而发生变化。所以进行能源需求的预测，不能离开国民经济这个大系统，必须抓住它们之间的内在联系，找出它们的内在规律。

（2）必须以过去的状况为预测基础。因为任何事物的发展都有一定的连续性，过去和现在情况将会影响未来。所以进行能源需求预测时，必须占有大量的历史数据资料，并对历史的发展做出认真的研究。

进行能源需求预测时，可以按照以下几个步骤进行：①确定预测的具体目标；②收集，并分析有关资料；③构造能源需求预测模型；④进行预测及误差分析。

（二）能源供应预测

能源供应预测是指预测一定期限内将来的世界、某个国家或某个地区的能源供应情况。预测整个世界较长期的能源供应是一个全球性的战略研究工作，它是难度较大，但具有重要意义的一项研究，国际应用系统分析研究所已完成这项工作，并取得了有价值的成果。在以市场经济为主的国家，能源供应预测则是对将来一定期限内各种能源的供应和价格做出预估（叫作趋势预测），作为国家制定能源政策的依据，或为各企业作为确定经营方针和政策的参考。在像我国这样把能源等对国计民生关系重大的物资作为计划经济的国家，能源预测是一种条件预测。它是研究在我国能源资源、现有能源生产供应能力和运输分配能力等已知条件下，加上何种投资、技术引进或技术改革、管理经营改革，以及再加上何种有关开发和节能的条件，在一定期限内，可以供应多少不同种类的能源的问题。这类预测和人们一般理解的预测有所不同。后者是指对一种自然发生或发展的事物变化的趋势或演变做纯化预测，就是在不同条件下，做一些最优化的安排，预计事情的发展方向。

三、能源预测常用方法

（一）人均能量消费法

尽管世界各国在其经济发展过程中有着各自不同的发展模式和历史环境，但均具有一个一个普遍的规律，即任一国家或地区在一定的历史发展阶段，都会有与之相对应的能源消费水平。由于人均能耗与人均产值之间存在一定的比例关系，因此根据很多国家和地区经济发展水平和人均能耗消费水平的统计数字，可得到人均能耗与人均产值之间的关系，然后通过类比方法即可推算出本国或本地区到一定的国民经济发展水平时的能源消费量。

例如，研究我国要达到人均1000美元平均产值时所需的最低能源需求量，可通过查找国际上与我国相似的一些发展中国家的国民经济与能源消耗的图表，参考他们在人均1000美元平均产值时所需的能源消耗量，来估算我国能源需求量。虽然人均能量消费预测方法比较粗糙，但可以给出一个参考的数值范围作为进一步预测和分析的基础。

（二）弹性系数法

弹性系数法是根据能源消费弹性系数，即国内生产总值增长速度与能源消费增长之间的关系来预测能源消费总量。能源消费弹性系数法实际上是回归分析法的特例。要预测某个地区将来某个时期（近期）的能源需求，可以根据某个地区历史上能源消费及其影响因素的统计数据，做回归分析，找出合适的回归方程和回归系数，再用此方程外推。

　　能源消费弹性系数反映了能源消费增长率与国民经济增长率之间的关系，其数值为某一时期能源消费量的年平均增长率与同期国民经济年平均增长率之比，即

$$\phi = \frac{\Delta E / E}{\Delta M / M} \tag{7-1}$$

式中：ϕ 为能源弹性系数；M 为国民经济综合指标值；E 为能源消费量；ΔE 为能源年平均消费增长率；ΔM 为国民经济综合指标的年平均增长率。

　　国民经济综合指标一般是指工业总产值、工农业总产值、国民收入和社会总产品等。能源弹性系数法实际上是一个很粗略的宏观经济能源模型，它以综合经济指标值 M 表明由各物质生产部门、生产性服务部门、商业部门、消费部门组成的一个综合经济结构的经济发展总量，而以能源消费量 E 表明各种不同的能源种类（煤、油、电等）的消费总量。以往历年的能源弹性系数 ϕ 可以利用历年的统计资料得到；对于未来，则可以由 M 和 E 的预测值得到。当然也可以根据计划期基年的能源弹性系数 ϕ 和经济发展的总量指标 M，反过来预测能源的消费量，即需求量。

　　能源消费弹性系数表示经济发展对能源需求的依赖程度，是能源需求预测的重要参数。能源消费弹性系数越大，表明经济发展对能源需求的依赖程度越大；能源弹性系数越小，表明经济发展对能源需求的依赖程度越小。

　　弹性系数法是通过分析总结历史的经济增长与能源消费增长的关系，推测未来的能源弹性系数，并通过对经济发展速度的预测，得到预测期内能源需求增长速度，求出能源需求量。如果一国或地区在未来预测年份的经济发展趋势与过去的经济发展趋势相比无明显的改变，则预测结果比较准确。近年来各国或地区不断调整的经济结构、能源消费结构及节能等，都直接影响着能源消费弹性系数的数值。在预测中，一般要对能源消费弹性系数做一些修正，用修正后的能源消费弹性系数去预测今后年份的能源需求量。弹性系数法预测能源消费简单易算，但是过于粗糙，只能提供一个粗略的近似值，因而其预测结果只能看作是一个趋势和参考值。弹性系数法适合用于中、远期的预测，该法预测的关键在于选取的弹性系数是否经济合理，该法的缺陷是目前在理论上没有足够的科学依据能够论证多大的数值是合理的。

　　需要指出的是，弹性系数值 ϕ 与国民经济生产总值有关，因而国民经济内部有关的重要因素对 ϕ 都有影响。

　　1. ϕ 值与国民经济各部门结构和产品结构的变化有关

　　国民经济各部门结构是指各经济部门在国民经济中所占的比例，如果去年和今年的国民经济部门结构相同，各部门都按照一个增长率在发展，而各部门的生产工艺技术和管理水平都没有变，那么能源需求量也按照同一个比例在增长，即 ϕ 为 1；如果在某一间歇期，耗能的重工业相对发展较快，所占的比例一年比一年大，那么，在国民经济生产总值同样的增长率情况下，由于重工业发展较快，因而能源的需求量也相应增长较快，结果 ϕ 值就会变得大于 1，反之亦然。如果达到这个新的比例后，这个比例不再变动，则 ϕ 值又会恢复为 1。在各部门中生产产品比例改变，都会影响到 ϕ 值。

　　2. ϕ 值与科学技术水平和管理水平有关

　　能源生产和使用的科学技术水平及能源的管理水平会明显地影响到能耗。例如，家庭炊事用燃煤以煤气代替直接燃煤，或者是一个城市用集中供暖或余汽供热来代替分散的小锅炉供热都会起到节能作用，相应地 ϕ 值也会下降。工厂中生产过程采用衔接工艺和提高能源

管理水平，都可以使产品能耗下降，那么相应的 ϕ 值也会下降，同样，当能源使用效率达到一定值后不再继续提高，则 ϕ 值又回到 1。

3. ϕ 值与人民生活水平发展有关

一般来说，随着国民经济的发展，人民的消费将更迅速的增长，对物质和精神生活的享受要求将会更多，每元消耗值中所需能耗也将会增加，因此，ϕ 值也会变大，这对于发展中国家来说更是如此，对于发达国家来说，它将趋向饱和，甚至有减缓的趋势。

4. ϕ 值与经济管理和政策因素有关

经济管理和政策因素对 ϕ 值的影响也很大，我国有许多项目，由于管理不善，投入大量的资金和能源，但是长期不能生产，形不成新的生产能力，不产生经济效益，使得 ϕ 值提高。自 20 世纪 70 年代的能源危机以来，许多国家用经济政策来缓和能源问题，努力促使能源消费量减少，使得 ϕ 值减小。

（三）时间序列法

时间序列法是指用适当的数学关系式来描述研究对象随时间变化的趋势及统计规律，并用来预测该研究对象的未来发展趋势的方法。时间序列法适用于近期或中期的预测。当用时间序列法进行远期预测时，可能会由于研究对象的未来规律与过去存在明显差异而造成较大的误差。尽管如此，时间序列法常常用于缺乏研究对象相关数据资料的情况下的预测，这是由于时间序列法只需要一组事物本身随时间变化的观察值即可进行预测。

一般来说，一组时间序列中包含四种变动：长期变动趋势、季节变动、循环变动和不规则变动。其中，长期变动趋势指事物在长时间内的变动趋势；季节变动是指以十二个月为周期的重复出现的循环变化；循环变动是指以数年为周期的一种周期性变动；不规则变动又称随机变动或残余变动，它包括了不属于前三者的任何变化，当然也包括了任何偶然发生的事故而引起的变动。若用 T、S、C 及 I 分别代表上述四种变动，那么整个时间序列 Y 可用下面一种模式来表示：

$$Y = T \cdot S \cdot C \cdot I \tag{7-2}$$

式中：Y、T 的单位为观察值的单位；S、C、I 为无量纲的百分数。

在进行能源预测工作中，经常遇到的是长期变动趋势。进行时间序列分析常用的数学建模方法有最小二乘法、移动平均法及指数平滑法等。

（四）相关法

相关法又叫作回归分析法。由于能源的需求量与经济发展、人口增长均有密切关系，因此可以建立它们之间的回归方程，并检验其相关的显著性，从而可以深入研究到底哪些因素与能源消费量的关系最为密切，由此预测在各种经济、人口或其他因素发展变化的条件下，对能源的需求量。

回归分析法是以概率论与数理统计为基础发展起来的一种应用性很强的科学方法，是现代应用统计学的一种重要分支，在社会经济各部门及各个学科领域都得到了广泛的运用。随着我国社会主义建设的迅猛发展，人民越来越意识到运用定量分析技术研究问题的重要意义，特别是计算机技术的发展使得进行大规模、快速、准确的回归分析运算成为可能。

一般来说，回归分析法是研究一个变量或一组变量（即自变量）的变动对另一个变量（因变量）的变动的影响程度，其目的是根据已知的自变量的变异来估计或预测因变量的变异情况。

回归分析法比弹性系数法复杂，但是它可以分析多种因素对能源消费的影响，有助于抓住主要矛盾。

（五）投入产出分析法

投入产出分析法是研究经济系统各个部分间表现为投入与产出的相互依存关系的经济数量方法。它可以用来分析和研究国民经济各部门的结构发生变化时能源消费量的变化，因而能更精细地预测能源消费量，反映的是各部门的发展及结构变化对能源需求的影响，是用于能源系统分析的一种有效方法。

投入产出表由四部分组成见表7-1。

表7-1 投入产出表的基本结构

投入 \ 产出	中间使用				最终使用											进口	总产出
					最终消费					资本形成总额							
	产品部门1	…	产品部门n	中间使用合计	居民消费			政府消费	合计	固定资本形成额	存货增加	合计	出口	最终使用合计			
					农村居民消费	城镇居民消费	小计										
中间投入 产品部门1 ⋮ 产品部门n 中间投入合计	第Ⅰ象限				第Ⅱ象限												
增加值 劳动者报酬 生产税净额 固定资产折旧 营业盈余 增加值合计	第Ⅲ象限				第Ⅳ象限												
总投入																	

第一部分，即第Ⅰ象限，是由名称相同、排列次序相同、数目一致的若干个产品部门纵横交叉而成的中间产品矩阵，矩阵横向反映产出部门的货物或服务提供给各投入部门作为中间使用数量，纵向反映投入部门在生产过程中消耗各产出部门的货物或服务数量。第一部分是投入产出表的基本核心部分，它揭示了国民经济各产品部门间相互依存、相互制约的技术经济联系，反映了国民经济各产品部门间相互依赖、相互提供劳动对象供生产和消耗的过程。

第二部分，即第Ⅱ象限，是第Ⅰ象限在水平方向上的延伸，其纵列是由最终消费、资本形成总额、出口等最终使用项组成的。第二部分反映了各生产部门的货物或服务用于各种最终使用的价值量及其构成，体现了生产总值经过分配和再分配后的最终使用。

第三部分，即第Ⅲ象限，是第Ⅰ象限在垂直方向上的延伸，其主栏由劳动者报酬、生产税净额、固定资产折旧和营业盈余等增加值项组成，即劳动所创造的价值与剩余价值两部分。第三部分反映了各产品部门的增加值的构成情况，体现生产总值的初次分配。

第四部分，即第Ⅳ象限，它反映了国民收入的再分配，因其说明的再分配过程不完整，有时可以不列出。

根据计量单位的不同，投入产出表可分为实物表和价值表，相应建立的模型为实物型投入产出模型和价值型投入产出模型。实物表以实物量作为计量单位，各类产品的计量单位不相同，表的纵列不能相加，其中反映的各类产品在生产过程中的相互联系是由生产技术条件决定的。价值表把整个国民经济分成若干个部门，以货币单位为计量单位，因此比实物表包括的范围更广更全，价值表的行和列反映了投入产出表的基本平衡关系。

根据模型特性及分析时期的不同，又可分为静态表、动态表，相应建立的模型为静态模型和动态模型。静态模型不考虑时间发展的顺序，只反映一个确定时期内的经济数量关系。而动态模型是包含时间因素在内的静态模型，除了仍保留静态模型中的基本数量关系外，还要求从发展变化的角度考察社会经济活动。建立动态模型是投入产出法的难点之一，很多国家试图建立动态投入产出模型，但由于分析的侧重点不同或模型本身处理方法的差异，动态模型的差别非常大，特别是动态投入产出模型在理论基础上存在争论，模型运算过程困难，因此动态投入产出模型的理论和方法仍在探索中。

另外，根据范围的不同，将投入产出表分为全国表、地区表、部门表和联合企业表，还有研究环境保护、人口、资源等特殊问题的投入产出表。

在投入产出分析法中，各种投入产出系数是进行分析的主要工具。这些投入产出系数包括直接消耗系数、完全消耗系数、感应度系数、影响力系数和各种诱发系数。其中，基本系数是直接消耗系数和完全消耗系数。

直接消耗系数是指某一部门在生产过程中单位总产出直接消耗的各种产品部门的产品或服务的数量，计算方法如下：

$$a_{ij} = \frac{x_{ij}}{X_j} (i, j = 1, 2, \cdots, n) \tag{7-3}$$

式中：a_{ij} 为直接消费系数；x_{ij} 为 j 部门生产过程中所直接消耗的第 i 部门产品或服务的数量；X_j 为 j 部门的总产出。

直接消耗系数是建模中最重要、最基本的系数，是投入产出模型的核心。引入直接消耗系数后，可把经济因素和技术因素有机地结合起来，使经济分析建立在定性和定量分析的基础上。由直接消耗系数 a_{ij} 构成的 $n \times n$ 矩阵 A 即为直接消耗系数矩阵，该矩阵反映了投入产出表中各产业部门间技术经济联系和产品之间的技术经济联系。

（1）若 a_{ij} 的数值越大，则说明第 i 部门与第 j 部门的直接技术经济联系越密切，反之越松散。

（2）若 $a_{ij} = 0$，则两个部门之间不存在直接技术经济联系。

直接消耗系数反映了各种产品在生产过程中的相互联系。但是各生产部门之间的联系并不仅仅是表面的直接联系，还存在着内在的、复杂的、多层次的间接联系，这些间接联系产生间接消耗，也就是指某一产品部门的产品或服务通过消耗其他产业部门的产品或服务而间接地对某种产品或服务的消耗量。间接消耗关系反映了国民经济各产业部门之间间接联系的程度。例如，生产一台汽车，需要直接消耗电力和钢材，而生产钢材的过程中也需要消耗电力，这就是生产汽车对电力的间接消耗。生产汽车对电力的直接消耗和无数次间接消耗之和，就构成了汽车对电力的完全消耗。

完全消耗系数揭示了部门之间直接和间接的联系，它更全面深刻地反映了部门之间相互依存的数量关系。完全消耗系数又称为逆矩阵系数，即当某一产业部门的生产发生了一个单位变化时，导致各产业部门由此引起的直接和间接地使产出水平发生变化的总和。完全消耗系数矩阵可以在直接消耗系数矩阵的基础上计算得到，利用直接消耗系数矩阵计算完全消耗

系数矩阵 B 的公式为

$$B = (I-A)^{-1} - I \tag{7-4}$$

式中：A 为直接消耗系数矩阵；I 为单位矩阵。

$(I-A)^{-1}$ 为 $(I-A)$ 的逆阵，称为列昂惕夫逆系数矩阵（完全需求系数），表示第 j 产品部门增加一个单位最终使用时，对第 i 产品部门的完全需求量。它与完全消耗系数矩阵有密切的联系，两者仅相差一个单位矩阵。

由于投入产出方法本身并不具备择优功能，目前，人们多用线性规划、多目标规划等优化方法与投入产出法结合，建立投入产出优化模型，进行投入产出的优化分析，以制定既满足投入和产出平衡关系，又能保证经济系统取得最佳经济效果的最优化方案。

（六）部门分析综合预测法

部门分析综合预测法是编制能源规划时常用的预测方法，是大多数计划人员所熟悉的。基本思路是通过各部门能源消耗水平的现状分析，根据计划期内各部门生产发展水平和能耗下降的可能，并依据各部门之间的比例变化来综合预测能源需求量。

部门的划分可以从现有的统计口径出发，并可根据规划中可以提供的国民经济指标体系而定。一般来说，部门划分越细，预测的准确性越高。分部门的产值增长率可按计划要求而定，而分部门的节能率则应根据各部门在规划期内可能达到的节能量来计算。节能率由两个部分组成：一是由管理水平和技术水平提高所取得的技术节能率；二是由调整工业结构和产品结构少用能源所取得的结构节能率。

能源供应预测通常采用的方法有以下几种：

1. 趋势法预测

对能源供应做趋势预测所用的基本思想是把能源供应的将来发展当作过去的演变的自然延续。按这种思想做预测的方法很多，通常采用的是指数平滑法和回归分析法。

（1）指数平滑法。指数平滑法是对历史数据分轻重缓急来给予不同的处理，认为最近的数据对今后的影响最大，而越陈旧的数据所起作用越小，然后对具有线性趋势的发展过程采用二次平滑法。

（2）回归分析法。回归分析法就是首先建立与能源供应有关的各主要因素的回归方程，通过对回归参数的估计与显著性试验，就可以对能源供应的能力进行预测，与能源开发供应有关的主要因素，如目前能源的生产情况、发展趋势、投资、资源条件、在建规模、计划新建能力、技术装备条件等，均可以在回归分析中加以考虑和研究。

指数平滑法的精度不如回归分析法，但它对长期数据处理有明显优点，对一次和二次指数平滑值都可以递推计算，十分方便，且无需储存数据。

2. 投入产出法预测

如果其地区的能源需求量已由各种方法确定，则从该地区的能源生产技术水平和单位能耗，即可列出能源的投入产出表，并由该表推算出实际必需的能源生产量。

3. 优化法预测

人们在开发、生产、运输各种能源时，总是力图使投资最省、运营费用最小。因此可以模拟这种趋势，利用最优方法来预测能源供应量。

在能源供应预测的最优法方法中，常采用折现后的能源开发投资和运营费之和作为目标函数，而以资源、需求、能流平衡、劳动力等作为约束条件，对全国或某一地区的能源供应系统进行最优化处理，以求出在各种不同能源需求的情况下，能源供应为最优的可能方案。这种最优化预测方案还可以模拟决策者的意图，对各种供应和需求预测值进行分析比较，以便从中选取较为合理的预测值。

（七）灰色预测模型

部分信息已知、部分信息未知的系统称为灰色系统。灰色系统理论是从信息的非完备性出发研究和处理复杂系统的理论，它不是从系统内部特殊的规律出发去研究系统，而是通过对系统某一层次的观测资料加以数学处理，达到在更高层次上了解系统内部变化趋势、相互关系等的机制。

对灰色系统进行预测的方法即为灰色预测法。灰色预测通过对原始数据进行生成处理来寻找系统变动的规律，生成有较强规律性的数据序列，然后建立相应的微分方程模型，从而预测事物未来发展的趋势。

对于能源消费的需求预测，通常是从年能源消费时间序列这组综合灰色量本身挖掘有用信息，建立微分方程模型，求得拟合曲线对系统进行预测。灰色预测法具有所需样本少、计算简单、可检验等优点，但通常只适合时间序列单调增长（尤其符合指数规律增长）的情况。

第四节 能 源 规 划

面对这样一个对整个国民经济关系极大，而又如此复杂的能源系统，如何对它进行管理、改造和发展，如何建立一个真正满足发展经济和提高人们生活水平所需要的系统呢？这就是能源规划所要研究的课题。规划包含着计划和制定计划两方面含义。能源规划就是在经济理论的指导下，在对目前及历史的能源生产和消费状况进行调查和分析研究的基础上，根据国民经济和社会发展对能源的需求，制定能源发展的长远规划和一定时期内的具体计划。

一、能源规划的目的

能源规划作为整个国民经济规划的一部分，它的目的应该是：

（1）确定社会对能源系统的需要和能源系统发展的方向；

（2）合理调整能源部门和其他部门之间的关系以及能源系统内部各部门、各环节的增长速度、比例和结构；

（3）合理地、有效地使用能源资源和国家给予能源系统的投资。

二、能源规划的原则

能源规划要遵循以经济理论为指导的总原则，除此之外，能源规划还应遵循的原则如下：

（1）能源规划必须把整个能源系统作为整体来掌握，以便使它的各部门能协调一致地发展，并服从于整个能源系统要达到的目标。能源系统虽然规模很大，所包含的部门、环节很多，但它作为整个国民经济系统的一个子系统，其特定的功能就是满足国民经济对它的需求。每一个能源工业部门应该按照自身的生产能力、资源的情况及社会的需求来制定本部门的规划，每一个地区也会根据本地区的特点改造本地区能源系统，但这些"计划"总是彼此影响的，甚至会影响整个系统的目标。例如，作为一种能源，煤炭和石油都可用作燃料或用于发电，在社会对燃料的需求量和对电力的需求量确定的情况下，它们要共同承担这两种需求，因此石油供应量的变化必然迫使煤炭供应量变化，要不就会影响对总需求量的满足。能源系统内部各个部门、各个环节之间的联系表现为错综复杂的网络。只有在透彻了解系统所涉及的各部分之间复杂关系的基础上，从全局角度提出各项指标，从整体出发进行规划，才能是科学的、合理的规划。

（2）能源规划应该以长期规划为主。从能源系统的特点来讲，能源系统是一个大时间常数的惯性系统，每一个项目的建设周期长，服役期也长，而且投资额大。这就是说，近期的建设要在十年、二十年后才能发挥它的作用，并在30年作用的服役期内一直发挥影响。所以，必须根据十年、二十年或更长期的能源战略，对能源的需求、技术水平等因素来安排近期的建设。换句话说，应该先有长期规划，后有短期计划。从能源系统的"环境"，即整个国民经济系统来讲，当前科学技术发展很快，它在变革物质技术基础、提高社会劳动生产率、加快经济发展速度中的作用也越来越大。但是，从科学的发明、发现到实际应用于生产，一般也要用几年到十几年的时间。与科学发展相联系，科技人员的培养和教育事业的发展也需要较长的时间。再具体些，一个大型工业企业的建成投产、一项重大节能措施在生产中实施、经济结构上的调整等直接影响能源规划的因素，一般也要五年以上的时间才能初见成效。所以，能源规划必须以长期规划为主导。短期计划只是根据长期规划规定的任务，结合当前能源系统的实际情况，将长期规划的任务具体化，同时，根据短期计划执行过程中出现的新情况来修正长期规划，使长期规划更加完善。

强调长期规划的重要性，强调它对能源系统，以及整个国民经济发展的有效影响，并不是说遥远的未来问题比眼前和近期的问题更重要，而是，如果没有明确可靠的未来发展计划，合理控制现时经济活动的可能性就会受到限制。

（3）合理的规划应该充分估计到规划的可执行性，在进行规划时应该把需求与可能的供给相结合。能源系统活动的目标是为了通过它的活动满足国民经济对能源的需求，这就决定了能源规划应该从需求出发，从预测国民经济系统对能源的总需求量入手。由于能源系统自身的特定及它与国民经济的紧密联系，使得能源系统难以在短时间内进行改造和发展，短时间内不可能使其活动水平（即能源可供给量）有很大提高。这就要求人们在能源规划中，必须把需求与可能的能源供应能力相结合。

（4）合理的规划应该从多种可能的方案中选择最佳方案。这不仅是能源规划，而且是一切计划、管理工作都必须遵循的原则。

三、能源系统规划的内容与程序

能源系统的规划从内容上讲有能源开发规划、能源节约规划、能源运输规划等；从地域上讲有国家能源规划、地区能源规划、企业能源规划等。

能源规划的主要内容包括：①能源供需现状调查分析；②能源需求预测，包括需求量与需求结构（部门结构、空间结构和品种结构）预测；③能源供应方案的设计、评价与优化，首先提出多个方案，进而从供需平衡状况、经济效益（尤其是投资）、环境效益等方面对各方案做出评价，最后提出若干优化或满意的方案；④方案检验与决策。在能源规划中，要正确处理能源与经济、能源与环境、局部与整体、近期与远期、需求与可能的关系，统筹兼顾，合理布置，保证能源建设有秩序、有步骤地同国民经济发展相协调，保证各种能源在数量上和构成上同国民经济和社会发展的需要相适应。

能源规划的程序一般是从宏观国民经济发展出发，经过科学的分析，在考虑各种直接和间接节能措施的情况下，采用各种预测方法，计算出与经济社会发展方案相适应的能源需求量；以能源现有生产能力和探明能源储量为基础，合理规划能源开发建设；综合分析能源生产供应与需求预测相适应的可能性和各种规划方案；提出与各种开发供应方案相适应的资金、物资、人力、技术等各种需要数量；经过分析比较将有关限制因素反馈给宏观国民经济发展方案进行平衡。经过多次循环，求得能源与国民经济发展相互匹配的、经济效益最佳的能源规划方案。

四、能源系统规划的注意事项

在进行能源系统规划时首先要明确规划的目标，例如，对能源开发规划而言，其目标可能是在保证满足国家经济发展的战略目标所需的能源需求的前提下，以最少可能的投资，开发我国的能源工业；也可能是在一定的投资限额下使能源生产最大限度地满足国民经济发展所需的能源消费量。规划的目标不同，得到的结果也不一样。例如，对前一个目标得到的结果主要是评价其可行性，即国民经济中是否可能拿出这么多投资投入能源工业，这么多投资放在能源工业后对整个国民经济的发展将产生什么影响，这种影响我们是否可以承受；对后一个目标其结果主要是评价那么多投资是否能满足实际能源的需求，供需间的缺口对国民经济的发展有多大影响。所以明确规划的目标是很重要的。另外在做能源开发规划时通常还需要对不同种类能源，根据其需求做出开发规划，例如，规划石油、煤炭、天然气、核能、新能源的发展比例。

其次要确定规划的期限，即规划是短期的、中期的还是长期的。总的来说，中期规划要和长期规划相结合，在中期规划下面再制定短期规划。长期规划是一种指导性战略规划，应当有一定的灵活性。

五、能源系统规划的步骤

能源规划的步骤通常包括调查研究、建立数学模型、计算模型、规划方案及评价。

（1）调查研究。调查研究主要是为了收集数据和信息。在统计制度完善的情况下，只需对所缺资料做补充调查，对重要问题做定性分析，就可以确定所建模型的结构和大小。

（2）建立数学模型。通过调查如果已得到规划期内的各种预测数据，就可以着手建立数学模型，如对预测值做分析研究，确定其置信度或其可实现的概率分布。如果缺少必需的预测，就需要先构造相应的预测模型做预测，同时也建立规划本身所需的数学模型，或把预测模型作为规划模型中的一个子模型。

（3）计算模型。模型建成并经过检查以后，就可在所建的模型上做运算。规划模型大多是优化模型，其运算结果是在一定的目标下，满足多约束条件时的寻优。在运算此类模型时可以做灵敏度分析，即稍稍变动约束条件或有关参数，看其结果如何变化，以观察各种约束条件和各有关参数对优化结果的影响程度，从而可以确定某些约束条件和参数可以放宽的程度，并作为各种备选方案的评比内容。

（4）规划方案及评价。规划方案是把多种计算结果及其计算条件、采用目标、特定约束条件等同时列出，以形成多方案备选。通常对规划方案中的各方案还需附有对该方案的评价，对某些方案中的突出特点也有必要加以详细说明，最后还需有各方案的比较。与此同时，还应把有关方案的计算软件、所用模型与数据存入数据库、模型库，以便决策时进行查询对比。在某些情况下各备选方案均不理想时，从方案比较中可以分析应修改哪些条件或目标，修改模型，重新做起。

第八章 能 源 市 场

第一节 有关市场的知识

一、市场

市场是商品交易关系的总和,即市场是进行商品交易的场所,是商品交易的全过程。从经济学的角度,市场是由供给和需求两个基本要素组成的,供需双方相互作用、相互协调,使市场趋于均衡。一个健康市场的共同特征是价格随需求变化、价格变化影响需求量、买卖市场机制、买方或卖方无垄断行为。

构成市场的要素有市场主体、市场客体、市场载体、市场价格、市场规则和市场监管等。市场主体由商品生产者、消费者、经营者和市场管理者共同组成。市场客体是指买卖双方交易的对象,即商品。市场载体通常指网点设施、仓储设施、运输设施、通信设施及交易场所等。

市场价格遵循价值规律和供需调节规律。价格构成通常包括市场成本、期间费用、利润和税金四部分。对于市场而言还应具备各种相应的规则,如市场进入规则、交易规则、竞争规则和运行规则等。市场还需依靠行政机关、经济组织、司法机构,甚至新闻媒体,按照市场规则对市场行为和市场运行过程进行监管。

建立一个健全市场的目标是打破垄断、引入竞争、健全价格机制、提高效率、降低成本、促进生产力的发展。

二、需求与供给

(一) 需求

需求是指消费者在某一特定时期内,在每一价格水平上愿意,并且能够购买的商品数量。值得注意的是,在经济分析中所指的需求是有效需求,它是购买欲望和购买能力的统一体。显然仅有购买欲望,而无购买能力,并不能形成对商品的真正需求;反之,虽有购买力,但无购买欲望,也不能形成对商品的真正需求。

就对象而言,需求可以分为个人需求和社会需求;就满足程度而言,需求还可分为直接需求和派生需求,如对住房的需求将会带动对装饰材料、家具和家用电器的需求。

影响需求的因素很多,如商品自身的结构、相关商品的结构、消费者的收入水平、消费者的爱好、消费者对未来的预期、社会人口状况等。通常对某一商品可用需求函数来表示需求的影响因素和需求间的关系。例如,对某一品牌汽车其需求函数可表示为

$$Q_d = a_1 x_1 + a_2 x_2 + a_3 x_3 + a_4 x_4 \qquad (8-1)$$

式中:Q_d 为该品牌汽车在某年内的需求量;x_1 为该汽车的价格;x_2 为人均可支配的收入;x_3 为居民户数;x_4 为广告费用;a_1,a_2,a_3,a_4 为相关参数,它们表示需求中各影响因素的权重。

若已知各相关参数,则可由需求函数来预测该汽车的需求量。显然在上述各影响因素中,价格的影响最大,而且其权重为负值,其他影响因素的权重则为正值。式(8-1)所表示的曲线称为需求曲线。

如果把商品本身价格 P 作为影响需求的唯一因素，则需求函数可表示为

$$Q_d = dP \qquad (8-2)$$

若以价格为纵坐标，需求量为横坐标，则需求曲线通常是一向右下方倾斜的直线。它说明需求量随商品本身价格的下降而增加，随商品本身价格的增加而减少。这一规律也被称之为需求定理。

大多数商品遵循需求定理，但也有例外，如某些炫耀性商品（豪华轿车和名贵首饰等）因以其高价显示主人的特殊身份和社会地位，在价格下降时需求反而减少；一些低档的生活必需品则在价格上升时因购买者担心商品短缺需求量会上升。还有一些商品，小幅度的升降价时，需求按正常情况变动，大幅度的升降价时，人们就会采取观望的态度，需求将出现不规则的变化，例如证券和黄金市场常有这种情况出现。

值得注意的是，商品本身价格虽然未变，但因为消费者收入水平、相关商品价格、消费者的爱好等其他因素变动，也会引起需求量的变化。因此，在经济分析中还要注意商品本身价格以外的其他因素对需求曲线的影响。

（二）需求弹性

需求弹性通常指需求的价格弹性。若用 Q 代表需求量，ΔQ 代表需求量变化的百分比，P 代表价格，ΔP 代表价格变化的百分比，则需求的价格弹性 E_d 可表示为

$$E_d = \frac{\Delta Q/Q}{\Delta P/P} \qquad (8-3)$$

按照需求的价格弹性值的大小，通常有几种情况：$|E_d| > 1$，需求富于弹性；$0 < |E_d| < 1$，需求缺乏弹性。此外还有两种十分罕见的特殊情况：若 $|E_d| = 0$，需求完全缺乏弹性，即无论价格如何变化，需求量都不改变；$|E_d| \to \infty$，需求完全富于弹性，即商品价格在现在水平上稍微提高一点点，需求将立即下降为零。

需求的弹性值通常在 $0 \sim \infty$ 之间，其值一般与商品的必需程度、商品的可替代性等因素有关。

（三）供给

供给是指一定条件下（特定的时间和一定的价格），生产者愿意并可能出售的产品（包括新提供和库存的）。影响供给的因素比影响需求的因素更加复杂，既有经济的因素，又有非经济的因素。除了商品价格外，还与生产厂家的生产目标、生产成本、生产技术水平、政府的宏观调控政策等诸多因素有关。例如，在市场经济条件下，生产厂家的生产目标是利润的最大化，但在某一时期，生产厂家为了占领市场，其生产目标可能是产量的最大化，或销售收入的最大化。

对于互补的商品，例如，汽车和石油，一种商品的需求（如汽车）会随另一种商品（如石油）价格的下降而增加，而该种商品需求的增加又会引起该商品价格的上涨，从而使供给增加；反之亦然。而对于可替代的商品，如塑料和木材，一种商品的需求（如塑料）会随另一种商品（如木材）价格的上升而增加，而该种商品需求的增加又会引起该商品价格的上涨，从而使供给增加；反之则会使供给减少。

和需求类似，对某一商品也可用供给函数来表示供给的影响因素和供给间的关系：

$$Q_S = S(x_1, x_2, \cdots, x_n) \qquad (8-4)$$

式中：Q_S 为供给；$x_1, x_2, \cdots, x_n$ 为影响供给的因素。

如果仅考虑供给量与价格 P 之间的关系，把商品本身价格作为影响供给的唯一因素，则供给函数可简化为

$$Q_S = S(P) \tag{8-5}$$

和需求曲线相反，若以价格为纵坐标，供给量为横坐标，则供给曲线通常是一向右上方倾斜的直线。它说明供给量随商品本身价格的下降而减少，随商品本身价格的增加而增加。这一规律也被称之为供给定理。

在经济分析中，又常将供给的变动分为供给量的变动和供给的变动，由商品本身价格变动所引起的供给变动称之为供给量的变动。商品价格不变而由其他因素变动引起的供给变动则称之为供给的变动；其表现为供给曲线的平移，向左方移动表明供给减少，向右方移动表明供给增加。

（四）供给弹性

和需求弹性类似，供给弹性是指供给价格弹性，其定义为

$$E_S = \frac{\Delta Q_S / Q_S}{\Delta P / P} \tag{8-6}$$

根据供给定理，供给的价格弹性应为正数。$E_S > 1$，称为供给富于弹性；其中一种特殊情况是 $E_S = \infty$，此时供给完全富于弹性，即在某一特定价格下，厂商愿意提供任意数量的产品，而价格稍有下降，供给量就会骤然降至零。$E_S < 1$，称为供给缺乏弹性；一种特殊情况是 $E_S = 0$，此时供给完全缺乏弹性，即无论价格如何变化，供给量将保持不变。$E_S = 1$，则称为供给单元特性。影响供给价格弹性的因素很多，如供给商品的类别、数量、供给时间长短、已经进入和退出市场的难易程度等。

三、市场均衡与市场结构分析

（一）市场均衡

在经济分析中需求价格是指消费者对一定数量商品所愿意支付的价格，供给价格则是生产者为提供一定数量的商品所愿意接受的价格。显然这两个价格之间是存在差别的。均衡价格是指某种商品需求和供给达到均衡时的价格，该价格反映了该种商品的价值。

均衡价格是通过市场供求的自动调节形成的。如果 D 表示需求曲线，S 表示供给曲线，如图 8-1 所示，则两曲线的交点 E 即为均衡点。E 所对应的价格 P_0 即为均衡价格，E 所对应的 Q_0 则表示均衡数量。

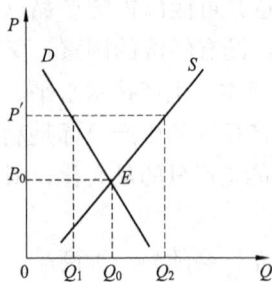

图 8-1 均衡价格

均衡价格的形成过程是，若某种商品的价格 P' 上升到高于均衡价格 P_0 时，根据需求曲线 D，需求量将从均衡点的需求量 Q_0 减少至 Q_1；而根据供给曲线 S，其供给量却因价格的上升而增加到 Q_2，这样就造成了供大于求。由于需求少，供给多，导致价格下降，当价格下降到均衡价格 P_0 时，供给量和需求量相等，从而达到市场价格均衡。如果某种商品的价格下降到低于均衡价格，其过程正好相反：需求量增加，供给量减少，供不应求将导致价格上升；当价格上升到均衡价格时，供需再次达到平衡。

需求大于供给，价格将上升；需求小于供给，价格将下降。这种供求之间的关系就称之为供求定律。市场的供给将围绕均衡价格上下波动而自动调节。

市场均衡分析是经济学家分析市场运行的最普遍的方法。例如，市场中价格的决定、资源的最优配置、生产要素的合理利用、经济的稳定增长等市场的整体特征都是在市场均衡假设的基础上得到的。

（二）市场结构分析

决定生产结构的最主要的因素是市场上卖者和买者的数量及商品的特性。显然经济越发展，市场越繁荣。对某一种商品而言，随着买卖双方的增多，市场竞争就会加剧。另一方面如果某种商品的替代品增多，其市场竞争就会加剧，这就是商品特性对市场结构的影响。

如果以卖方行为和市场竞争的程度为依据，市场结构可以分为四类：完全竞争市场、完全垄断市场、垄断竞争市场和寡头垄断市场。就市场效率而言，完全竞争市场优于垄断竞争市场，垄断竞争市场优于寡头垄断市场，寡头垄断市场又优于完全垄断市场。

1. 完全竞争市场

现代经济学认为，具有以下特征的市场为完全竞争市场：①市场上存在着大量的买者和卖者，由于他们单个的交易量在供求总量中占很小的比重，因而任何单个的买者和卖者都不能影响市场价格，而只能是既定价格的接受者；②任何厂商都可以自由地并且非常容易地进入市场；③所有卖者向市场提供的产品或服务都是同质的，对买者来说没有任何差别；④生产和经营某种商品的所有资源都可以自由进入或退出市场。

2. 完全垄断市场

微观经济学将垄断定义为一个厂商控制一个全部供给的市场结构。在垄断市场下，不存在产品相近的代替品的竞争，也就是说，市场上只有一个卖者，而又没有其他替代品的竞争对手，在纯粹垄断市场结构下，厂商与行业（或市场）是完全重合的两个概念，行业中唯一的厂商就是垄断企业，这个垄断企业也就构成了一个行业或市场。

3. 垄断竞争市场

完全竞争和纯粹垄断是两种极端情况，现实中普遍存在的是垄断竞争市场。垄断竞争又叫不完全竞争，是指一种既有垄断因素又有竞争因素的市场结构。微观经济学对垄断竞争市场有如下的假设：①市场上存在着大量的卖者和买者，以至于某一卖者（或买者）可以忽视其他卖者（或买者）的行为对自己利益的影响，即企业可以以自己的产品特色垄断一部分消费者，形成自己在市场上的垄断力量；②卖者（厂商）的产品存在着差异（产品差异指同一种产品在质量、包装、外形、品牌、服务等细微方面的差别），但同属一类产品间有着密切的技术替代关系（指它们都满足同样的需求）和经济替代关系（指它们有类似的价格）；③一个生产集团中各个厂商具有相同的需求曲线和成本曲线；④厂商能够比较容易地进入或退出市场（生产集团）。

4. 寡头垄断市场

寡头一词的原意是"为数不多的几个"。寡头市场是几家企业控制的市场。这种市场上，市场集中程度高，进入困难。产品可以有差别（如汽车、彩电市场），也可以没有差别（如钢铁、石油市场）。形成寡头市场的关键条件是规模经济。这种行业的特点是企业产量只有达到相当大才能实现规模经济。这样，一个行业只要有几家大型企业就可以供给整个市场的需求。尽管没有自然或立法的限制，但由于新企业进入所需资金巨大，投资风险也大，而且，原有企业在生产技术或市场占有方面具有优势，所以，进入困难。这种市场上的企业可以以自己巨大的产量来影响，甚至控制价格，因此也称为价格决定者。一般而言，重工业、机械制造、化工、电子、烟草、制药、饮料等行业都属于寡头市场。

第二节 煤 炭 市 场

一、煤的形成与分类

（一）煤的形成和元素组成

煤是最丰富的化石原料，它由原始植物经过复杂的生物化学作用和物理化学作用转变而成。这一演变过程称为成煤作用。高等植物经过成煤作用形成腐植煤，低等植物经过成煤作用形成腐泥煤。绝大多数煤为腐植煤。高等植物在地壳的上升和下降运动中被埋入地下，在一定的地理环境下经过复杂的生物、化学和物理作用，最终变为煤。其间经历了两个阶段：首先是炭泥化阶段，在此阶段，死亡的高等植物在生化作用下变成泥炭。当泥炭由于地壳下降被其他沉积物覆盖时成煤作用就进入第二阶段：也称煤化作用阶段。煤化作用包括两个连续过程，即成岩作用和变质作用。在成岩作用中，泥炭在沉积物的压力作用下，发生了压紧、失水、胶体老化、固结等一系列变化，生化作用逐渐消失，化学组成也发生缓慢的变化，最后变成比重较大，较为致密的褐煤。当褐煤变成烟煤时，就进入煤的变质作用阶段。在转变过程中煤的内部分子结构、物理性质和化学性质均发生重大变化。在不同的地质条件下，由于温度和压力的差异，变质作用的程度（煤化程度）也不一样，随着煤化程度增高，煤中含碳量增加，氢和氧的含量减少，容重增大。

煤是由有机物质和无机物质混合组成的。煤中有机物质主要由碳（C）、氢（H）、氧（O）、氮（N）四种元素构成，还有一些元素组成了煤中的无机物质，主要有硫（S）、磷（P），以及稀有元素等。

碳是煤中有机物质的主导成分，也是最主要的可燃物质。一般来说，煤中碳含量越多，煤的发热量也越大。煤中碳含量的规律是随煤的变质过程的加深而增加。例如，在泥炭中碳含量 50%～60%，褐煤中碳含量 60%～75%，而在烟煤中则增为 75%～90%，在变质程度最高的无烟煤中则高达 90%～98%。

碳完全燃烧时生成二氧化碳（CO_2），因此每千克纯碳可放出 32 866kJ 热量；碳在不完全燃烧时生成一氧化碳（CO），此时每千克纯碳放出的热量仅为 9270kJ。由于碳的着火与燃烧都比较困难，因此含碳量高的煤难以着火和燃尽。

氢也是煤中重要的可燃物质。氢的发热量最高，燃烧时每千克氢的低位发热量可高达 120 370kJ，是纯碳发热量的 4 倍。煤中氢含量多少的规律一般是随煤的变质程度加深而减少。正因如此，变质程度最深的无烟煤，其发热量还不如某些优质的烟煤。此外，煤中氢含量多少还与原始成煤植物有很大的关系，一般由低等植物（如藻类等）形成的煤，其氢含量较高，有时可以超过 10%；由高等植物形成的煤，其氢含量较低，一般均小于 6%。

氧是煤中不可燃的元素，煤的氧含量也随变质过程的加深而减少。例如，在泥炭中氧含量高达 30%～40%，褐煤中含量为 10%～30%，而在烟煤中为 2%～10%，无烟煤中则更少，小于 2%。

煤中氮含量较少，仅为 1%～3%，煤中氮主要来自成煤植物。在煤燃烧时氮常呈游离状态逸出，不产生热量。但在炼焦过程中，氮能转化成氨及其他含氮化合物。

硫是煤中的有害物质。煤中的硫可以分为无机硫和有机硫两大部分。前者多以矿物杂质的形式存在于煤中，可进一步按所属的化合物类型分为硫化物硫和硫酸盐硫。有机硫则是直接结合于有机母体中的硫。煤中有机硫主要由硫醇、硫化物及二硫化物三部分组成。近年来，随着分析技术的进步，许多学者还在煤中检出了硫的另一种存在形态，即单质硫。

据统计，我国煤中大约有 $60\%\sim70\%$ 的硫为无机硫，$30\%\sim40\%$ 为有机硫，单质硫的比例一般很低，在无机硫中绝大多数是黄铁矿，因此，煤中黄铁矿的治理对煤的清洁燃烧、减少硫的危害具有十分重要的意义。

大量的煤样资料表明，含硫率低于 0.5% 的低硫煤中的硫以有机硫为主，黄铁矿硫较少，硫酸盐硫含量甚微；含硫量大于 2% 的高硫煤中，主要为黄铁矿硫，少部分为有机硫，硫酸盐硫一般不超过 0.2%。

根据煤中含硫的多少常将煤分成不同的级别，见表 8-1，以便用户选用。

表 8-1　　　　　　　　　　　　　　　　煤炭硫分等级划分标准

代号	等级名称	技术要求 S_{td} (%)
SLS	特低硫煤	$\leqslant 0.50$
LS	低硫分煤	$0.51\sim1.00$
LMS	低中硫煤	$1.01\sim1.50$
MS	中硫分煤	$1.51\sim2.00$
MHS	中高硫煤	$2.01\sim3.00$
HS	高硫分煤	>3.00

磷也是煤中有害成分。磷在煤中的含量一般不超过 1%。炼焦时煤中的磷可全部转入焦炭之中，炼铁时焦炭中的磷又转入生铁中，这不仅增加溶剂和焦炭的消耗量，降低高炉生产率，还严重影响生铁的质量，使其发脆。因此，一般规定炼焦用煤中的磷含量不应超过 0.01%。

煤中含有的稀有元素有锗（Ge）、镓（Ga）、铍（Be）、锂（Li）、钒（V）及放射性元素铀（U）等，一般含量甚微。

（二）常用的煤质指标和分类

在煤的利用中，常用的煤质指标有水分、灰分、挥发分和发热量。

水分是煤中不可燃成分，其来源有三种，即外部水分、内部水分和化合水分。煤中水分含量的多少取决于煤内部结构和外界条件。含水分高的煤发热量低，不易着火、燃烧，而且在燃烧过程中水分的汽化要吸取热量，降低炉膛的温度，使锅炉的效率下降，还易在低温处腐蚀设备，煤的水分高还易使制粉设备难以工作，需要用高温空气或烟气进行干燥。

灰分是指煤完全燃烧后其中矿物质的固体残余物。灰分的来源，一是形成煤的植物本身的矿物质和成煤过程中进入的外来矿物杂质，二是开采运输过程中掺杂进来的灰、沙、土等矿物质。煤的灰分几乎在煤的燃烧、加工、利用的全部场所都带来不利影响。灰分含量高的煤不仅使发热量减少，而且影响煤的着火和燃烧。灰分每增加 1%，燃料消耗即增加 1%。由于燃烧的烟气中飞灰浓度大，使受热面易受污染而影响传热，降低效率，同时使受热面易受磨损而减少寿命。为了控制排烟中粉尘的排放浓度，保护大气环境，对烟气中的尘粒必须进行除尘处理。

根据煤中灰分含量的多少又可将煤分成不同的级别，其等级划分标准见表 8-2。

表 8 - 2   煤炭灰分等级划分标准

代号	等级名称	技术要求 A_d (%)
SLA	特低灰煤	≤5.00
LA	低灰分煤	5.01～10.00
LMA	低中灰煤	10.01～20.00
MA	中灰分煤	20.01～30.00
MHA	中高灰煤	30.01～40.00
HA	高灰分煤	40.00～50.00

在隔绝空气的条件下，将煤加热到 850℃左右，从煤中有机物质分解出来的液体和气体产物称之为挥发分。煤的挥发分常随煤的变质程度而有规律地变化，变质程度越高的煤，挥发分越少。挥发分高的煤易着火、燃烧。由于挥发分是表征煤炭性质的主要指标，因此通常也根据挥发分的多少对煤炭进行分级，其分级标准见表 8 - 3。

表 8 - 3   煤的挥发分分级标准   （%）

名称	低挥发分	中挥发分	中高挥发分	高挥发分
V_{daf} （%）	≤20.0	20.01～28.00	28.01～37.00	>37.00

煤单位质量完全燃烧时所放出的热量称之为煤的发热量。煤的发热量分为高位发热量 $Q_{gr,p}$ 和低位发热量 $Q_{net,p}$。煤的发热量因煤种不同而不同，含水分、灰分多的煤发热量较低。煤炭发热量等级划分标准见表 8 - 4。

表 8 - 4   煤炭发热量等级划分标准

代号	等级名称	技术要求 $Q_{net,ar}$ (MJ/kg)
LC	低热值煤	8.50～12.50
ML	中低热值煤	12.51～17.00
MC	中热值煤	17.01～21.00
MH	中高热值煤	21.01～24.00
HC	高热值煤	24.01～27.00
SH	特高热值煤	>27.00

煤的科学分类为煤炭的合理开发和利用提供了基础，通常最简单的分类方法是根据煤中干燥无灰基挥发分含量 V_{daf} 将煤分成褐煤、烟煤和无烟煤三大类，见表 8 - 5。根据不同用途，每大类中又可细分为几小类。我国动力用煤则将烟煤中 V_{daf} 小于 19％的煤称为贫煤，并将 V_{daf} 大于 20％的分为低挥发分烟煤和高挥发分烟煤，见表 8 - 6。我国现行煤炭分类标准是将煤炭分为十大类。

表 8 - 5   煤 的 分 类 方 法

煤种	干燥无灰基挥发分含量 V_{daf} （%）	低位发热量 $Q_{net,p,ar}$ （MJ/kg）
无烟煤	≤9	26～33
烟煤	9～45	20～33
褐煤	40～66	10～17

表 8 - 6 我国动力煤的分类方法

煤种	干燥无灰基挥发分含量 V_{daf} （%）	低位发热量 $Q_{net, p, ar}$ （MJ/kg）
无烟煤	≤9	>20.9
贫煤	9～19	>18.4
低挥发分烟煤	19～30	>16.3
高挥发分烟煤	30～40	>15.5
褐煤	40～50	>11.7

1. 褐煤

褐煤是煤中埋藏年代最短，炭化程度最低的一类。颜色大多呈褐色，因此称为褐煤。褐煤比重最轻的约在 0.9～1.25 之间，由于含水分较多，在空气中极易风化，碎裂成小块。碳含量低，$C_{daf}=60\%～75\%$；挥发分含量高，$V_{daf}=40\%～60\%$；氧含量高，$O_{daf}=20\%～25\%$。褐煤的水分、灰分含量都较高，煤质松，发热量低，无黏结性，一般多作为化工、气化或民用煤。

2. 长焰煤

长焰煤的煤化程度仅稍高于褐煤，是最年轻的烟煤，常呈褐黑色，因燃烧时发出较长的火苗而得名。它的挥发分高，V_{daf}大于 42%～45%，黏结性差，在低温干馏时能析出较多的焦油，所以除作动力用煤外，还常作气化及低温干馏用。

3. 不黏煤

不黏煤的煤化程度仅高于长焰煤，也属年轻烟煤。煤质特征为几乎不具任何黏结性，故称之为不黏煤。不黏煤的化学反应活性好，煤灰熔点低，其燃点也低，有的用火柴即可点燃，一般作气化、动力或民用煤。

4. 弱黏煤

弱黏煤是煤化程度较低，又具有弱黏性的烟煤。该煤种胶质层厚度 Y 值在 0～9mm 之间。挥发分较高，灰分较低，灰熔点也较低，主要作气化、动力和民用煤。

5. 贫煤

贫煤是煤化程度最高的烟煤。主要煤质特征是干燥无灰基挥发分 V_{daf}仅高于无烟煤，一般大于 10%～16%，胶质层厚度 Y 值为 0。我国贫煤含硫、含灰均高。燃点高，燃烧时火焰短，但热值较高。一般对贫煤经洗选加工后多用作动力用煤。

6. 气煤

气煤属于煤化程度低的煤种，颜色黑，弱玻璃光泽，挥发分较高，V_{daf}为 28%～37%，胶质层厚度 Y 值大于 5～25mm。加热时产生大量气体和较多焦油，是制造城市用煤气和工业用煤气的良好原料，因此称为气煤。黏结性较强，是良好的炼焦配煤，也可作为低温干馏或动力用煤。

7. 肥煤

肥煤属于中等煤化程度的煤种，黑色，玻璃光泽，胶质层厚度 Y 值大于 25mm，黏结性最强，加热时能产生比焦煤更多的胶质体，所以称之为肥煤，是炼焦配煤中的主要成分。

8. 焦煤

焦煤也是属于中等煤化程度的煤种，黑色，玻璃光泽，是结焦性最好的煤种。由于以往单一煤种炼焦时用这种煤能炼出强度大、块度大的优质焦煤，是最好的炼焦用煤，因此称之为焦煤。

9. 瘦煤

瘦煤是属高煤化程度的煤种，黑色，玻璃光泽，黏结性较弱，与焦煤相比在加热时仅能产生少量的胶质体，所以称之为瘦煤。一般作为炼焦配煤。

10. 无烟煤

无烟煤是煤化程度最高的煤种，颜色呈带有银白或古铜色彩的灰黑色，似金属光泽，因其燃烧时无烟而得名。它的硬度和比重在煤中是最大的，干燥无灰基挥发分的含量最少，V_{daf} 小于 9%，挥发分析出的温度也较高，因此着火困难，着火后也难以燃尽。无烟煤燃烧时出现的青蓝色火焰没有烟，它的结焦性差，储藏时稳定不易自燃，可作民用煤和化工用煤。

我国煤炭分类中，各种煤的具体分类指标在 GB/T 5751—2009《中国煤炭分类》中都有具体规定。世界各产煤国多根据各自煤炭资源的情况颁布有不同的煤炭分类方法。表 8-7 为美国 ASTM 煤的分类方法。

表 8-7　　　　　　　　　　　　　美国 ASTM 煤的分类方法

煤种	干燥基固定碳 FC$_d$（%）	干燥基高位发热量 $Q_{gr,p,d}$（MJ/kg）	干燥无灰基元素分析（%）		
			C$_{daf}$	H$_{daf}$	O$_{daf}$
褐煤	25~30	15~19	70~75	4~5	20~25
半烟煤	—	19~17	75~85	5	10~25
低挥发分烟煤	68~86	—	85~90	4~5	5~10
中挥发分烟煤 A	69~78	—	85~90	4~5	5~10
高挥发分烟煤 A	<69	<33	85~90	4~5	5~10
高挥发分烟煤 B	30~33	30~33	85~90	4~5	5~10
高挥发分烟煤 C	—	27~30	85~90	4~5	5~10
无烟煤	86~98	—	90~97	3~5	1~3

为了正确使用煤炭资源，对不同产地和矿井的煤都需要进行煤的工业分析、元素分析及发热值测定，并将测定结果提供给用户。工业分析主要是测定煤的水分、灰分、挥发分并据此计算固定碳。元素分析主要包括碳、氢、氮、硫等元素分析。对动力、冶金和气化用煤还需要进行专门的试验，如对动力用煤需进行与燃烧有关的性能测定，主要包括煤对二氧化硫的化学反应性、煤的稳定性、煤的结渣性、煤灰熔融性等。对冶金炼焦用煤需进行烟煤焦质层指数测定。

二、煤炭资源、生产与消费

（一）煤炭资源

煤炭是地球上最重要的能源。2012 年世界主要国家煤炭探明储量见表 8-8。过去的 30 年中世界煤炭证实储量的分布也发生了较大变化，全球煤炭证实储量的区域分配出现了从欧洲的世界经合组织国家向经济转型国家和南亚国家转移的现象。值得注意的是，煤炭证实储量的增长多发生在煤炭产量增长强劲的国家和地区，特别是在煤炭行业具有世界级竞争水平的国家和地区。这是因为这些国家和地区能够不断进行勘探以增长其煤炭证实储量。澳大利亚、印度尼西亚、美国、加拿大、哥伦比亚、委内瑞拉、中国和印度都是如此；相反在欧洲煤炭证实储量却连续下降。随着煤炭产量和消费量的增长及运输基础设施的加强，将会有更多的煤炭资源成为可经济开发的资源。

表 8-8　　　　　　　　　　　2012 年世界主要国家煤炭探明储量　　　　　　　　　（百万 t）

排名	国家	无烟煤与烟煤	次烟煤与褐煤	总计	比例（%）	储产比
1	美国	108 501	128 794	237 295	27.6	257
2	俄罗斯	49 088	107 922	157 010	18.2	443
3	中国	62 200	52 300	114 500	13.3	31
4	澳大利亚	37 100	39 300	76 400	8.9	177
5	印度	56 100	4500	60 600	7.0	100
6	德国	99	40 600	40 699	4.7	207
7	乌克兰	15 351	18 522	33 873	3.9	384
8	哈萨克斯坦	21 500	12 100	33 600	3.9	289
9	南非	30 156	0	30 156	3.5	116
10	其他欧洲及欧亚大陆	1440	20 735	22 175	2.6	234
	世界总计	404 762	456 176	860 938	100	109

2012 年，世界煤炭探明储量足以满足 109 年的全球生产需要，是目前为止化石燃料中储产比最高的燃料。欧洲及欧亚大陆的煤炭储量规模最大，北美洲则拥有最高的储产比。以国别来看，美国储量最高，俄罗斯、中国次之。

中国煤炭储量居世界第 3 位。煤炭资源分布相当广泛，除上海市和香港特别行政区外，其他各省（区、市）均有分布，以新疆、内蒙古、山西、陕西等省（区）资源最为丰富；贵州、云南、宁夏、安徽、山东、河南、河北次之；台湾也有煤炭资源产出。从探明储量看，则以山西、内蒙古、陕西为最，新疆、贵州次之；从煤炭形成的地质时代看，在寒武纪、石炭纪、二叠纪、三叠纪、侏罗纪、第三纪均有煤炭形成，但以侏罗纪、石炭纪和二叠纪的煤最丰富，尤以侏罗纪的煤最多，保有储量占煤炭总保有储量的 46.2%；就煤质来说，品种比较齐全。

但从煤炭资源分布来看，我国煤炭资源分布极不平衡，从南北看，昆仑山—秦岭—大别山一线以北地区，煤炭资源量占全国的 90.3%，其中太行山—贺兰山之间地区占北方地区的 65%；昆仑山—秦岭—大别山一线以南的地区，只占全国的 9.7%，其中，90.6% 又集中在川、云、贵、渝等省市。从东西看，大兴安岭—太行山—雪峰山一线以西地区煤炭资源量占全国的 89%，该线以东地区仅全国的 11%，是煤炭贫乏地区。我国各大区煤炭储量分布概况见表 8-9。

表 8-9　　　　　　　　　　　我国各大区煤炭储量分布概况

地区名称	占全国煤炭总储量（%）	占全国炼焦煤总储量（%）	占全国无烟煤储量（%）	占全国褐煤储量（%）
华北	55.67	62.49	49.84	72.01
东北	2.45	4.05	0.33	3.15
华东	5.34	15.08	2.35	0.87

地区名称	占全国煤炭总储量 （%）	占全国炼焦煤总储量 （%）	占全国无烟煤储量 （%）	占全国褐煤储量 （%）
中南	3.08	2.75	10.72	0.85
西南	8.92	6.61	35.47	11.28
西北	24.54	9.02	1.30	11.85

中国煤炭资源总量虽然较多，但人均占有储量较少，此外，中国煤炭资源和现有生产力呈逆向分布，造成了"北煤南运"和"西煤东调"的被动局面。大量煤炭自北向南、由西到东长距离运输，给煤炭生产和运输造成了极大的压力。

（二）煤炭生产

对煤炭而言，与储量的变化相似，煤炭产量的增长主要是在煤炭行业具有竞争力的国家和地区，包括南非、澳大利亚、中国、印度尼西亚、北美及南美国家，而世界经合组织欧洲国家的煤炭产量进一步下降。除了经济转型国家受政治和经济改革的影响产量下降之外，其他储量增长的国家和地区其产量也是增加的。1950～2012 年世界煤炭产量见表 8-10。

表 8-10　　　　　　　　　　　　　1950～2012 年世界煤炭产量　　　　　　　　　（百万 t）

年份	总计	年份	总计
1950	1818.2	2002	4961.0
1960	2571.6	2003	5314.7
1970	2929.9	2004	5724.6
1980	3789.0	2005	6049.9
1990	4739.8	2006	6358.4
1996	4680.1	2007	6589.4
1997	4730.6	2008	6822.2
1998	4652.3	2009	6901.3
1999	4638.1	2010	7251.8
2000	4701.4	2011	7691.6
2001	4917.9	2012	7864.5

目前，全世界共有 60 多个产煤国家。图 8-2 为 1987～2012 年全球煤炭分区域的产量，从图上可以看出全球产煤炭最多的是亚太地区。世界五大产煤国产量及其位次变化见表 8-11。从表中可以看出，从 1990 年以后，我国已成为世界上产煤最多的国家。表 8-12 则为 1990～2010 年我国原煤生产和进出口情况。

表 8-11　　　　　　　　　1980～2012 年世界五大产煤国产量及其位次变化　　　　　　　（百万 t）

位次	1981 年产量		1991 年产量		2001 年产量		2011 年产量		2012 年产量	
1	美国	747.3	中国	1087.4	中国	1471.5	中国	3516.0	中国	3650.0
2	苏联	716.4	美国	903.5	美国	1023.0	美国	993.9	美国	922.1
3	中国	621.6	俄罗斯	353.3	印度	341.9	印度	570.1	印度	605.8
4	德国	492.8	德国	345.8	澳大利亚	334.6	澳大利亚	415.5	澳大利亚	431.2
5	波兰	192.8	印度	239.9	俄罗斯	269.6	印度尼西亚	353.3	印度尼西亚	386.0

表 8 - 12　　　　　　　　　　1990～2010 年我国原煤生产和进出口情况　　　　　　　　　（万 t）

项目	1990 年	1995 年	2000 年	2005 年	2006 年	2007 年	2008 年	2009 年	2010 年
可供量	102 221.0	133 461.7	128 297.1	214 462.1	235 781.1	251 376.7	275 061.1	301 283.8	319 772.0
生产量	107 988.3	136 073.1	129 921.0	220 472.9	237 300.0	252 597.4	280 200.0	297 300.0	323 500.0
进口量	200.3	163.5	217.9	2617.1	3810.5	5101.6	4034.1	12 584.0	16 309.5
出口量（-）	1729.0	2861.7	5506.5	7172.4	6327.3	5318.7	4543.4	2239.6	1910.4

全球煤炭增长率为 2%，全球产量净增长全部来自亚太地区，这一增长抵消了美国产量的大幅下降。现今，亚太地区生产了全球三分之二的煤炭。全球煤炭消费量增长了 2.5%，低于历史平均增长率。全球煤炭消费量的净增长也全部来自亚太地区。美国连续第二年消费量锐减（下降 11.3%），大大抵消了其他地区的增长，而欧盟消费量连续第三年出现增长。

（三）煤炭消费

1987～2012 年全球各种能源的消费总量的变化如图 8 - 3 所示。从图中可以看出煤炭的增长

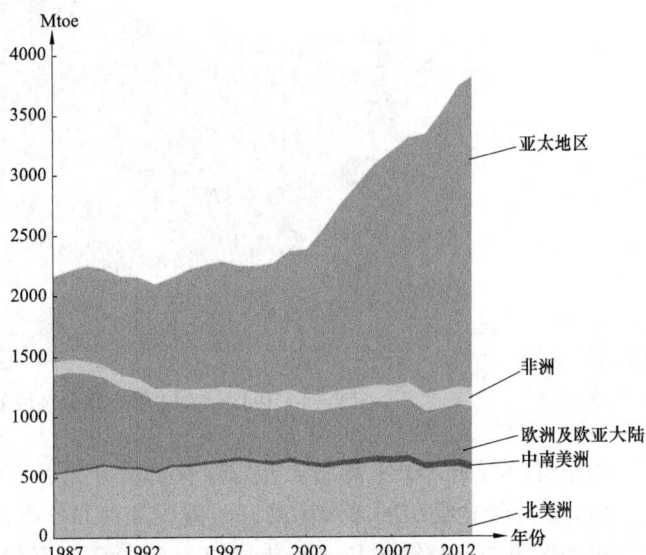

图 8 - 2　1987～2012 年全球煤炭分区域的产量

最迅速而石油的增长最慢。尽管石油仍然是全球最重要的能源，但它的市场份额已经部分让位给煤炭和天然气。1987～2012 年全球分区域的能源消费量如图 8 - 4 所示，其中亚太地区消费的能源最多。

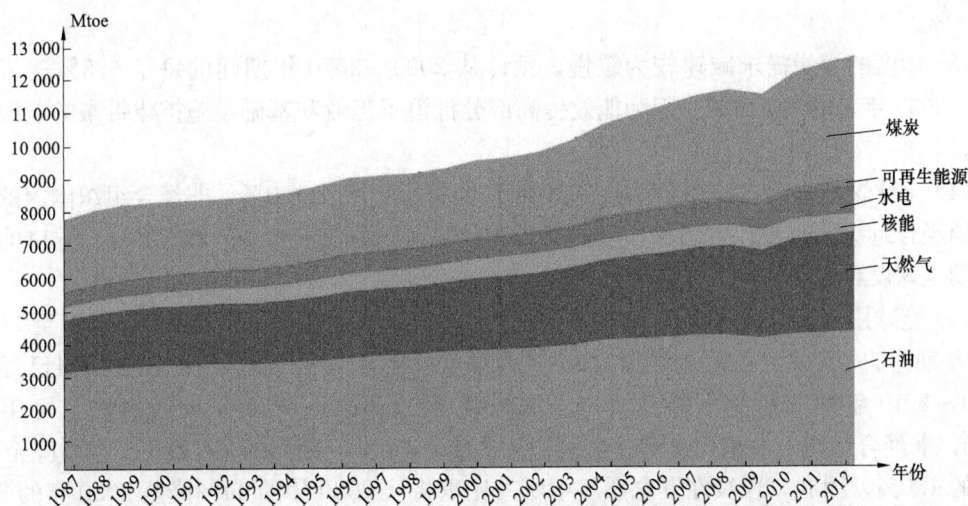

图 8 - 3　1987～2012 年全球各种能源的消费总量的变化

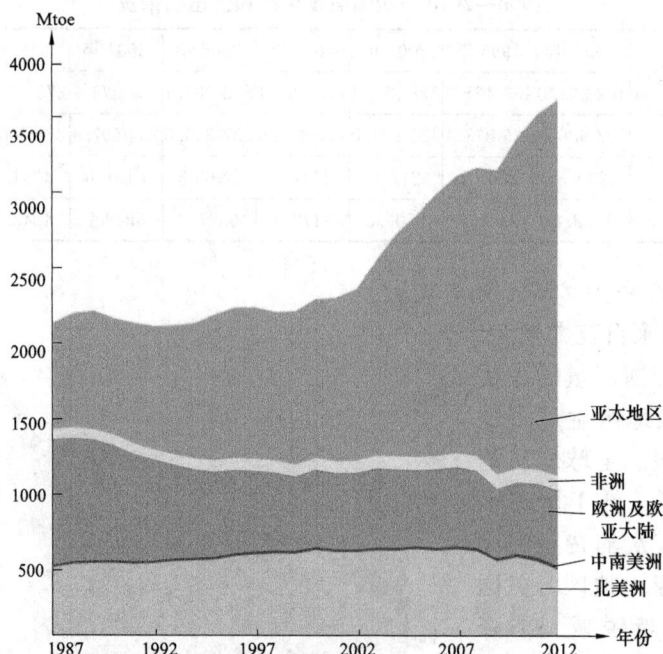

图 8-4　1987～2012 年全球分区域的能源消费量

根据英国石油（BP）报告，全球煤炭消费有如下特点：

（1）预计经合组织的煤炭消费有所减少（2011～2030 年期间每年下降 0.8%），但非经合组织的煤炭消费继续增长（每年增长 1.9%）。中国仍是最大的煤炭消费国（在全球煤炭消费中占比 52%），而印度（在全球煤炭消费中占比 12%）将在 2024 年超越美国成为世界第二大煤炭消费国。到 2030 年，中国和印度在全球煤炭消费增长中所占比重将分别达到 63% 和 29%。

（2）随着中国向低煤炭密集型经济活动转型及采取增效措施，中国的煤炭需求迅速减速，从 2000～2010 年期间的每年 9% 降至本十年内的 3.5%，进而在 2020～2030 年期间降至 0.4%。

（3）印度的煤炭需求减速较为缓慢，预计从 2000～2010 年期间的每年 6.5% 逐步降至 2011～2030 年期间的 3.6%，因为能效提高部分抵消了工业和基础设施扩建带来的能源需求增长。

（4）全球煤炭供应预计在 2011～2030 年期间将每年增长 1.0%，非经合组织国家的增量将抵消经合组织的减量。中国和印度的煤炭产量每年分别增长 0.9% 和 3.9%。进口的增加将推动全球煤炭市场的进一步扩大和整合。

（5）全球用于发电的煤炭消费增速预计从 2000～2010 年期间的每年 3.6% 降至 2011～2020 年期间的每年 2.4%，进而在 2020 年后降至每年 0.4%。经合组织发电用煤已经减少（2000～2010 年期间每年下降 0.2%），这种减速在 2020～2030 年期间加快至每年下降 1.2%。非经合组织的发电用煤增速减缓，从 2000～2010 年期间的每年增长 7.7% 降至 2020 年后的 1.0%。因此，煤炭在发电燃料中所占比重将从 2020 年的 44% 降至 2030 年的 39%。天然气、核能和可再生能源的比重都将提高。

（6）工业部门的煤炭消费也趋于平稳。经合组织的煤炭消费继续减少（每年下降1.1%），而非经合组织的煤炭消费增速预计从2000～2010年期间的每年7.8%降至2011～2020年期间的每年1.9%，进而在2020～2030年期间降至每年1.2%。随着中国经济发展重心从快速工业化和基础设施建设转向以服务业和轻型制造业为基础的增长，其工业部门的煤炭消费增速将从2000～2010年期间的每年9.6%降至2020后的每年0.9%。

我国煤炭消费按行业划分的情况见表8-13。从表中可见煤炭消费逐年递增，在过去20年中，煤炭消费增长了2.96倍，其中工业一直是煤炭消费大户。煤炭消费的用途见表8-14。

表8-13 我国煤炭按行业消费情况划分 （万t）

项目	1990年	1995年	2000年	2005年	2006年	2007年	2008年	2009年	2010年
消费总量	105 523.0	137 676.5	132 000.0	193 596.0	239 216.5	258 641.4	281 095.9	295 833.1	312 236.5
农、林、牧、渔、水利业	2095.2	1856.7	1647.7	2251.2	2309.6	2337.8	1522.6	1582.1	1711.1
工业	81 090.9	117 570.7	119 300.7	180 135.2	225 539.4	245 272.5	265 574.2	279 888.5	296 031.6
建筑业	437.6	439.8	536.8	601.5	582.0	565.3	603.2	635.6	718.9
交通运输、仓储和邮政业	2160.9	1315.1	1132.2	832.1	724.8	685.5	665.4	640.9	639.2
批发、零售业和住宿、餐饮业	1058.3	977.4	814.6	871.8	891.5	868.3	1791.4	1977.9	1969.9
其他行业	1980.4	1986.7	661.0	731.0	782.9	811.4	1791.6	1986.1	2006.6
生活消费	16 699.7	13 530.1	7907.2	8173.2	8386.3	8100.1	9147.6	9121.9	9159.2

表8-14 1990～2010年我国的煤炭消费构成 （万t）

项目	1990年	1995年	2000年	2005年	2006年	2007年	2008年	2009年	2010年
消费总量	105 523.0	137 676.5	132 000.0	216 722.5	239 216.5	258 641.4	281 095.9	295 833.1	312 236.5
（一）终端消费	60 205.9	66 156.1	46 821.4	62 154.1	61 683.7	63 572.2	81 089.2	83 700.5	84 350.9
工业	35 773.8	46 050.3	34 122.0	48 040.7	48 006.5	50 203.2	65 567.5	67 755.9	68 146.1
（二）中间消费（用于加工转换）	41 257.8	69 487.6	85 178.6	154 568.4	177 532.8	195 069.3	200 006.7	212 132.6	227 885.6
发电	27 204.3	44 440.2	55 811.2	103 263.5	118 763.9	130 548.8	135 351.7	143 967.3	154 542.5
供热	2995.5	5887.3	8794.1	13 542.0	14 561.4	15 394.0	15 029.2	15 359.7	15 253.1
炼焦	10 697.6	18 396.4	16 496.4	31 667.1	37 450.1	41 559.0	41 461.7	43 691.7	47 150.4
制气	360.4	763.7	960.0	1277.0	1257.1	1391.8	1227.2	1150.7	213.4
（三）洗选损耗	4059.3	2032.8	3191.2	4582.1	5279.3	5954.6	6757.8	7765.5	1040.1

在我国煤炭消费中，煤炭的加工转换和洗选损耗增长迅速，而煤炭终端消费增长缓慢，它充分说明中国煤炭消费结构正趋合理，煤炭的利用率也在逐步提高。

根据国家第三次经济普查，2013年年底，我国煤炭产业主要经济数据如下：①煤炭采选业法人单位1.9万个，从业人员611.3万人；②年产量百万吨规模以上煤炭企业资产总额58 824.7亿元，主营业务收入30 045亿元，资产贡献率12.3%；③年产量百万吨规模以上工业企业法人单位科研经费支出 158.6 亿元，科研投入强度 0.4；④1949～2015 年间，我国共生产煤炭超过 700 亿 t，其中，2013 年全国煤炭产量 39.7 亿 t；2014 年煤炭产量 38.70 亿 t，人均生产量 2.84t，2014 年消费煤炭 41.2 亿 t，人均消费 3.01t。

三、煤炭价格

1. 影响煤炭价格的因素

煤炭不仅是主要的一次能源，而且是重要的化工原料。作为国民经济重要的生产资料，其价格体系是整个国民经济价格体系的一个重要组成部分。为取得煤炭资源的经济、社会效用而花费的经济代价则是煤炭价值的货币表现。

影响煤炭价格的因素很多，首先是煤炭的生产成本。因为煤炭开采的特点，煤炭的生产成本并不仅仅取决于煤炭企业的管理水平和技术水平，还在很大程度上受自然条件的影响和制约，如煤层的地质结构和赋存条件等。近几年由于矿山环境恢复治理保证金和煤矿转产发展资金等税费的加征，安全投入迅速增加，以及预期中的煤炭资源税改革，都使得煤炭成本大大提升。例如，2006 年以来，包括土地塌陷费、可持续发展基金等环境成本，矿产资源补偿费等资源成本，以及人工费等生产成本的上升，山西地区吨煤生产成本较 2006 年初上升了 70 元左右。

煤炭价格还与煤炭的流通费用有很大的关系。由于煤炭产品具有运量大、运距长、占用运输工具和储存场所多等特点，加之煤炭在运输过程中损耗大，故煤炭产品在流通过程中所付出的费用要高于其他的一般工业品。此外，由于煤炭生产者与煤炭消费者距离远近不同，从而使不同产地的煤炭产品中的流通费用相差很大。煤炭流通费用的另一个特点是，煤炭产品使用范围广，消费者类型多，对不同的消费者，其流通费用相差很大。例如，对电力、化肥、钢铁等工业部门，煤炭主要用作动力燃料和原料，用途固定，数量大且集中，其流通可以采用产销直供的方式，煤炭流通环节少，流通费用低。而对于众多的中、小企业和煤炭的其他用户，则需采用市场购销的方式，故流通环节多，流通费用高。

煤炭价格还受国家能源政策的影响。由于煤炭在国民经济中的重要地位，通常国家多会对煤炭价格的制定进行一定的干预与控制。不同的国家有不同的煤炭价格政策，从而产生了不同的定价方法。如市场价格、平均成本价格、国界价格、双重价格、边际成本价格等。煤炭是一种可耗竭资源，其价格与石油价格一样，通常应以边际成本为基础加以确定。边际成本包含了时间价值和稀缺价值，其理论出发点是，一种产品的价格水平应以能保证生产该产品的全部经济投入的预期报酬为目标，在投资的经济寿期内，通过产品的出售，收回包括资金的时间价值计算在内的全部投入。由于煤炭资源比石油资源富足得多，因而稀缺价值相对较小。无论对煤炭出口国还是自给自足的煤炭生产国，长期边际成本都应为煤炭价格的下限。随着煤炭资源的变化，国际市场煤炭价格呈上升趋势。

2. 我国的煤炭价格

从 1949 年到 20 世纪 70 年代末，我国把煤炭作为生产资料定为国家一级统配物资，实行统购、统销政策，由政府采取低价政策定价。煤炭产品价格的唯一功能是用于煤炭企业内部结算和核算。这 30 多年来，煤炭企业在低价政策影响下，长期处于微利或亏损状况，使煤炭企业缺乏更新改造和持续发展的能力。例如，在 1949 年，原煤出厂价格每吨为 10 元左右，1978 年提高到 17 元。1979 年经济体制改革后，煤炭价格每吨提高到 22 元，1985、1988 年通过扩大煤炭的地区差价，调整煤种差价，扩大动力煤按热值计价的范围，以及采取增产、超产加价等措施，较大幅度地提高了煤炭价格。1990 年，国家统配煤炭每吨又提价 10 元。主产地山西的统配煤出厂价格每吨达到 60 多元。但是由于资源条件的变化，煤炭生产成本提高等因素，全国煤炭行业仍然处于亏损状态，不利于煤炭生产的发展。

进入 2007 年，煤炭价格完全放开，供需形势的变化也推动国内外煤炭市场步入牛市，成本向下游的传递更加顺畅。煤炭业上市公司的业绩平稳中略有增长，表现出了较好的成本消化能力。2008 年，煤炭合同价格的上涨基本能够覆盖 2006～2008 年已经增加及可能增加的煤炭成本。

当然，不同煤种的价格表现也有显著区别。炼焦煤企业凭借资源的稀缺性，以及较高的市场集中度，具有很强的市场定价能力和成本转嫁能力。根据煤炭工业协会的报告，2008 年我国炼焦煤资源还将继续处于偏紧状态，专家认为，供求关系将驱使炼焦煤价格继续上涨，预计涨幅在 15%～20%。

动力煤价格上涨面对的阻力则较大。首先，不同热值动力煤价格上涨空间差距较大。从 2008 年煤炭合同谈判结果看，涨幅较大的基本为发热量在 5500kcal 以上的优质动力煤，而 5000kcal 以下的动力煤价格几乎没有上涨。同时，上调电煤价格还面临诸多问题，如电力行业内部厂网利益分配不均、火力发电生产企业的盈利增速出现下滑等因素。

但自 2012 年 5 月以来，全国煤炭市场连续 35 个月波动下行，造成需求不足、产能过剩、进口规模大、全社会库存居高不下、煤炭价格持续下跌、企业收益减少、经营更加困难、煤矿安全生产和矿区稳定的压力越来越大。因此随着煤炭价格改革的市场化，煤炭价格的波动对煤炭产业及下游产业的生产与经营产生了广泛的影响，合理的煤炭价格指数体系的推出对于煤炭现货市场健康发展和期货市场的培育都显得至关重要。

目前我国煤炭市场与国际煤炭市场联系较为紧密。当今世界煤炭市场的一个明显特点是长期合同数量减少，现货合同数量及重要性增加，这就导致了煤炭价格的不稳定性增大；另一方面，我国的煤炭生产企业和包括电力、冶金和化工行业在内的煤炭用户行业受政府政策保护程度降低，煤炭生产和消费企业直接参与到市场经济中接受市场竞争的挑战，煤炭销售和采购的价格将完全由市场决定，价格的波动将更加剧烈。煤炭价格的波动不仅会影响煤炭企业的经济效益，也会影响其下游生产企业的生产与经营，同时，煤炭作为基础性的重要能源，占我国能源消费结构的 70%，其价格变化对物价有巨大的拉动作用，会影响物价的稳定，并引发通货膨胀。因此形成合理的煤炭价格有重要意义。

加速煤炭价格机制市场化改革应排除目前存在的五个障碍：电力垄断与煤炭竞争的矛盾；煤炭价格制度改革设计上的缺陷；煤炭运输能力不足；行政行为的煤电价格联动；宏观管理不顺等。改革的基本思路是加快电力体制改革和提高煤炭集中度的步伐，促进煤电联合，不搞行政行为的煤电价格联动，改革管理体制等，这样可为煤炭电力行业创造公平的市场竞争环境。

四、煤炭贸易

世界煤炭贸易主要集中在亚太地区、欧洲和北美地区。近几年来随着亚太地区经济持续增长，能源消费增强，成为世界最大的煤炭贸易地区，欧洲为世界第二大煤炭进口贸易地区。

澳大利亚最近多年是全球煤炭出口第一大国，苏联地区为世界第二大煤炭出口地区，北美地区为世界第三大煤炭出口贸易地区。澳大利亚的煤炭出口量占全球煤炭出口总量的

30%左右，占亚太地区出口总量的50%左右。同时，由于运输距离的限制，其出口量相对比较稳定。例如，澳大利亚出口的80%是亚洲，而亚洲出口大国（如中国、印度尼西亚）出口的80%以上也是亚洲内部。所以，澳大利亚的煤炭价格可以作为国际上煤炭价格走势的一个风向标。

左右今后亚太煤炭贸易格局的因素很多，既有促进煤炭贸易的有利因素，也有限制煤炭贸易的不利因素。就目前来看，亚太煤炭贸易已形成以下格局：中国大陆和澳大利亚的煤炭主要流向日本、韩国、中国台湾地区；中国和印尼主要流向印度。

我国历来是世界煤炭主要出口国之一，曾经是出口量仅次于澳大利亚的世界第二大煤炭出口国。2004年我国煤炭出口量为世界第3位，年出口量占当年国际煤出口总量的11.4%。但自2009年中国由煤炭净出口国转变成为净进口国，煤炭进口量一路攀升，在2013年再次刷新中国煤炭进口量的新高。据海关统计，2013年累计进口煤炭3.27亿t，同比增长13.4%。在进口依存度方面，2013年我国煤炭进口依存度8.13%，较2012年7.11%的进口依存度上升明显。海关总署统计数据显示，中国2014年煤炭进口2.9亿t，下滑10.9%，同期煤炭价格也下跌15.2%。2015年的煤炭进口量将会进一步下降，但是全年的进口量维持在2.5亿t左右，进口煤主要集中在印度尼西亚煤和澳大利亚煤。

由于美国面临着煤炭开采成本日益上升、煤矿开采污染环境等问题。因此可以预期美国将逐渐成为一个重要的煤炭进口国。但其货源将主要来自南美，暂不会对亚洲煤炭贸易格局造成重大影响。

印度高速发展的国内经济对煤炭需求越来越大，从中长期来看，煤炭进口增长潜力颇大。印度将成为煤炭出口国关注的重心。近几年来，随着俄罗斯经济的复苏，煤炭工业恢复的速度似乎更快一些。据专家介绍，俄罗斯目前在远东西伯利亚地区大规模开采供出口的动力煤，目标出口地为亚洲的日本、韩国、中国台湾等地区。虽然目前俄罗斯远东港口煤炭出口有限，但从长远来看，其潜力不可忽视，俄罗斯将成为煤炭出口的新兴力量。

西欧用煤大户是发电厂，煤炭是其最重要的原料，所以有的电厂考虑把一部分目前从澳大利亚和南非进口的煤炭改为从中国进口，许多西欧用煤大户也开始在中国寻找合作开采煤炭的伙伴，以确保稳定供应，随着时间推移，进口数量可能会更多，中国将成为西欧重要煤炭进口来源地。

煤炭贸易以海运为主，目前海运煤炭贸易量为每年6亿t，到2017年估计世界海运煤炭贸易将达到每年8亿t。

五、我国的煤炭政策

煤炭是我国的主要能源和重要工业原料。煤炭产业是我国重要的基础产业，煤炭产业的可持续发展关系国民经济健康发展和国家能源安全。为此国家制定了《中华人民共和国煤炭法》，2005年还发布了《国务院关于促进煤炭工业健康发展的若干意见》为我国煤炭工业的健康发展奠定了法律基础。

我国煤炭工业的发展目标应该是坚持依靠科技进步，走资源利用率高、安全有保障、经济效益好、环境污染少的煤炭工业可持续发展道路。具体措施如下：①应深化煤炭资源有偿使用制度改革，加快煤炭资源整合，形成以合理开发、强化节约、循环利用为重点，生产安全、环境友好、协调发展的煤炭资源开发利用体系；②加快煤炭企业的兼并和重组，提高产业集中度，形成以大型煤炭企业集团为主体、中小型煤矿协调发展的产业组织结构；③推进市场化改革，完善煤炭市场价格形成机制，加强煤炭生产、运输、需求的衔接，促进总量平衡，形成机制健全、统一开放、竞争有序的现代煤炭市场体系。

我国煤炭资源开发坚持先规划、后开发的原则。国家统一管理煤炭资源一级探矿权市场，由国家投资完成煤炭资源的找煤、普查和必要详查，编制矿区总体开发规划和矿业权设置方案，有计划地将二级探矿权和采矿权转让给企业，形成煤炭资源勘查投入良性循环机制。

我国煤炭产业布局的原则是，按照煤炭工业发展规划、矿产资源规划、煤炭生产开发规划、煤矿安全生产规划、矿区总体规划，合理、有序开发和利用煤炭资源。首先稳定东部地区煤炭生产规模，加强中部煤炭资源富集地区大型煤炭基地建设，加快西部地区煤炭资源勘查和适度开发。建设神东、晋北、晋中、晋东、陕北、黄陇（华亭）、鲁西、两淮、河南、云贵、蒙东（东北）、宁东等十三个大型煤炭基地，提高煤炭的持续、稳定供给能力。与此同时鼓励建设坑口电站，优先发展煤、电一体化项目，优先发展循环经济和资源综合利用项目。新建大、中型煤矿应当配套建设相应规模的选煤厂，鼓励在中、小型煤矿集中矿区建设群矿选煤厂。

国家将稳步推进大型煤电基地建设，统筹水资源和生态环境承载能力，按照集约化开发模式，采用超超临界、循环流化床、高效节水等先进适用技术，在中西部煤炭资源富集地区，鼓励煤电一体化开发，建设若干大型坑口电站，优先发展煤矸石、煤泥、洗中煤等低热值煤炭资源综合利用发电。在中东部地区合理布局港口、路口电源和支撑性电源，严格控制在环渤海、长三角、珠三角地区新增除"上大压小"和热电联产之外的燃煤机组。积极发展热电联产，在符合条件的大中城市，适度建设大型热电机组，在中、小城市和热负荷集中的工业园区，优先建设背压式机组，鼓励发展热电冷多联供。继续推进"上大压小"，加强节能、节水、脱硫、脱硝等技术的推广应用，实施煤电综合改造升级工程，到"十二五"末，淘汰落后煤电机组 2000 万 kW，火电每千瓦时供电标准煤耗下降到 323g。"十二五"时期，全国新增煤电机组 3 亿 kW，其中热电联产 7000 万 kW、低热值煤炭资源综合利用 5000 万 kW。

为了提高煤炭行业的技术水平，国家鼓励采用高新技术和先进适用技术，建设高产高效矿井；鼓励发展露天矿开采技术；鼓励发展综合机械化采煤技术，推行壁式采煤。大力发展自动控制、集中控制选煤技术和装备。研制和发展高效干法选煤技术、节水型选煤技术、大型筛选设备及脱硫技术，回收硫资源。鼓励水煤浆技术的开发及应用。推进煤炭企业信息化建设，利用现代控制技术、矿井通信技术，实现生产过程自动化、数字化。推进建设煤矿安全生产监测监控系统、煤炭产量监测系统和井下人员定位管理系统。

煤炭行业的安全生产一直是国家重点关注的问题。首先应建立健全矿井通风、防瓦斯、防突、防火、防尘、防水、防洪等系统。坚持先抽后采、监测监控、以风定产的煤矿瓦斯治理方针，落实优先开采保护层和预抽煤层瓦斯等区域性防突措施，提高瓦斯抽采率。坚持预测预报、有疑必探、先探后掘、先治后采的煤矿水害防治原则，落实防、堵、疏、排、截等综合治理措施。加强煤矿冲击地压监测控制和顶板事故防范。加强对在矿山开发过程中可能诱发灾害的调查、监测及预报预警，及时采取有效的防治措施。建立信息网络系统，制定防灾减灾预案。

我国煤炭政策的一个重要方面是积极推进煤炭贸易市场化改革，建立健全煤炭交易市场体系，完善煤炭价格市场形成机制，制定公平交易规则。建立全国和区域性煤炭交易中心及信息发布平台，鼓励煤炭供、运、需三方建立中长期合作关系，引导合理生产、有序运输和均衡消费。稳步发展国际煤炭贸易，优化煤炭进、出口结构，鼓励企业到国外投资办矿。

在煤炭运输方面，我国将积极发展铁路、水路煤炭运输，加快建设和改造山西、陕西、内蒙古西部出煤通道和北方煤炭下水港口，提高煤炭运输能力。限制低热值煤、高灰分煤长距离运输。煤炭运输应当采取防尘、防撒漏措施。

国家将加强煤炭行业的节能和能效管理，鼓励煤炭企业开发先进适用节能技术，煤炭企业新建、改、扩建项目必须按照节能设计规范和用能标准建设，必须淘汰落后耗能工艺、设备和产品，推广使用符合国家能效标准、经过认证的节能产品。

为了加强环境保护，煤炭资源的开发利用必须依法开展环境影响评价。按照谁开发、谁保护，谁损坏、谁恢复，谁污染、谁治理，谁治理、谁受益的原则，推进矿区环境综合治理，形成与生产同步的水土保持、矿山土地复垦和矿区生态环境恢复补偿机制。在煤炭采选、储存、装卸过程中产生的污染物必须达标排放，防止二次污染。加强煤矿瓦斯抽采利用和减少排放。洗煤水应当实现闭路循环。优化巷道布置，减少井下矸石产出量。同时建立矿区开发环境承载能力评估制度和评价指标体系。严格执行煤矿环境影响评价、水土保持、土地复垦和排污收费制度。限制在地质灾害高易发区、重要地下水资源补给区和生态环境脆弱区开采煤炭，禁止在自然保护区、重要水源保护区和地质灾害危险区等禁采区内开采煤炭，加强废弃矿井的综合治理。

第三节　石　油　市　场

一、石油的形成与分类

石油是仅次于煤的化石燃料，按照有机成油理论，水体中沉积于水底的有机物和其他淤积物一道随着地壳的变迁，埋藏的深度不断增加，有机物开始经历生物和化学转化阶段。先是被喜氧细菌，然后被厌氧细菌彻底改造。细菌活动停止后便开始了以地温为主导的地球化学转化阶段。一般认为有效的生油阶段大约在 $50\sim60℃$ 开始，$150\sim160℃$ 时结束。过高的地温将使石油逐步裂解成甲烷，最终演化为石墨。因此严格地说石油只是有机物在地球演化过程中的一种中间产物。

石油主要是由烷烃、环烷烃、芳香烃等烃类化合物组成。组成石油的主要元素是碳、氢、硫、氧、氮。其中碳、氢元素最多。硫、氮、氧以化合物、胶质、沥青质等非烃类物质形态存在。一般硫、氧、氮三种元素的含量小于 1%，此外还有微量钠、铅、铁、镍、钒等金属元素存在。

天然石油（又称原油）通常是淡色或黑色的流动或半流动的黏稠液体，密度约在 $0.65\sim0.85t/m^3$。通常有许多物性指标用以说明石油的特性，包括黏度、凝点、盐含量、硫含量、蜡含量、胶质、沥青质、残碳、沸点和馏程等。

石油的组成极其复杂，确切的分类相当困难。通常在市场上有以下三种分类方法：

（1）按石油的密度分类：根据密度由小到大相应地将石油分为轻质石油、中质石油、重质石油和特重质石油。

（2）按石油中的硫含量分类：硫含量小于 0.5% 为低硫石油，硫含量为 0.5%～2.0% 为含硫石油，硫含量大于 2.0% 称高硫石油。世界石油总产量中，含硫石油和高硫石油约占 75%。石油中的硫化物对石油产品的性质影响较大，加工含硫石油时应对设备采取防腐蚀措施。

（3）按石油中的蜡含量分类：蜡含量在 0.5%～2.5% 为低蜡石油，蜡含量在 2.5%～10% 为含蜡石油，含量大于 10% 为高蜡石油。

二、石油资源、产量与消费

（一）石油资源

对石油资源而言，除了常规石油资源外的非常规石油资源如油砂、油页岩、致密油等也越来越受到重视。随着科学技术的进步，这些非常规石油资源也逐渐被开发出来，而且也越来越成为石油资源中重要的一部分。1992 年、2002 年与 2012 年全球探明的石油储量分布如图 8-5 所示。到 2011 年年底，全球已探明石油储量按目前产量（2011 年）足以维持 54 年。2012 年部分国家石油储量见表 8-15。

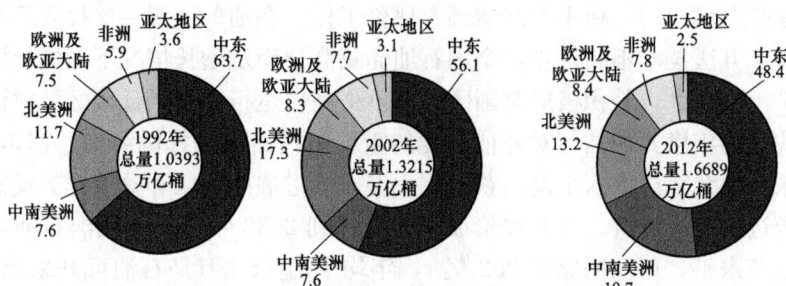

图 8-5　1992、2002 年与 2012 年全球探明石油储量的分布

表 8-15　　　　　　　　　　　　　　2012 年部分国家石油储量　　　　　　　　　　　（×10 亿 t）

国家	石油储量	国家	石油储量
委内瑞拉	46.5	阿拉伯联合酋长国	13.0
沙特阿拉伯	36.5	俄罗斯	11.9
加拿大	28.0	利比亚	6.3
伊朗	21.6	尼日利亚	5.0
伊拉克	20.2	美国	4.2
科威特	14.0	哈萨克斯坦	3.9

值得指出的是，在上述石油资源中，非常规石油中的致密油已成为全球非常规石油勘探开发的新热。致密油是指储存在非常规储层中的常规原油，是轻质石油。致密油的来源有两种：①致密油束缚在烃源岩的页岩中，与页岩气共存，这种致密油的开采方式与页岩气相同；②致密油从烃源岩中排出，并运移至附近或远处的致密砂岩、粉砂岩、灰岩或白云岩等地层中，这种致密油与致密气类似。在第一种情况下，致密油与页岩气混在一起，有的把它称为页岩油。现在大多数学者认为，应把页岩油与致密油的概念分开。页岩油来自干酪根石油，其本质与致密油完全不同。我国致密油技术可采资源量居世界第三位，占世界总量的9%，仅次于俄罗斯和美国。

我国石油资源集中分布在渤海湾、松辽、塔里木、鄂尔多斯、准噶尔、珠江口、柴达木和东海陆架八大盆地，其可采资源量 17.2 亿 t，占全国的 81.13%。但我国含油气盆地规模较小，地质条件复杂，勘探难度大，与世界其他产油大国相比，我国发现的世界级大油田较少。我国石油探明程度仍较低，平均只有 33%。主要产油盆地仍然是未来寻找常规石油储量的主要阵地，尤其是渤海湾、松辽、鄂尔多斯、塔里木、准噶尔等大盆地。通过老油田挖潜和新油田发现，这些盆地仍有很大的储量增长潜力。

2015 年 5 月 6 日，国土资源部召开新闻发布会，公开发布 2013 年全国油气资源动态评价成果。评价结果表明：我国常规油气资源总量丰富。全国常规石油资源量 1085 亿 t、可采资源量 268 亿 t，与 2007 年评价结果相比，分别增加了 320 亿 t、56 亿 t，增长 42% 和 26%；已累计探明 360 亿 t，探明程度 33%，处于勘探中期。常规天然气地质资源量 68 万亿 m³，可采资源量 40 万亿 m³，与 2007 年评价结果相比，分别增加了 33 万亿 m³、18 万亿 m³，增长了 94% 和 82%；已累计探明 12 万亿 m³，探明程度 18%，处于勘探早期。

需要指出，《全国油气资源动态评价》是国土资源部组织的新一轮全国油气资源评价的拓展延伸，是政府层面的一项重要国情调查评价工作。在油气资源勘探投入不断增加、理论认识不断提高、方法技术不断进步，全国石油储量高位稳定增长情况下，国土资源部组织的此项工作意义十分巨大，是积极应对国际原油价格高位运行、满足低碳经济对清洁能源强劲需求、缓解我国逐年攀升的油气对外依存度的重要举措。它选择渤海湾、鄂尔多斯、四川、珠江口、琼东南及北部湾等六个勘探获得重大突破或进展的地区和盆地作为动态评价区，系统对油气资源进行动态评价。动态评价成果表明，到 2030 年年前，我国石油年探明地质储量继续保持较高水平，可探明储量 202 亿 t，年均 10 亿 t。但是石油可开采储备相对不足，需要继续加大勘查投入和提升科技水平，以提高石油资源的保障程度。

（二）石油产量

根据英国石油（BP）报告，2012 年全球石油产量增长 2.2%，即 190 万桶/日。尽管伊朗的石油产量因国际制裁有所下滑（减产 68 万桶/日），石油输出国组织的产量增长仍占到全球增量的四分之三。利比亚石油产量几乎收回了 2011 年的全部失地（增产 100 万桶/日）。沙特阿拉伯、阿联酋和卡塔尔的石油产量连续第二年创下新高。伊拉克和科威特的石油产量也大幅增加。非石油输出国组织的石油产量增幅为 49 万桶/日，美国（增产 100 万桶/日）、加拿大、俄罗斯和中国产量的增长弥补了苏丹/南苏丹（减产 34 万桶/日）和叙利亚（减产 16 万桶/日）的意外停产，以及英国和挪威等老产油区域产量的衰减。值得指出的是，2012 年美国石油产量中的 210 万桶/日的 24% 为致密油。1987~2012 年全球分区域的石油产量如图 8-6 所示。图 8-7 为全球致密油的产量及其预测，可见致密油已成为常规石油的主要补充。

2012 年全球炼厂原油加工量增长 0.6%，即 48 万桶/日，低于历史平均水平。非经合组织国家炼厂原油加工量增幅为 32 万桶/日，占全球净增长的三分之二。经合组织国家的原油加工量增幅为 16 万桶/日，北美原油加工量的增长超过了欧洲原油加工量的持续下降，美国进一步巩固了其成品油净出口国的地位。全球炼能利用率提高至 82.4%；全球炼油能力小幅上涨，总体增幅为 36 万桶/日，苏伊士运河以东地区炼油能力的大幅增长在很大程度上被大西洋盆地地区及附近地区炼油能力的锐减所抵消。

我国的石油生产也有很大的发展。全国油气资源动态评价最新成果显示，我国石油年产量将保持稳定增长态势。峰值产量约 2.2 亿 t，2 亿 t/年的水平可延续到 2030 年以后。目前

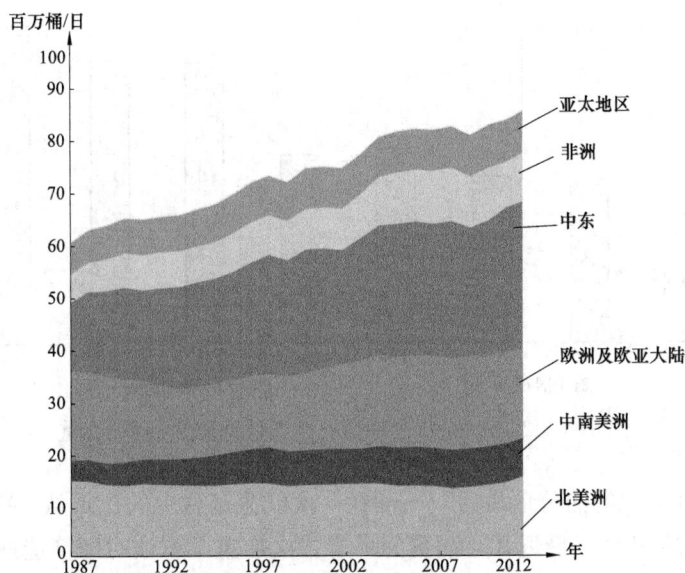

图 8-6　1987～2012 年全球石油的分区域产量

中国石油生产的格局已经发生了一定变化，过去我国陆上石油产量主要集中在东北、西北和华北三个地区，到 2008 年达 1.41 亿 t，较 2001 年增加 400 多万 t，但陆上产量比重一直呈下降趋势，2008 年降到 80% 以下。与此同时，海上石油产量近年来却一直在稳定上升，从 2000 年年产 1019.4 万 t，占全国石油总产量的 6.7%，上升到了 2008 年的 1990.7 万 t，占全国石油总产量的 11%。

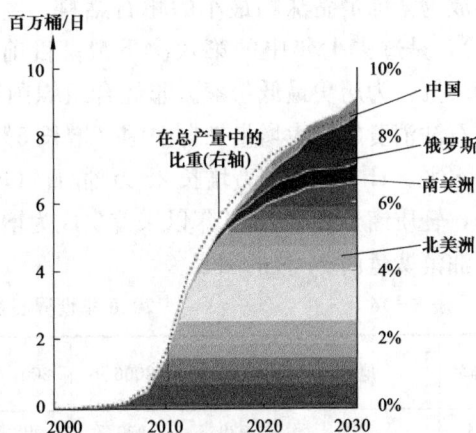

图 8-7　全球致密油的产量及其预测

此外陆上东部地区石油产量持续下滑，西部则在逐年提高，这是目前石油生产格局变化的另一大特征。例如，东北地区的石油产量由 2000 年的 7120.5 万 t，降到 2008 年的 5795 万 t，降幅近 20%。相比之下，中西部鄂尔多斯、塔里木、柴达木和准噶尔等主要盆地因投入勘探开发的时间较短，石油勘探程度低，剩余探明可采储量高，采出程度较低，正处于规模上产的高峰期。从 2000 年开始，西北地区的石油产量一直在稳步快速提高，由 2407.5 万 t 上升到 2008 年的 4126.8 万 t，增幅超过 70%，年均增长近 7%。从发展看中西部与海域的生产能力将逐步与东部形成"三分天下"的格局。图 8-8 为 2005～2012 年中国石油产量及其在全球的比重。

（三）石油消费

石油用途很广，但主要是用在交通运输业。相对较高的油价使得交通运输业以外的其他行业，如果存在更廉价的替代燃料，均开始使用替代燃料。以石油在发电行业中的比重为例，其份额已从 1973 年的 22% 下降到 2011 年的 4%，预计到 2030 年会进一步跌落至 2%。

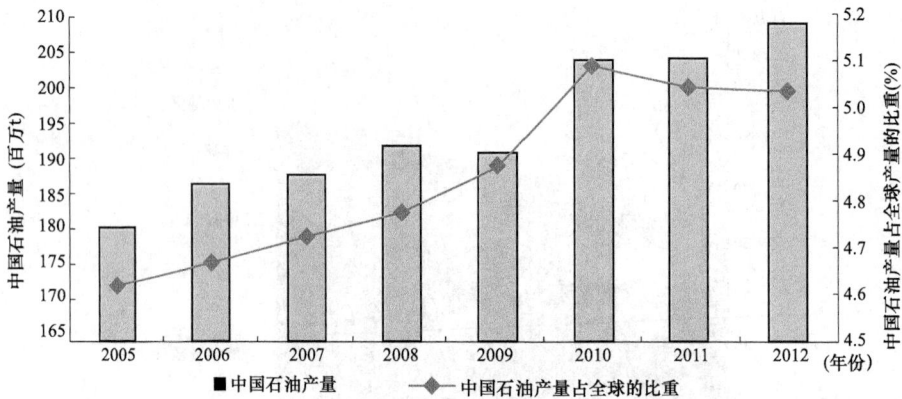

图 8-8 2005~2012 年中国石油产量及其在全球的比重

在 20 世纪 70 年代的油价危机后，石油在一次能源消费中的比重从 1973 年的 48％的峰值骤降到 1985 年的 39％。最近几年油价的攀升再次加重了石油对经济造成的负担，石油的市场份额也再次下降，2011 年降至 33％，预计到 2030 年会进而降至 28％。

2012 年全球石油消费增长 0.9％，即 89 万桶/日，低于历史平均水平。石油已连续第三年成为全球消费涨幅最小的化石燃料。经合组织国家的石油消费量减少 1.3％（53 万桶/日），是过去七年中的第六次下滑；目前，经合组织国家的石油消费量仅占全球总量的 50.2％，为历史最低份额。非经合组织国家的石油消费量增长 3.3％，即 140 万桶/日。全球石油消费的最大增量来自中国（增长 5％，即 47 万桶/日），虽然该涨幅低于过去十年平均水平。日本石油消费增长 25 万桶/日（增长 6.3％），为 1994 年以来的最大增幅。以量计算，轻质馏分油自 2009 年以来首次成为增长最快的炼油产品类别。表 8-16 为 2010 年世界石油消费量前 10 位的国家。

表 8-16   **2010 年世界石油消费量前 10 位的国家**   （百万 t）

排名	地区	2005 年	2006 年	2007 年	2008 年	2009 年	2010 年	比 2009 年增长（%）	占世界比重（%）
1	美国	939.8	930.7	928.8	875.8	833.2	850.0	2.0	21.10
2	中国	327.8	351.2	369.3	376.0	388.2	428.6	10.4	10.60
3	日本	244.8	238.0	229.7	222.1	198.7	201.6	1.5	5.00
4	印度	119.6	120.4	133.4	144.1	151.0	155.5	2.9	3.90
5	俄罗斯	129.9	135.8	135.7	141.4	135.2	147.6	9.2	3.70
6	沙特阿拉伯	88.1	92.3	98.2	107.2	117.2	125.5	7.1	3.10
7	巴西	94.0	95.1	100.6	107.1	107.0	116.9	9.3	2.90
8	德国	122.4	123.6	112.5	118.9	113.9	115.1	1.1	2.90
9	韩国	104.4	104.5	107.1	101.9	103.0	105.6	2.5	2.00
10	加拿大	100.3	100.5	103.8	102.5	97.1	102.3	5.4	2.50

2012 年的全球石油贸易量增长 70 万桶/日，增幅为 1.3％。石油贸易量达到了 5530 万桶/日，占全球石油消费量的 62％，而该比例在 10 年前为 57％。相对较小的全球石油贸易量增幅掩

盖了区域石油贸易的巨大变化。美国石油净进口量下降 93 万桶/日，比 2005 年的峰值减少 36%。与之相反，中国石油净进口量增长 61 万桶/日，占全球增量的 86%。加拿大和北非石油净出口的增加，以及美国石油进口依存度的降低，抵消了某些地区石油出口量的下降。

2012 年，即期布伦特现货均价为每桶 111.67 美元，与 2011 年价位相比，每桶价格上涨 0.4 美元。美国产量增长、利比亚产量复苏、沙特阿拉伯及其他石油输出国组织成员国产量增长所带来的石油供应增长超过了伊朗石油供应中断造成的缺口。

我国石油消费量增长迅速，表 8-17 为我国历年的石油消费量。由于石油生产量赶不上石油消费量，因此大量原油需要进口。表 8-18 为我国 1990～2010 年石油进出口的情况。

表 8-17　　　　　　　　　　　　　我国历年的石油消费量

年份	石油消费量（百万 t）	年份	石油消费量（百万 t）
1999	200.0	2005	317.0
2000	241.0	2006	346.5
2001	231.9	2007	365.7
2002	245.7	2008	389.6
2003	275.2	2009	391.8
2004	291.8		

表 8-18　　　　　　　　　1990～2010 年我国石油进出口情况　　　　　　（万 t）

项目	1990 年	1995 年	2000 年	2005 年	2006 年	2007 年	2008 年	2009 年	2010 年
可供量	11 435.0	16 072.7	22 631.8	32 539.1	34 930.0	36 648.9	37 318.8	38 462.5	44 178.4
生产量	13 830.6	15 005.0	16 300.0	18 135.3	18 476.6	18 631.8	19 044.0	18 949.0	20 301.4
进口量	755.6	3673.2	9748.5	17 163.2	19 453.0	21 139.4	23 015.5	25 642.4	29 437.2
出口量（一）	3110.4	2454.5	2172.1	2888.1	2626.2	2664.3	2945.7	3916.6	4079.0
年初年末库存差额	−40.8	−151.0	−1244.6	128.8	−373.3	−458.0	−1795.0	−2211.9	−1481.2

三、主要石油产品的种类与用途

石油由许多组分组成，每一组分都各有其沸点。通过炼制加工，可以把石油分成几种不同沸点范围的组分。一般，沸点范围为 40～205℃的组分作为汽油；180～300℃的组分作为煤油；250～350℃的组分作为柴油；350～520℃的组分作为润滑油（或重柴油）；高于 520℃的渣油作为重质燃料油。

按石油产品的用途和特性，可将石油产品分成 14 大类，即溶剂油、燃料油、润滑油、电器用油、液压油、真空油脂、防锈油脂、工艺用油、润滑脂、蜡及其制品、沥青、石油焦、石油添加剂和石油化学品。主要石油产品的用途简述如下：

（1）溶剂油：按用途可分为石油醚、橡胶溶剂油、香花溶剂油等。可用于橡胶、油漆、油脂、香料、药物等工业作溶剂、稀释剂、提取剂；在毛纺工业中作洗涤剂。

（2）燃料油：按燃料油的馏分组成可分为石油气、汽油、煤油、柴油、重质燃料油。柴油以前的各种油品通称为轻质燃料油。各种燃料油按使用对象或使用条件又可分成不同的级别，如煤油可分为灯用、信号灯用和拖拉机用三个级别。柴油可分为轻级、重级、船用级和直馏级。重油可分为陆用级和船用级。

石油气可用于制造合成氨、甲醇、乙烯、丙烯等。汽油分车用汽油和航空汽油，前者供各种形式的汽车使用，后者供螺旋桨式飞机使用。煤油分航空煤油和灯用煤油，前者作喷气式飞机燃料，后者供点灯用，也可作洗涤剂和农用杀虫药溶剂。柴油又分轻柴油和重柴油，前者用于高速柴油机，后者用于低速柴油机。

（3）润滑油：润滑油品种很多，几种典型的润滑油为：

1）汽油机油和柴油机油。前者用于各种汽油发动机，后者用于柴油机，主要是供润滑和冷却。

2）机械油。用于纺织缝纫机及各种切削机床。

3）压缩机油、汽轮机油、冷冻机油和气缸油。

4）齿轮油。又分为工业齿轮油和拖拉机、汽车齿轮油，前者用于工业机械的齿轮传动机构，后者用于拖拉机、汽车的变速箱。

5）液压油。用作各类液压机械的传动介质。

6）电器用油。又分为变压器油、电缆油，其用途并不是润滑，主要起绝缘作用。因其原料属润滑油馏分范围，通常也将其包括在润滑油中。

（4）润滑脂：是在润滑油中加入稠化剂制成，根据稠化剂的不同又可分为皂基脂、烃基脂、无机脂和有机脂四大类。用于不便于使用润滑油润滑的设备，如低速、重负荷和高温下工作的机械，工作环境潮湿、水和灰尘多且难以密封的机械。

（5）石蜡和地蜡：是不同结构的高分子固体烃。石蜡分成精白蜡、白石蜡、黄石蜡、食品蜡等，可分别用于火柴、蜡烛、蜡纸、电绝缘材料、橡胶、食品包装、制药工业等。

（6）沥青：沥青可分为道路沥青、建筑沥青、油漆沥青、橡胶沥青、专用沥青等多种类型。主要用于建筑工程防水、铺路，以及涂料、塑料、橡胶等工业中。

（7）石油焦：石油焦是优良的碳质材料，用于制造电极，也可作冶金过程的还原剂和燃料。

（8）石油添加剂：石油产品中大都需要加入添加剂，以改善其性能。如汽油中大多加入抗爆剂，柴油中加入抗氧剂、十六烷值增进剂，航空煤油中加入抗氧剂、防冰剂，重质燃料油中加入抗凝剂，沥青中加入抗老化剂等。

（9）催化剂：采用催化剂可促进石油在加工过程中的变化，提高产品质量和生产效率。炼油催化剂有上百种之多，常分成金属型、金属氧化物型、酸碱型和金属络合物型。如催化裂化采用硅酸铝或分子筛催化剂，催化重整采用铂，加氢裂化采用钯等。

对全球而言，石油现在和将来仍将是交通运输业的主导性燃料。图 8-9 为全球 2002～2012 年分区域的不同油品的消费量。2010 年我国按行业分主要石油产品的消费量构成见表 8-19。市场对高油价的反映主要是提高能源效率，正是能源效率的提高和其他能源的竞争，预计在交通运输业中石油所占的比重将从 2011 年的 94％将降至 2030 年 89％。图 8-10 为新车燃油经济性的发展趋势。

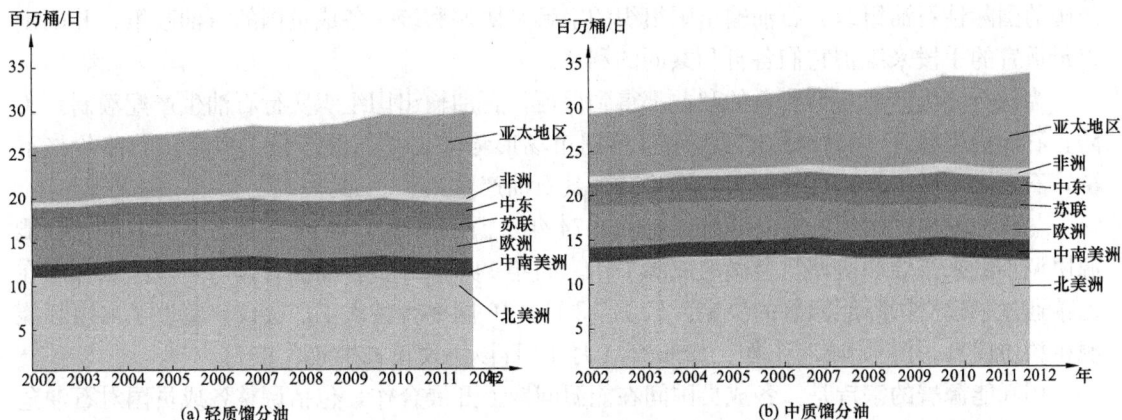

(a) 轻质馏分油 (b) 中质馏分油

图 8-9 全球 2002～2012 年分区域的不同油品的消费量

表 8-19 2010 年我国按行业分主要石油产品的消费量构成

行业	能源消费总量 （标准煤） （万 t）	原油消费量 （万 t）	汽油消费量 （万 t）	煤油消费量 （万 t）	柴油消费量 （万 t）	燃料油消费量 （万 t）
消费总量	324 939.15	42 874.55	6886.21	1744.07	14 633.80	3758.02
农、林、牧、渔、水利业	6477.30	—	169.07	0.90	1206.73	1.14
工业	231 101.82	42 716.55	689.46	40.20	2163.79	2377.32
建筑业	6226.30	—	274.70	8.77	490.20	30.76
交通运输、仓储和邮政业	26 068.47	158.00	3204.93	1601.08	8518.56	1326.65
批发、零售业和住宿、餐饮业	6826.82	0.00	168.18	34.98	196.60	8.62
其他行业	13 680.50	0.00	1166.22	38.73	1287.19	13.53
生活消费	34 557.94	0.00	1213.65	19.41	770.73	0.00

20 世纪 80 年代后期，世界石化产业结构进行了重大调整，资本重组、资产优化、机构改革、科技开发、产品结构调整成为此次世界石化产业结构调整的主旋律。由于经济发展的需要，环境保护的要求，以及替代能源的采用等因素的影响，使世界油品需求的构成发生了很大的变化，加上新车节能技术的要求，世界油品结构也随之发生变化。世界油品需求构成将继续向轻质化发展，加热用的燃料油和重质油品将显著减少，更多的重油将通过深加工用以增加运输燃料和石化原料，如石脑油。

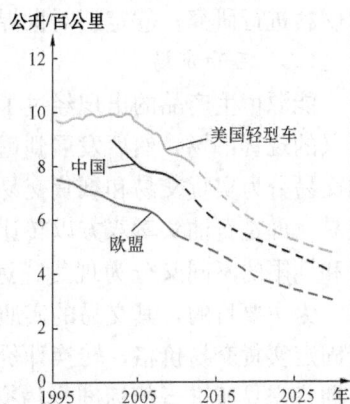

图 8-10 新车燃油经济性的发展趋势

四、石油组织与市场

(一) 石油组织

与石油市场有密切关系的国际石油组织有国际能源署（International Energy Agency，IEA）和石油输出国组织（Organization of Petroleum Exporting Countries，OPEC）。

1960 年 9 月，伊朗、伊拉克、科威特、沙特阿拉伯和委内瑞拉五国宣告成立石油输出国组织。随着成员的增加，石油输出国组织发展成为亚洲、非洲和拉丁美洲一些主要石油生产国的国际性石油组织。石油输出国组织的宗旨是协调和统一各成员国的石油政策，并确定以最适宜的手段来维护它们各自和共同的利益。

为使石油生产者与消费者的利益都得到保证，石油输出国组织实行石油生产配额制。为防止石油价格飙升，石油输出国组织可依据市场形势增加其石油产量；为阻止石油价格下滑，石油输出国组织则可依据市场形势减少其石油产量。

与石油输出国组织的成立背景类似，1974年2月召开的石油消费国会议，决定成立能源协调小组来指导和协调与会国的能源工作。同年11月15日，经济合作与发展组织各国在巴黎通过了建立国际能源署的决定。11月18日，16国举行首次工作会议，签署了《国际能源机构协议》，并开始临时工作。1976年1月19日该协议正式生效。

国际能源署的宗旨是，各成员国间在能源问题上开展合作，包括调整各成员国对石油危机的政策，发展石油供应方面的自给能力，共同采取节约石油需求的措施，加强长期合作以减少对石油进口的依赖，建立在石油供应危机时分享石油消费的制度，提供市场情报，以及促进它与石油生产国和其他石油消费国的关系等。国际能源署于1996年10月开始与我国建立联系，已在许多领域和我国建立良好的关系。

国际能源署的主要活动有：①当出现石油短缺时，在成员国间实行"紧急石油分享计划"，即当某个或某些成员国的石油供应短缺7%或以上时，理事会可做出是否执行石油分享计划的决定，各成员国根据相互协议分享石油库存，限制原油消耗，向市场抛售库存等措施；②要求各成员国保持一定数量的石油库存，即不低于其90天石油进口量的石油存量；③加强长期合作以减少对进口石油的依赖，加强能源供应的安全，促进全球能源市场稳定，在能源保存上合作，加速代替能源的发展，建立能源技术的研究与发展，改革各国在能源供应的立法和行政方面的障碍等措施；④开展石油市场情报和协商制度，以使石油市场贸易稳定和对石油市场未来发展有较好的信心，加强与产油国和其他石油消费国的关系；⑤对能源与环境的关系采取应有的行动，如限制汽车、工厂和燃煤的火力发电厂的排放物，对较干净的燃料进行研究；⑥定期对世界能源前景做出预测，供全世界参考。

（二）石油市场

能源衍生产品的出现经过了一系列的演变过程，最早是双方直接交易，后来逐渐发展为新兴的现货市场，然后发展到远期、互换、场外交易，到现在的期货和期权等。目前国际石油交易分为实货交易和纸货交易，即国际石油市场分为石油现货市场和石油期货市场。实货交易，即是石油买卖双方以转让所有权和使用价值为目的的交易，实货交易按交易石油的装运期和期限的不同又分为现货、远期实货和长期合同交易；纸货交易买卖双方一般不以"物流"为主要目的，其交易的实质是交换价格。纸货交易除被用于商业投机外，也被广泛地用于固定实货交易价格，转换计价等方面。纸货交易主要由期货和场外交易两部分构成，凡是在期货交易所进行的标准合约交易称为场内交易或期货交易。期货交易分为期货和期权两类。在期货交易所之外进行的行业标准合约交易称为场外交易。场外交易分为掉期、场外期权、远期和场外基差交易等。

实货交易和纸货交易是两个独立的交易体系。但两者互相依赖，互相影响。一方面，实货交易是衡量市场供需情况的"晴雨表"，供需的强弱最终将决定纸货价格的走向。另一方面，纸货交易可以导致实货交易的畸变。大量纸货盘位持有方往往通过影响短期实货供需格局来使价格向有利于自己的方向转变。在国际石油市场中，纸货交易量远大于实货交易量。

这种实货和纸货数量上的不均衡性常伴生"以小搏大"的做法，期货市场常见的"逼仓"就是这种利用实货来影响纸货的例子。

实体经济中的实货交易量与虚拟经济中的期货交易量出于套期保值的需要，其总量比例不能超过 1∶3，即虚拟交易量应控制在实货交易量的三倍以内。如果比例大量出超，则供需关系决定价格，价格反映价值的经典经济学的基本规律将失效。虚拟经济中金融套利的期货交易量将背离供需基本面主导价格的涨跌，金融炒家将有广阔的炒作套利空间。加强对国际资金流向流量的有效监管可以在很大程度上扼制金融资本对包括石油在内的大宗商品恶性金融炒作套利。

国际石油期货萌芽于 20 世纪 70 年代，形成于 20 世纪 80 年代。国际石油期货的产生主要有两个方面的原因。一方面是 20 世纪战后全球经济之所以能经历有史以来最蓬勃的发展时期，其生产力基础是石油。另一方面，石油期货于 20 世纪 80 年代匆匆降生，实际是西方石油消费大国谋求掌握定价的产物。20 世纪 90 年代以来，石油期货在国际经济格局中发挥着越来越大的作用。

全球范围主要的石油现货市场有西北欧市场、地中海市场、加勒比海市场、新加坡市场、美国市场 5 个。石油期货市场有纽约商业期货交易所、伦敦国际石油交易所，以及近几年兴起的东京工业品交易所。纽约商业期货交易所、伦敦国际石油交易所的石油期货市场都是以美元为计价、交易和结算货币单位的。交易的品种不仅有原油，还有成品油及燃料油。石油输出国组织（OPEC）一篮子平均价所监督的七种原油也是以美元作为交易计价货币的，其包括了世界上几乎最重要的石油现货交易市场，即阿尔及利亚的撒哈拉混合油（Saharan Blend）、印尼的米纳斯油（Minas）、尼日利亚的博尼轻油（Bonny Light）、沙特的阿拉伯轻油（Saudi Arabian Light）、阿联酋的迪拜油（Dubai of the UAE）、委内瑞拉的蒂亚胡安油（Tia Juana）和墨西哥的伊斯姆斯原油（Isthmus）。

1. 石油价格

原油贸易（尤其是长期合同贸易）的定价，大多采用公式计价法。通常某种原油结算价格 P 为

$$P = A + D \tag{8-7}$$

式中：A 为基准价；D 为贴水。

有些石油使用某个报价体系中对该种原油的报价，经公式处理后作为基准价；有些石油由于没有报价等原因则要挂靠其他原油的报价。

有以下几种确定基准价的方法：

（1）与期货市场相联系的定价：世界石油贸易大多数参照交货时一段时间的期货市场价格定价。目前，全球石油贸易的基准价主要参照纽约商品交易所、伦敦国际石油交易所原油期货价格。

（2）与现货市场相联系的定价：石油现货市场有两种价格。一种是实际现货交易价格；另一种是一些机构通过对市场的研究和跟踪而对一些市场价格水平所做的估价，一般是选用一种或几种参照原油的价格为基础，再加上贴水。其中参照油的价格并不是某种原油在某个具体时间的具体成交价，而是某个或几个报价机构对某种原油价格的估算价格，即市场常说的石油价格指数。

（3）与各种官价（一揽子价格）相联系的定价：中东产油国出口油定价方式分为两类：

一类是与出口目的地基准油挂钩的定价方式；另一种是出口国自己公布的价格指数，石油界称为"官方销售价格指数"。

对参照油品通常选择：欧洲—布伦特（BRENT）原油定价；北美—西得克萨斯（WTI）中质油；中东—BRENT（出口欧洲），WTI（出口北美），阿曼和迪拜原油（出口亚太）；亚太原油价格的计算方法：一种以印尼某种原油的印尼原油价格指数或亚洲石油价格指数为基础，加上或减去调整价；另一种以马来西亚塔皮斯原油的亚洲石油价格指数为基础，加上或减去调整价。

2. 影响原油价格的因素

原油作为一种重要而特殊的商品，其价格的形成机制是十分复杂的。原油市场供求关系、全球经济增长、技术进步和产业结构、地缘政治、季节性气候、库存、替代能源价格、生产成本，以及投机等因素都会直接或间接地对原油价格产生影响。另外作为一种特殊的战略资源，原油在国民经济中扮演的角色也越来越重要。

纵观历史，不难发现国际油价与经济增长之间存在着一种十分微妙的关系：即经济增长会带动石油价格的上涨，而国际油价的持续攀升，又反过来会遏制经济的进一步增长。当前油价下降正是经济增长放缓的一个重要信号，而前期高油价导致的高通胀与高利率也大大降低了世界经济增长率，世界经济出现衰退的可能性将越来越大。

在影响原油价格的诸多因素中，美元汇率和库存的影响常易被忽视。美元作为国际货币，承担了交易媒介、价值储藏和计价单位三大职能。其中，交易媒介的职能是最根本的，而使用一种货币作为交易媒介的人越多，这种货币作为交易媒介的便利性就越容易实现。交易媒介的职能直接决定了价值储藏和计价单位职能。作为事实上的世界储备货币，美元占到全球官方外汇储备的三分之二，超过五分之四的外汇交易和超过一半的全球出口是以美元来计值的。此外，所有的国际货币基金组织贷款也是以美元来计值的。由于目前国际石油交易几乎100％是以美元计价的，即使国际石油市场上的需求与供给没有变化，美元贬值本身也会造成每桶石油的价格上涨。

库存作为贸易和商品流通过程中关键的一环，始终是人们关注的焦点。库存量与该商品价格之间存在着相当紧密的联系。当然，同时拥有商品与金融属性的石油更是如此。其库存数量的变化直接关系到世界石油市场供求差额的变化，它可以在市场中起到调节供求平衡的作用，即抛出库存可以使石油供应量增加，补库存则使得需求量上升。库存变化（增减及流向）主要受供求差额、价格升贴水、库存目标量、经营状况等制约与调节，它是一个存量的概念，与油价走势有着密切的关系。

石油库存包括原油库存和油品库存，既是供应系统，也是在弥补供应不足中起关键作用的缓冲器。就原油来说，根据其主体、类型、地点、用途及建立的原因，库存可分成许多种类。按其用途分，原油库存由部分一级库存及用于炼制成品油的二级、三级库存共同组成。在统计上常根据主体和用途将原油库存分为商业库存（即工业库存）和战略储备库存两类。此外，从经济学及工程技术角度，可根据其建立的目的，将库存划分为非任意库存和任意库存。

非任意库存是保持世界石油供应系统正常运作的库存，主要由最低操作库存、海上库存、战略储备库存和安全义务库存构成。为支持一个正在增长的石油供应系统和它的安全性，非任意库存通常随全球原油需求的增加而上升。普通的商业贸易因素对非任意库存的影响较小，因此理论上其与原油价格的关系不是非常密切。

任意库存即可用商业库存，是高出安全义务库存量的部分，也是保障贸易顺利进行的基础。其背后支持的原动力是商业利润，它与原油价格走势有着较为密切的关系。尽管石油公司近几年来的政策是使用尽量低的任意库存，但实际上任意库存很少会低于其 10 天的消费量。

3. 石油期货

除上面分析的因素外，影响国际石油期货合约价格的主要因素还包括基本面因素、季节性因素、投机因素及相关市场影响因素四个方面。其中基本面因素是影响国际石油期货的长期主导因素。

(1) 基本面因素指影响石油供应及需求的各种因素。基本面因素主要包括主要产油国的生产政策、国际及地区政治因素、国际及区域经济因素、原油及成品油季节性因素等。对于国际石油期货价格最具有调控能力的是主要产油国，尤其是石油输出国组织生产政策。石油输出国组织当前实际产量和产能约占全球总量的 40%，其探明储量约占全球总量的 78%。石油输出国组织 10 国（不包括伊拉克）在生产政策方面的协调一致使得其对国际石油期货价格形成主导性影响。自 2000 年年初，石油输出国组织制订 22～28 美元/桶的一揽子价格区间，并建立触及价格上轨增产和触及价格下端减产机制以来，国际石油期货价格基本在 6 美元/桶徘徊。国际及地区政治，尤其是产油地区动荡状况是对正常国际石油价格最具破坏力的因素，历史上的伊朗革命、两伊战争、美伊战争、委内瑞拉骚乱等都对国际石油价格形成了震撼性影响。国际经济对石油价格的影响表现为经济的活力可以通过消费传递到石油需求中。

(2) 季节性因素指的是原油及成品油的消费性周期因素。国际上大规模的炼油装置检修一般安排在一季度末至二季度，该时期的原油消费常呈现供大于求的状况。若原油生产不能适时调整，原油价格会下行。冬季是取暖油消费高峰期，该时期取暖油价格相对于原油及汽油价格会呈现走强的趋势。春夏季节汽油进入消费旺季，同期的汽油期货价格相对于原油及取暖油价格会呈现走强的趋势。以上季节性因素对各种不同期货合约价格会形成不同的影响。此外，不同季节的不同气候状况也会对价格形成影响，春夏期间的台风和飓风过于频繁或剧烈会对石油运输形成影响，进而影响石油期货价格。冬季过于寒冷会导致取暖油需求激增，也会影响价格。

(3) 虽然基本面因素是国际石油期货价格的主导因素，但投机因素对短期价格的影响也是不容忽视的。其中机构投机对阶段性价格的影响尤为突出，并可形成放大效应。大型投资基金以其雄厚的财力和无所不在的触角对国际石油价格有着极强的影响力。此外，石油公司和贸易公司的投机行为也可对短期石油价格形成较大影响。比如 1999～2000 年间，几个石油贸易公司几次利用布伦特现货交易的杠杆作用，将布伦特期货首月合约价格推高，同美国西得克萨斯原油合约价格形成倒挂。

(4) 相关市场主要包括天然气及电力交易市场、外汇交易市场、利率交易市场等。天然气、电力同取暖油（柴油）存在着消费替代性，由此它们之间的价格会形成相互影响。外汇市场对石油价格的影响主要源于石油期货合约基本采用美元计价方式。美元同各种货币之间的汇率的走势直接影响到各种货币对石油的购买力。近些年来，随着国际上大型投资基金广泛介入石油期货交易，并将其作为重要投资组合之一，国际石油期货同外汇、利率、黄金乃至股票市场都呈现日益密切的相关性质。

　　由于各种因素的交互作用，国际原油价格从 1997 年开始出现了暴涨暴跌的剧烈震荡。特别是自 2006 年春季美国次贷危机开始逐步显现以来，次贷危机越演越烈，目前已经席卷美国、欧盟和日本等世界主要金融市场。受国际经济和政治局势等多重因素的影响，国际原油价格从 2001 年以来的震荡攀升变成目前涨跌不稳的局面。从 2008 年初到现在，国际原油价格更有如"过山车"般的起伏不定，从 2014 年开始由于各种原因油价更是暴跌。

　　期货市场的两大基本功能是发现价格和规避风险。通过期货市场形成有效价格，有利于实现资源的最佳配置，进而促进经济增长，而产业链上的相关企业通过期货市场进行套期保值操作来回避价格波动风险，将有效提升其企业经营效率，进而促进行业的整体增长。因此，期货市场的这两大功能对我国具有非常重要的意义。在国际油价出现大幅震荡的情况下，为了规避国际石油市场大幅波动所带来的巨大风险，中国必须要加强国内石油期货市场的建设，以争取与消费和进口份额相当的定价权与影响力。

　　4. 当前国际石油交易的特点

　　当前国际石油交易呈现出以下特点：

　　(1) 国际石油贸易持续快速增长。因为，一方面，国际石油贸易的区域分布格局和石油在世界能源结构中的主导地位在一段时间内还不会发生根本性变化，但随着一些新兴经济体的高速增长和对石油消费需求规模的扩大，供需地域不平衡的矛盾会更加突出，国际石油贸易规模会持续增长；另一方面，与石油贸易量逐步扩大和石油贸易日渐活跃相伴随的是贸易主体的多元化和贸易方式的多样化，国际石油贸易已成为石油公司盈利活动的重要组成部分。为了减小和规避贸易风险，在现货交易的基础上，世界石油市场逐步发展成为包括中、远期市场和规避风险能力更强的石油期货等衍生品市场在内的多层次市场体系。

　　(2) 石油贸易方式的多样化、体系化。一方面，石油实货交易中心的规模化、功能化日益突出，形成了包括现货合同、远期合同、中长期合同等在内的体系化交易方式；另一方面，石油纸货交易规模增长迅速，尤其是石油期货在整个石油市场交易体系中的作用越来越大，随着金融市场、金融工程技术和信息技术的发展，套利交易、现金交割及期货转现货、期货转掉期和差价合约等新的衍生工具在石油交易活动中的应用日益广泛。

　　(3) 国际石油贸易基准油价格形成过程中的金融属性日显重要。尽管现货市场仍是形成国际石油贸易基准油价格的基础，但期货市场具有价格发现功能，并能大大增加交易的流动性，通过标的原油品种的交易，对世界原油价格变化起到了主导作用。金融属性在世界原油价格形成过程中的作用日益突出，石油价格金融化在一定程度上助推了油价涨势。

　　(4) 亚洲将成为全球三大原油定价中心之一。亚洲交易中心地位的竞争将日趋激烈，同时以重酸为特征的基准油可能会成为三大基准油之一，亚洲有望成为全球三大原油定价中心之一。随着国际石油市场中重质高硫原油市场份额的不断增加，建立一个有别于西德克萨斯中质油和布伦特油能反映重质高硫原油市场供求关系的、相对独立的石油市场交易机制和价格形成机制已成为当务之急，而围绕这一新的定价中心的争夺将成为各国竞争的焦点。

　　5. 我国参与国际石油贸易的对策

　　随着对外依存度的不断提高，国内石油市场已经成为世界市场日益重要的组成部分。因此，我国应该从世界石油市场的高度出发来看待国内市场建设对保障国内供给的作用，应在借鉴国际石油贸易市场多层次性、交易方式和交易主体多元性的基础上，逐步完善国内实货交易市场，有步骤地推进纸货市场的建设，形成现货、远期、期货为重点的多层次、开放性的市场体系和交易方式的多元化，允许国际大石油公司、金融机构和机构投资者等参与国内石油期货市场的交易，提高国内石油市场在国际石油市场中的地位，争取成为全球性石油定价中心之一。

竞争的市场环境是培育企业竞争力最为有效的手段，我国应逐渐打破国有贸易一统的局面，在竞争中促进我国企业国际贸易能力的全面提高。此外，我国石油企业在国外也应积极获取权益油，当然，在国外取得权益油并不是直接的国际石油交易，也不意味着必须将取得的权益油运回国内，但这提供了一种关键时刻的战略选择，能提升中国石油企业在国际贸易中的讨价还价能力。

近20年来，发达国家的石油市场信息披露机制为稳定其国内石油市场和保障安全供给发挥了重要作用。因此，我国应积极推进体制、法规和石油市场信息披露机制的建设，为政府调控和企业参与国际石油贸易提供制度和信息保障。信息披露机制建成之后，政府可及时检测国内及世界石油市场的变化趋势，并对国内有关石油的信息公开和统一披露进行有效的管理。此外，还应加强信息安全的管理制度建设，我国在参与国际贸易过程中，交易信息的安全管理和信息的公开披露要建立一套制度，统一口径，以避免不必要的信息泄露造成的损失。

全球经济的快速增长、石油资源分布的不均衡及其在一国经济中的基础性地位决定了国际石油贸易在世界经济中的重要地位，突出表现为近十几年来国际石油贸易增长速度持续加快。为了减小和规避贸易风险，在现货交易的基础上，世界石油市场逐步发展成为包括中、远期市场和规避风险能力更强的石油期货等衍生品市场在内的多层次市场体系。我国虽然是一个石油生产大国，但无论储量还是产量，都不足以支撑我国实体经济快速发展的需要。随着国际石油贸易量占我国石油消费量比例的日益增长，全方位、高水平参与全球石油贸易已经成为确保我国石油供应安全的重要内容和提升我国石油公司竞争力的重要手段。

第四节　天然气市场

一、气体燃料

以天然气为代表的气体燃料通常包括四大类：天然气、人工煤气、液化石油气和沼气。天然气是一种重要的一次能源，燃烧时有很高的发热值，对环境的污染也较小，而且还是一种重要的化工原料。天然气的生成过程同石油类似，但比石油更容易生成。天然气主要由甲烷、乙烷、丙烷和丁烷等烃类组成，其中甲烷占80%～90%。通常天然气可以分为纯天然气、石油伴生气、凝析气和矿井气四种，纯天然气是从矿井中开采出来的干天然气，也称气田气；石油伴生气是开采石油时的副产品；矿井气又称煤层气，是伴随煤矿开采而产生的，俗称瓦斯。通常60%的天然气为气田气，40%的为伴生气，煤层气则可能附于煤层中或另外聚集，在7～17MPa和40～70℃时每吨煤可吸附13～30m³的甲烷。

天然气的勘探、开采同石油类似，但收采率较高，可达60%～95%。大型稳定的气源常用管道输送至消费区，每隔80～160km需设一增压站，加上天然气压力高，故长距离管道输送投资很大。

天然气中主要的有害杂质是CO_2、H_2O、H_2S和其他含硫化合物。因此天然气在使用前也需净化，即脱硫、脱水、脱二氧化碳、脱杂质等。从天然气中脱除H_2S和CO_2一般采用醇胺类溶剂。脱水则采用二甘醇、三甘醇、四甘醇等，其中三甘醇用得最多，也可采用多孔性的吸附剂，如活性氧化铝、硅胶、分子筛等。

最近十年液化天然气技术有了很大发展，液化后的天然气体积仅为原来体积的 1/600。因此可以用冷藏油轮运输，运到使用地后再予以气化。另外，天然气液化后，可为汽车提供方便的、污染小的天然气燃料。

人工煤气是人为的利用固体燃料或液体燃料加工而得到的二次能源，按制气原料和制气工艺不同又可分为干馏煤气、气化煤气和油制气。

（1）干馏煤气。煤在隔绝空气的条件下，加热分解而成煤气、焦油和焦炭等，此过程称为煤的干馏，产生的煤气称为干馏煤气。干馏煤气主要是由氢气、甲烷、一氧化碳、碳氢化合物及氮气、二氧化碳组成。标态下热值为 17 000kJ/m³ 左右。我国城市煤气主要气源是由焦炉、连续式直立炭化炉等提供。焦炉是以一定配比的炼焦煤、气煤、肥煤为原料，干馏温度 900~1100℃。主要产品为焦炭，副产品为煤气，即为焦炉煤气。直立炭化炉是以肥煤或气煤为原料，干馏温度 800~850℃，主要产品是煤气，即为炭化炉煤气，标准状态下热值为 16 000kJ/m³。

（2）气化煤气。气化煤气是以固体燃料为原料，以空气、水蒸气或氢气为气化剂。在高温条件下，气化剂与固体燃料通过化学反应，转化为气体燃料，即气化煤气。主要成分有一氧化碳、氢气和少量甲烷。由于气化剂不同，生成的煤气也有区别，主要有发生炉煤气和水煤气两种。这两种煤气热值低，且毒性大，多作工业上用气。不可单独作为城市煤气气源，与热值高的天然气、油制气、液化石油气掺混后作城市气源。

（3）油制气。是用石油系列产品为制气原料，在压力、温度和催化剂作用下，使原料油分子发生裂解反应，生成可燃气体，裂解方法不同则得不同煤气。重油蓄热裂解制得的油制气，主要成分有甲烷、乙烯、丙烯等，可直接作为城市气源，也可与其他煤气掺混作为城市气源。用重油蓄热催化裂解得到的油制气，主要成分有氢气、甲烷、一氧化碳等，可直接供城市气源。油制气投资少、成本低，生产自动化程度高。

液化石油气是呈液体状态石油气，简称液化气。主要由丙烷、丁烷等碳氢化合物组成，它是从气田或油田开采中获得，也可从石油炼制过程中作为副产品提取。前者为天然石油气，后者为炼油石油气，在常温环境中均呈气体状态，在一定压力下或低温条件下，呈液体状态。液化后体积缩小，气态与液态体积相差约 250 倍。液化石油气是城市主要气源之一。

沼气是生物质能源，由各种有机物（如粪便、垃圾、杂物、酒糟等）中的蛋白质、纤维素、淀粉在隔绝空气条件下，因微生物发酵作用产生的可燃气体。主要成分是甲烷，占 60％左右。沼气在农村应用较为广泛。

我国常用气体燃料的特性见表 8-20。

表 8-20 我国常用气体燃料的特性

煤气种类	相对分子质量	密度（kg/m³）	体积定压热容[kJ/(m³·℃)]	标准状态下高热值（kJ/m³）	标准状态下低热值（kJ/m³）	标准状态下理论空气量（m³）	标准状态下理论烟气量（m³）	理论燃烧温度（℃）
炼焦煤气	10.496 6	9.468 6	1.390	19 820	17 618	4.21	4.88/3.76	1998
直立炉煤气	12.380 5	0.552 7	1.383	18 045	16 136	3.80	4.44/3.47	2003
混合煤气	14.996 8	0.669 5	1.369	15 412	13 858	3.10	3.85/3.06	1986

续表

煤气种类	相对分子质量	密度（kg/m³）	体积定压热容[kJ/(m³·℃)]	标准状态下高热值（kJ/m³）	标准状态下低热值（kJ/m³）	标准状态下理论空气量（m³）	标准状态下理论烟气量（m³）	理论燃烧温度（℃）
发生炉煤气	20.142 1	1.162 7	1.319	6003.8	5744	1.16	1.98/1.84	1600
水煤气	15.691 2	0.700 5	1.329	11 451	10 383	2.16	3.19/2.19	2175
催化油煤气	12.035 5	0.537 4	1.390	18 472	16 521	3.89	4.55/3.54	2009
热裂油煤气	17.716 2	0.790 9	1.618	37 953	34 779	8.55	9.39/7.81	2038
干井天然气	16.654 4	0.743 5	1.560	40 403	36 442	9.64	10.64/8.65	1970
油田伴生气	23.329 6	1.041 5	1.812	52 833	48 383	12.51	13.73/11.33	1986
矿井气	22.755 7	1.010 0	—	20 934	18 841	4.6	5.90/4.80	1900
液化石油气	56.609 3	2.527 2	3.519	123 678	115 061	28.28	30.67/26.58	2050
液化石油气	56.600 3	2.526 8	3.425	122 284	113 780	28.94	30.04/25.87	2060
液化石油气	52.651 2	2.350 5	3.335	177 498	108 375	27.37	29.62/25.12	2020

二、天然气资源

全球天然气蕴藏量丰富，截至 2012 年年底，全球天然气探明储量为 187.3 万亿 m³。按目前产量足以保证 55.7 年的生产需要。表 8 - 21 为 2012 年天然气探明储量居世界前 10 位的国家，表 8 - 22 为 2012 年底世界天然气剩余探明可采储量超过 $2×10^{12}$ m³ 的国家或地区。图 8 - 11 为 1992 年、2002 年和 2012 年全球天然气探明储量按地区的分布图。

表 8 - 21　　　　　　　　　2012 年世界天然气储量前 10 名的国家

国家	1992 年年底（万亿 m³）	2002 年年底（万亿 m³）	2011 年年底（万亿 m³）	2012 年年底（万亿 m³）	2012 年占世界总量比例（%）
伊朗	20.7	26.7	33.6	33.6	18.0
俄罗斯	—	29.8	32.9	32.9	17.6
卡塔尔	6.7	25.8	25.0	25.1	13.4
土库曼斯坦	—	2.3	17.5	17.5	9.3
美国	4.7	5.3	8.8	8.5	4.5
沙特阿拉伯	5.2	6.6	8.2	8.2	4.4
阿拉伯联合酋长国	5.8	6.1	6.1	6.1	3.3
委内瑞拉	3.7	4.2	5.5	5.6	3.0
尼日利亚	3.7	5.0	5.2	5.2	2.8
阿尔及利亚	3.7	4.5	4.5	4.5	2.4
世界总计	117.6	154.9	187.8	187.3	100

表 8 - 22　　　　2012 年年底世界天然气剩余探明可采储量超过 $2×10^{12}m^3$ 的国家或地区

位次	国家（地区）	储量（$×10^{12}m^3$）	占总量（%）
1	伊朗	33.6	18.0
2	俄罗斯	32.9	17.6
3	卡塔尔	25.1	13.4
4	土库曼斯坦	17.5	9.3
5	美国	8.5	4.5
6	沙特阿拉伯	8.2	4.4
7	阿拉伯联合酋长国	6.1	3.3
8	委内瑞拉	5.6	3.0
9	尼日利亚	5.2	2.8
10	阿尔及利亚	4.5	2.4
11	澳大利亚	3.8	2.0
12	伊拉克	3.6	1.9
13	中国	3.1	1.7
14	印度尼西亚	2.9	1.6
15	挪威	2.1	1.1
16	加拿大	2.0	1.1
17	埃及	2.0	1.1
	世界总计	187.3	100.0

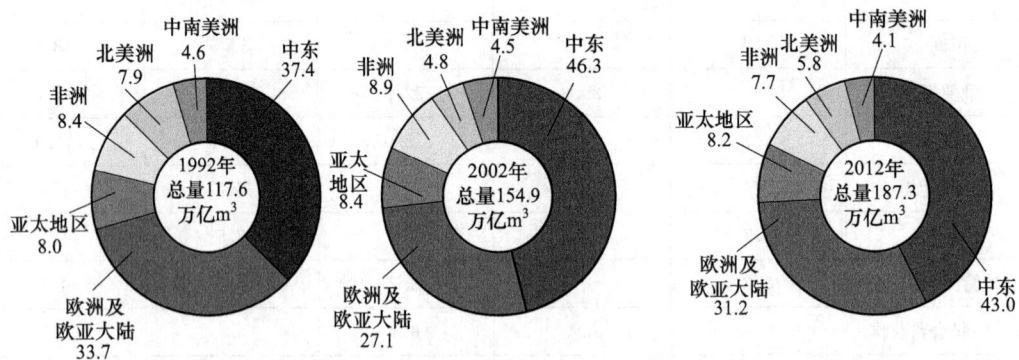

图 8 - 11　1992 年、2002 年和 2012 年全球天然气探明储量按地区的分布

　　中国天然气地质资源量 52 万亿 m^3、可采资源量 32 万亿 m^3。截至 2010 年年末，天然气探明储量 2.8 万亿 m^3，储采比为 29.0，比新一轮油气资源探查分别增长 49% 和 45%，探明程度 18%，但资源保障程度较低，对国外进口依赖较大。此外，天然气资源中低渗、深水、深层、含硫化氢的资源占有较大比重。

　　中国天然气资源量区域主要分布在中国的中西盆地。同时，中国还具有主要富集于华北地区非常规的煤层气远景资源。近几年，中国的东南西北中天然气勘探喜讯频传，初步为我们描绘出了 21 世纪天然气发展的轮廓。2009 年中国常规天然气待探明资源按地区的分布情况见表 8－23。

表 8－23　　　　　　　2009 年中国常规天然气待探明资源按地区的分布情况　　　　　（万亿 m³）

盆地	可采资源探明率（％）	待探明资源量		
		远景资源量	地址资源量	可采资源量
塔里木	12.4	10.24	7.76	5.14
四川	35.0	5.22	3.41	2.24
东海	2.0	5.03	3.56	2.43
鄂尔多斯	45.2	8.46	2.42	1.59
柴达木	18.4	2.34	1.31	0.71
莺歌海	13.4	2.12	1.14	0.71
松辽	27.6	1.42	1.02	0.57
琼东南	11.1	1.78	1.01	0.64
渤海湾	33.7	1.39	0.51	0.29
珠江口	16.7	0.98	0.62	0.4
准噶尔	29.8	0.96	0.44	0.33
北部湾	0.0	0.08	0.05	0.04
其他	2.7	882	4.74	2.7
全国	19.5	48.84	27.99	17.79

特别值得指出的是，随着科学技术的进步和勘探力度的加强，人们发现了非常规天然气，即那些难以用传统石油地质理论解释，在地下的赋存状态和聚集方式与常规天然气藏具有明显差异的天然气。非常规天然气主要包括页岩气、致密气、煤层气和天然气水合物等，是科技进步和政策扶持驱动下出现的新型化石能源。它与常规天然气具有一致的产品属性，但其资源丰富度偏低，技术要求更高，开发难度更大。美国已成功实现了非常规天然气的大规模开发利用，2011 年产量达到 3940 亿 m³，占美国天然气总产量的 60％以上，其中页岩气产量 1760 亿 m³，占美国天然气总产量的 27％。非常规天然气的大规模开发利用，改变了美国能源供应的格局，有效推动了美国能源独立战略的实施，导致全球能源战略布局发生重大调整，影响深远。

我国的地质条件有利于非常规天然气资源的形成和赋存。我国页岩气、致密气、煤层气和天然气水合物资源都相当丰富，其中页岩气、致密气和煤层气技术可采资源量约 31 万亿 m³，是我国常规天然气可采资源总量的 1.5 倍左右。初步估算，我国天然气水合物远景地质资源量超过 100 万亿 m³，主要分布在南海海域和青藏高原冻土区。

我国存在发育海相、海陆过渡相和陆相三类页岩气资源，中国工程院重点评价了与美国相似的海相页岩气的技术可采资源量，评价结果是 8.8 万亿 m³，与国土资源部公布的海相页岩气资源量数据接近。海陆过渡相和陆相页岩气也具有较大资源潜力，但因现阶段资料有限和缺乏国外可类比对象，暂未给出资源量结果。

我国致密气技术可采资源量约 11 万亿 m³，主要分布在鄂尔多斯、四川、准噶尔、塔里木、松辽、渤海湾和东海等主要含油气盆地，赋存的地层主要包括石炭系～二叠系、三叠系～侏罗系和白垩系～第三系等含煤岩系。

我国煤层气技术可采资源量约 11 万亿 m³，主要分布在鄂尔多斯、沁水、准噶尔、滇东—黔西、二连等盆地，其中以华北地区石炭～二叠系、华南地区上二叠系、西北地区中～下侏罗系和东北（含内蒙古东部）地区上侏罗系～下白垩系最为富集。

我国油气对外依存度持续攀升，加快非常规天然气开发利用对改善能源结构、保证国家能源安全具有重大战略意义。

三、天然气生产与消费

（一）天然气生产

2012 年全球天然气产量增长 1.9%。其中美国（＋4.7%）天然气气量增幅再度位居全球首位，并继续保持全球最大天然气生产国的地位。挪威（＋12.6%）、卡塔尔（＋7.8%）和沙特阿拉伯（＋11.1%）的天然气生产增长也颇为迅猛，而俄罗斯（－2.7%）的天然气产量出现全球最大降幅。1987～2012 年世界天然气产量的地区分布如图 8－12 所示。2012 年世界天然气产量前 10 位的国家见表 8－24。

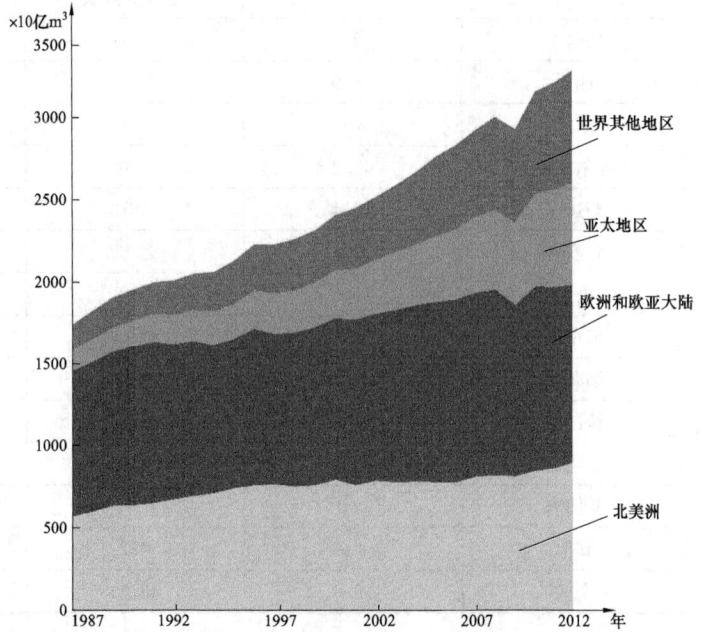

图 8－12　1987～2012 年世界天然气产量的地区分布图

表 8－24　　　　　　　　　　　**2012 年世界天然气产量前 10 位的国家**　　　　　　　　（×10 亿 m³）

国家	2006 年	2007 年	2008 年	2009 年	2010 年	2011 年	2012 年	2011～2012 年变化情况（%）	2012 年占总量比例（%）
美国	524	545.6	570.8	584	603.6	648.5	681.4	4.70	20.40
俄罗斯	595.2	592	601.7	527.7	588.9	607	592.3	－2.70	17.60
伊朗	108.6	111.9	116.3	131.2	146.2	151.8	160.5	5.40	4.80
卡塔尔	50.7	63.2	77	89.3	116.7	145.3	157	7.80	4.70
加拿大	188.4	182.7	176.6	164	159.9	159.7	156.5	－2.30	4.60
挪威	87.9	89.7	99.3	104.8	107.7	101.7	114.9	12.60	3.40
中国	58.6	69.2	80.3	85.3	94.8	102.7	107.2	4.10	3.20
沙特阿拉伯	73.5	74.4	80.4	78.5	87.7	92.3	102.8	11.10	3.00
阿尔及利亚	84.5	84.8	85.8	79.6	80.4	82.7	81.5	－1.70	2.40
印度尼西亚	70.3	67.6	69.7	71.9	82	75.9	71.1	－6.60	2.10
世界总计	2880.1	2943.2	3054	2969.3	3192.3	3291.3	3363.9	1.90	100.00

尽管页岩气革命成为关注焦点，从气量来看，非经合组织的常规天然气产量更为庞大（23.8 亿 m³/日）。中东的产量最大（8.8 亿 m³/日），其次是非洲（4.2 亿 m³/日）和俄罗斯（3.1 亿 m³/日）。总体而言，非经合组织天然气产量的增长（29.4 亿 m³/日）几乎与其消费的增长（31.1 亿 m³/日）持平。

各种类型和各地区天然气产量及其预测如图 8-13 所示，页岩气的产量及其预测如图 8-14 所示。

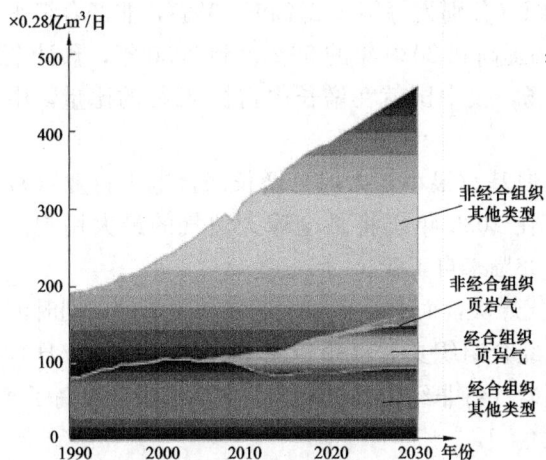

图 8-13　各种类型和各地区天然气产量及其预测

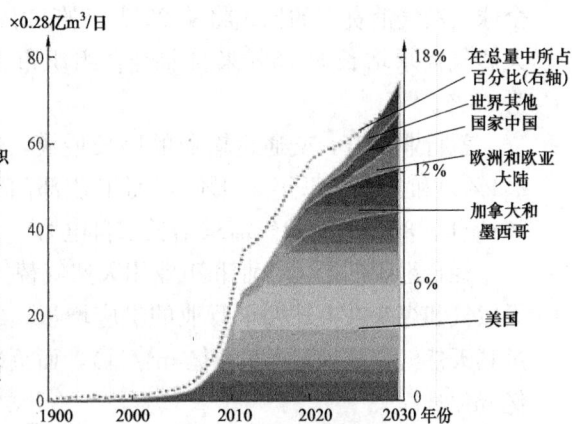

图 8-14　页岩气的产量及其预测

值得指出的是，未来几十年天然气仍将是全球主要的一次能源。据英国石油（BP）报告，天然气总产量预计每年增长 2%，到 2030 年达到 130 亿 m³/日。增长大多来自非经合组织（每年增长 2.2%），占全球天然气产量增长的 73%。经合组织产量也呈现增长（每年1.5%），因为北美和澳大利亚强劲增长的产量超过欧洲的下滑产量。

到 2030 年，非经合组织将占供应总量的 67%，而 2011 年为 64%。同时，经合组织页岩气也将在总供应中占 12.5% 的比重，而 2011 年的份额仅为 6%。北美页岩气产量每年增长 5.3%，预计到 2030 年达到 15.3 亿 m³/日，超过了常规天然气产量的下降。在页岩气的支持下，北美将在 2017 年成为净出口地区，净出口量到 2030 年接近 2.3 亿 m³/日。

页岩气产量预计每年增长 7%，预计到 2030 年将达到 21 亿 m³/日，占天然气供应增长的 37%。页岩气增长最初集中在北美，但基于目前的资源评估，该区域的产量增长在 2020年后预计将趋缓。从全球角度而言，页岩气在 2020 年后将保持增长势头，因为其他区域也将开始开发页岩气，最为显著的是中国。

欧洲的页岩气开发面临诸多挑战，因此页岩气产量在 2030 年前不可能出现大规模增长。对欧盟而言，页岩气产量在 2030 年将达到 0.68 亿 m³/日，不足以抵消常规天然气的迅速减产，因此净进口将增加 48%。

预计中国将是除北美外页岩气开发最为成功的国家。到 2030 年，中国的页岩气产量预计将增至 1.7 亿 m³/日，占中国天然气产量的 20%。然而，鉴于中国天然气消费的迅猛增长（到 2030 年将超过目前欧盟天然气市场总量），中国仍需迅速增加进口（每年增长 11%）。

（二）天然气的消费

全球天然气消费增长 2.2％，低于 2.7％的历史平均水平。中南美洲、非洲和北美洲的天然气消费增长均超过历史平均水平，其中，美国（＋4.1％）的天然气消费增量居全球首位。亚洲的中国（＋9.9％）和日本（＋10.3％）的天然气消费增量紧随其后。上述地区的天然气消费增长在一定程度上被欧盟（－2.3％）和苏联（－2.6％）地区的消费下滑所抵消。在全球范围，天然气占一次能源消费的 23.9％。经合组织国家的天然气消费增速自 2000 年以来首次超过非经合组织国家。

非经合组织天然气需求增速高于经合组织（分别为每年 2.8％和 1.0％），非经合组织在全球天然气消费中的比重将从 2011 年的 52％提高到 2030 年的 59％。到 2030 年，预计全球天然气需求增长的 76％来自非经合组织市场，仅中国就在增长中占据 25％的比重，中东为 23％。

就行业而言，交通运输业的增长最快，但基数很小。大部分增长来自电力行业（每年 2.1％）和工业（每年 1.9％），而工业部门在 2030 年仍将是全球天然气的最大用户。到 2030 年，39％的天然气需求增长来自电力，38％来自工业。

经合组织的电力行业和工业用天然气替代煤炭，而非经合组织的强劲需求足以同时消化天然气和煤炭在上述两个行业的供应增量。经合组织页岩气供应增量（10.5 亿 m^3/日）超过其天然气需求增量（9.6 亿 m^3/日），而页岩气将非经合组织天然气产量增长又提高了 4.8 亿 m^3/日。

1987～2012 年全球分地区天然气的消费量如图 8-15 所示，各地区对天然气的需求及其预测如图 8-16 所示，各行业对天然气的需求及其预测如图 8-17 所示。

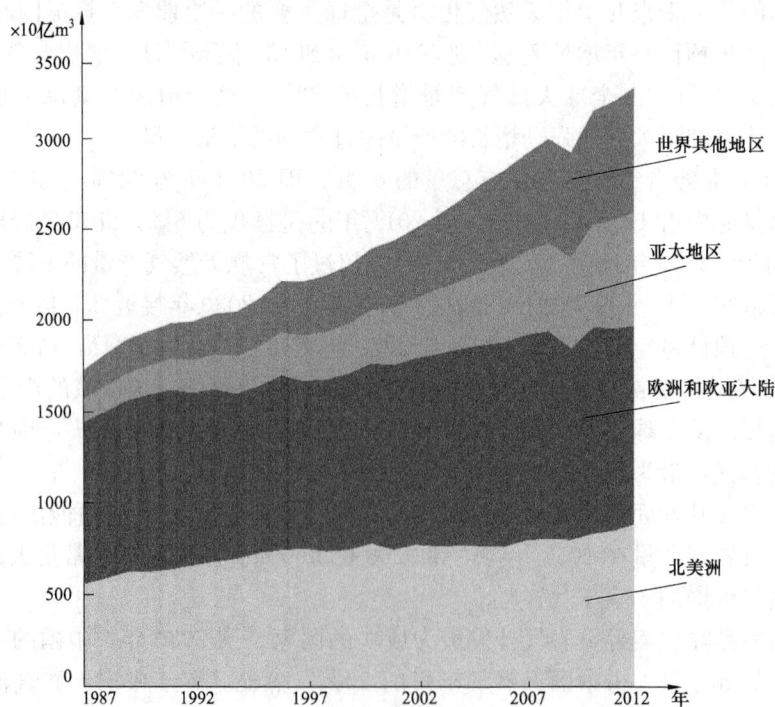

图 8-15　1987～2012 年全球分地区天然气的消费量

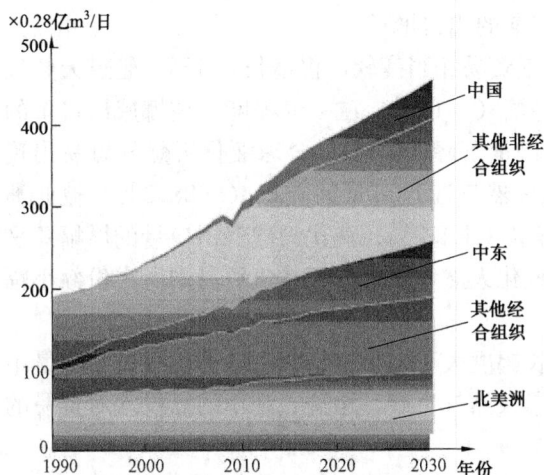

图 8 - 16　各地区对天然气的需求及其预测

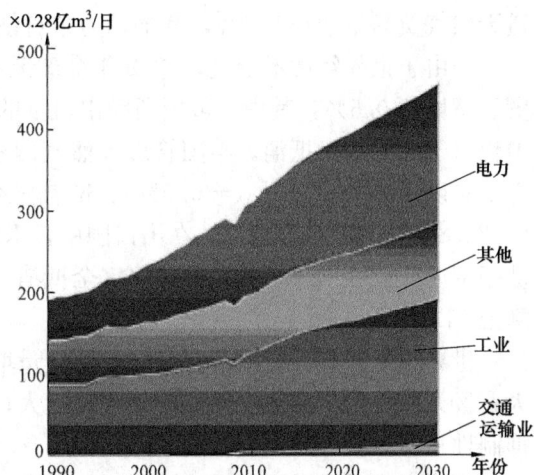

图 8 - 17　各行业对天然气的需求及其预测

四、天然气市场

天然气主要作为工业燃料使用，即以天然气代替煤，用于工厂采暖，生产用锅炉，以及热电厂燃气轮机锅炉的燃料。天然气作为燃料除了减少环境污染外，从经济效益看，天然气发电的单位装机容量所需投资少，建设工期短，上网电价较低，具有较强的竞争力。

此外天然气还是制造氮肥的最佳原料，具有投资少、成本低、污染少等特点。天然气占氮肥生产原料的比重，世界平均为 80％左右。作为城市燃气，随着人民生活水平的提高及环保意识的增强，大部分城市对天然气的需求明显增加。天然气作为民用燃料的经济效益也大于工业燃料。在城市交通中以天然气代替汽车用油，具有价格低、污染少、安全等优点。

目前以天然气为主要原料，经过气液混合器与天然气增益剂混合后形成的一种新型工业燃气，燃烧温度能提高 400～600℃，可完全取代乙炔、丙烷用于工业切割、焊接，在钢厂、钢结构、造船行业中有广泛的应用。

世界天然气需求总的来说是逐年增加的，引起天然气需求增加的主要因素有：①世界人口的不断增长导致对天然气消费的增长；②日益高涨的环保呼声促使人们增加了对天然气的消费，从而导致其需求量的增加；③天然气运输、生产和实用技术的迅速发展也是促使天然气需求量快速增长的主要原因；④工业化经济的进一步发展是拉动天然气需求增长的又一因素；⑤天然气传统消费国的人文、经济等因素的变化会引起这一领域的天然气需求的增长；⑥天然气是一种高效能源，它可以作为一次能源供用户高效率地使用，越来越多的国家和个人会倾向于选择天然气作为能源；⑦近些年来，天然气探明储量不断增长，使不少国家减少了对石油、煤炭和核能的依赖，而增加了对天然气的需求；⑧很多工业国家出于国际形势的变化及市场竞争的激烈，开始逐渐取消对天然气价格的限制，这有利于天然气工业的进一步发展，同时也就相应地增加了对天然气的需求。

因此在未来几十年里，随着天然气市场的不断完善和一些国家工业化进程的加快，对天然气新的需求越来越大。据预测，在全球范围内，天然气的需求增长速度快于其他初级能源，年增长率将达到 3.2％。

2010 年，全球天然气贸易增长强劲，增幅为 10.1％。在所有液化天然气进口国中，最大的气量增幅来自韩国、英国和日本。现在，液化天然气占全球天然气贸易的 30.5%。管道天然气贸易量增长 5.4%，其推动力来自俄罗斯的出口增长。

但由于世界经济不景气，2012 年全球天然气贸易相当疲软，仅增长 0.1%。管道天然气贸易量增长 0.5%，其中，俄罗斯净出口量的降幅（-12%）在一定程度上被挪威出口量的增幅（+12%）所抵消。美国管道天然气净进口量下降 18.8%。全球液化天然气贸易出现有记录以来的首次下滑（-0.9%）：欧洲液化天然气净进口量的降幅（-28.2%）被亚洲（+22.8%）的增幅所抵消。在出口国中，卡塔尔（+4.7%）液化天然气出口量的增幅几乎被印度尼西亚（-14.7%）的降幅完全抵消。液化天然气在全球天然气贸易中所占份额小幅降至 31.7%。

世界天然气贸易有以下特点：①贸易量增长幅度大于产量增长幅度，但投入贸易的量不大；②天然气价格的地区性与油价关联度大；③天然气生产、运输、利用的高投入对贸易的抑制性；④液化天然气贸易量上升。

影响未来世界天然气供给的主要因素有：①天然气资源具有的不可再生性是制约天然气供给的客观因素；②天然气资源开采的难度，这在过去甚至将来的一段时期内是抑制天然气产量增加的一个不容忽视的因素；③天然气储量；④天然气供应中的技术安全性；⑤天然气国际贸易状况，由于运输、储存的不便和下游利用工程投资浩大，因此，天然气的贸易量和贸易范围仍无法与石油、煤炭相比。

预计将来天然气的价格会上升。这是由于对天然气需求的不断增长，新气藏的发现、开发和开采成本、远距离的运输费用，以及石油价格都较高，其他形式的能源在价格上也会有相似的增长。

世界天然气贸易前景：①中东地区将成为天然气贸易的热点；②亚太地区仍以液化天然气为主要贸易形式；③东、西欧输气管网的连接，将增加欧洲天然气的贸易量，扩大国际贸易的范围，俄罗斯将进一步增加天然气出口量；④非洲将向欧洲输出更多的天然气，同时扩大洲内贸易量。

第五节　电　力　市　场

一、电能

电能是与电荷流动和聚集有关的一种能量。它是由其他一次能源转换而来的二次能源。由于电能输送、控制、转换和使用都非常方便，又不污染环境，因此是一种非常优质的二次能源。

电能的特点是发电、传输、用电同时发生。由于目前尚不能大规模地储存电能，因此电能生产中的发电、供电、配电必须紧密配合，具有不间断连续工作的功能，用户在每一瞬间需要多少电，就能够供给多少电。电力过剩就会造成电力生产能力的积压浪费，电力短缺就会影响国民经济的发展。电能供需必须每月、每日、每时、每分、每秒都取得平衡。除了数量上达到供需一致外，还必须保证供电的安全性、可靠性及电能质量。例如，保持电压周波的稳定，保证电压的对称性和正弦性等。因此采用大机组发电，建设大电网，提高输电电压就成为电力工业发展的趋势。

电能的传递路径和转换效率如图 8-18 所示。由图可见，投入的一次能源约有 70% 在转换和输、配环节中损失掉了，因此能在图上任何一个环节中节约哪怕一个百分点都会取得巨大的经济。

　　节电实际上就等于增产，因为用 1kWh 电可以生产出 1.5kg 电炉钢，或 4kg 生铁，或 45kg 煤，或 25kg 原油，或 10kg 水泥，或 11m 棉布，或 1kg 新闻纸。因此各行各业都应当提倡节电。

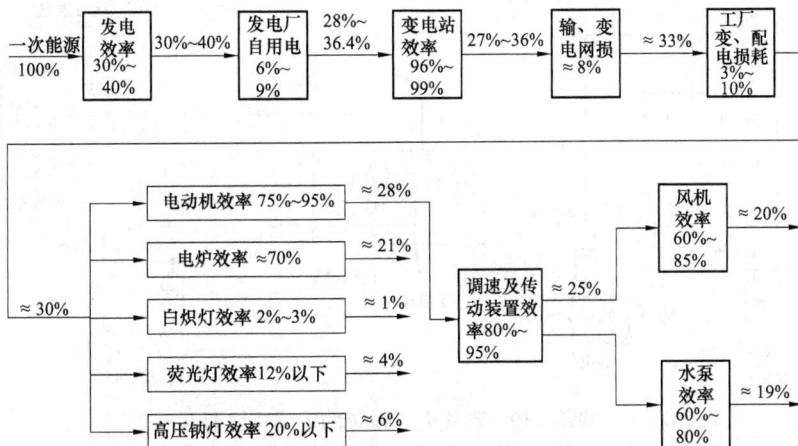

图 8-18　电能的传递路径和转换效率

　　电能可以通过多种途径产生，其中最主要的途径是通过发电机将机械能直接转换成电能。另外，可在燃料电池中将化学能直接转换成电能；在太阳能电池中由辐射能直接转换成电能；核能转换为电能则是在核电池中实现的。磁流体发电、热电偶温差发电则可将热能直接转变成电能。不过后几种获得电能的方式目前仍处在研究、开发阶段。

　　将机械能转换成电能是目前获得电能的主要手段。驱动同步发电机的动力机械有蒸汽轮机、燃气轮机、内燃机、水轮机、风力机等。它们的转换效率从小发电机的 50% 到大型电站交流发电机的 90% 以上。

　　发电厂产生的巨大的电能必须输送到用户。随着生产的发展和用电量的增加，发电厂的数量和容量都在不断增长，而且由于资源和环境等方面的原因，发电厂和用户的距离也越来越远。因此为了把发电厂发出的电能安全可靠地送到用户，并使输送的损耗减至最小，就必须有专门的输电系统，即通常所说的电力网。由发电厂、电力网和电力用户所组成的大系统则称之为电力系统。图 8-19 就是一个现代电力系统的单线接线图（图中的单线均代表三相）。系统中既有水力发电厂，也有火力发电厂和热电厂。

　　电力网按其供电范围、电压高低可以分为地方电力网和区域电力网。地方电力网的电压等级一般不超过 110kV，供电距离多在 100km 以内。区域电力网则将范围较广地区的发电厂联系起来，而且输电线路长（有的超过 1000km），电压高，输送功率大，用户类型多。我国电能的输送方式主要是高压交流输电，主要输电线路的电压等级为 6、10、35、66、110kV 和 220kV。

　　显然为了供电力用户使用，在用电终端还需将输电的高电压再降低下来，因此接受、输送和分配电能就成为变电站的任务。故变电站是电力网的重要组成部分，是电力系统的中间环节。变电站根据其重要性和功能又可分为枢纽变电站、中间变电站和终端变电站。枢纽变

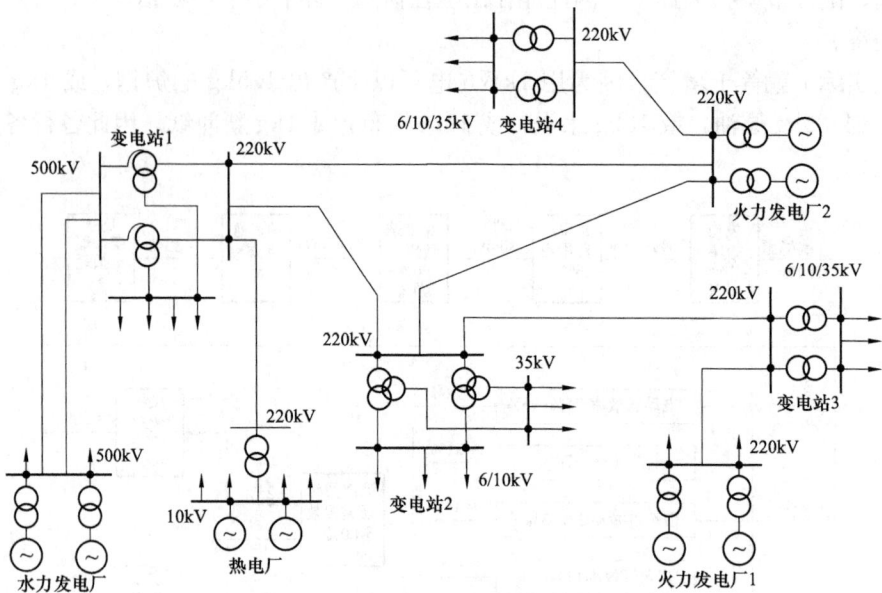

图 8-19　现代电力系统的单线接线图

电站电压高、容量大，处于联系电力系统各部分的中枢位置，地位重要。图 8-19 中的变电站 1 和变电站 2 就属于这种类型。中间变电站则处于发电厂和负荷中心之间，从它可以转送或抽引一部分负荷，图 8-19 中的变电站 3 就是中间变电站。终端变电站只负责供应一个局部地区负荷，不承担转送功率的任务，如变电站 4。

电力用户的电力负荷按其重要性和对供电可靠性的要求通常可以分为三类：

（1）第一类负荷是最重要的电力用户。对其突然停电时，将造成人员伤亡，重大设备损坏，引起生产混乱；或交通枢纽受阻，城市供水、广播、通信中断，造成巨大经济损失或重大政治影响。对这类负荷，必须有两个独立的电源供电。

（2）第二类负荷也是重要的电力用户。对其突然停电，会造成大量减产、停工，生产设备局部破坏，局部交通阻塞，城市居民正常生活受影响。对这类负荷应尽量采用两回线路供电，且两回路线路应引自不同的变压器或母线段；确有困难时，允许由一回路专用线路供电。

（3）第三类负荷为一般电力用户。此类负荷短时停电损失不大，可以用单回路线路供电。

我国电能输送存在的问题是：

（1）电压等级偏低，电压层次过多，造成重复容量多，线路长、线损高，事故多，调度不灵。国外电网电压等级已高达 750kV，甚至 1500kV。在超高压输电方面我国仍有很大差距。

（2）输电方式单一，缺乏超高压直流输电。超高压直流输电与交流输电相比，除可减少导线用量降低投资外，还能减少电能损失。目前已被许多发达国家采用。

（3）电网容量小，联网发展缓慢，影响了电网整体效益的发挥。

（4）变、配电设备陈旧老化，难以适应电力输送发展的需要。

二、电力工业的基本情况

电力工业起源于 19 世纪后期。世界上第一台火力发电机组是 1875 年建于巴黎北火车站的直流发电机,用于照明供电。1879 年,美国旧金山实验电厂开始发电,这是世界上最早出售电力的电厂。1882 年,美国纽约珍珠街电厂建成发电,装有 6 台直流发电机,总容量是 900 马力(670kW),以 110V 直流为电灯照明供电。经过约 100 年的发展,到 1980 年全世界发电装机总容量达到 20.24 亿 kW,年发电量达到 82 473 亿 kWh。据预测,到 2030 年世界总装机容量将达到 71.57 亿 kW。

2003 年 8 月美国和加拿大东部的大面积停电,使一千多万居民备受停电之苦,随后一个月内又相继发生了丹麦、瑞典和意大利的大停电事故,其中意大利的停电使该国 5800 万人口受到影响。这些停电事件引起全世界对电网和供电安全的担忧。意大利因反对建核电厂,而本身油煤资源缺乏,能源紧张,其电力供应主要依赖法国进口。法国以核电为主,近年来因本国用电增加,致使电力出口量锐减。目前随着全球经济的逐步复苏,全世界的电力工业又迎来一次大发展,例如,美国自加州因电力紧张而导致大停电后,已决定重新建设新的核电厂。

2000～2030 年世界发电量分类构成预测见表 8-25,其中各行业的用电情况预测见表 8-26。

表 8-25 　　　　　　　　2000～2030 年世界发电量的分类构成预测 　　　　　(TWh)

类别	2000 年	2010 年	2020 年	2030 年	2000～2030 年均增长率(%)
总发电量	15 391	20 037	25 578	31 524	2.4
煤炭	5989	7143	9075	11 590	2.2
石油	1241	1348	1371	1326	0.2
天然气	2676	4947	7696	9923	4.5
氢燃料电池	0	0	15	349	—
核电	2586	2889	2758	2697	0.1
水电	2650	3188	3800	4259	1.6
其他可再生能源	249	521	863	1381	5.9

表 8-26 　　　　　　　　2000～2030 世界各行业用电情况预测 　　　　　(Mtoe)

类别	2000 年	2010 年	2020 年	2030 年	2000～2030 年均增长率(%)
总消费量	1088	1419	1812	2235	2.4
工业	458	581	729	879	2.2
民用	305	408	532	674	2.7
服务业	256	341	440	548	2.6
其他①	68	89	111	133	2.3

① 包括农业、运输和非指定的电力使用。

电力是国民经济的"晴雨表",自 20 世纪 70 年代以来,世界各国的电力工业从电力生产、建设规模到电源和电网的技术都发生了较大变化。20 世纪 90 年代以来,其发展逐渐形成了以下三个突出的动向:①世界发电量的年增长率趋缓,而一些发展中国家,特别是亚洲国家仍维持较高的电力增长速度;②电力技术的发展向效率、环保的更高目标迈进;③电业管理体制和经营方式发生变革,由垄断经营逐步转向市场开放。

　　我国的电力工业发展十分迅速。1882 年中国第一台发电机组在上海安装发电，从此诞生了中国的电力工业。但在 1949 年前的近 70 年中，电力工业发展非常缓慢。1949 年后，经过 60 年的努力，中国电力工业的规模无论是装机容量还是年发电量都已居世界第一位。表 8-27 为截至 2012 年我国历年装机容量和发电量的构成情况。表 8-28 则为截至 2012 年我国电力工业历年的主要技术经济指标。

　　截至 2012 年我国历年的电力消费弹性系数见表 8-29。

表 8-27　　　　　　　　　　截至 2012 年我国历年装机容量和发电量的构成

年份	装机容量 (万 kW)		比重 (%)		发电量 (亿 kWh)		比重 (%)	
	水电	火电	水电	火电	水电	火电	水电	火电
1952	19	178	9.6	90.4	13	60	17.8	82.2
1957	102	362	22.0	78.0	48	145	24.9	75.1
1962	238	1066	18.3	81.7	90	168	19.7	80.3
1965	302	1206	20.2	79.8	104	572	15.4	84.6
1970	624	1753	26.3	73.7	205	954	17.7	82.3
1975	1343	2998	30.9	69.1	476	1482	24.3	75.7
1978	1728	3984	30.3	69.7	446	2119	17.4	82.6
1980	2032	4555	30.8	69.2	582	2424	19.4	80.6
1982	2296	4940	31.7	68.3	744	2533	22.7	77.3
1984	2560	5452	32.0	68.0	868	2902	23.0	77.0
1986	2754	6628	30.3	70.6	945	3551	21.0	79.0
1988	3270	8280	28.3	71.7	1092	4359	20.0	80.0
1990	3605	10 184	26.1	73.0	1263	4950	20.3	79.7
1992	4068	12 585	24.4	75.6	1315	6227	17.4	82.6
1994	4906	14 874	24.5	74.4	1668	7470	18.0	80.5
1996	5558	17 886	23.5	76.5	1869	8781	17.3	81.3
1998	6507	20 988	23.5	75.7	2043	9388	17.6	81.1
1999	7297	22 343	24.4	74.8	2129	10 047	17.3	81.5
2000	7953	23 754	24.9	74.4	2431	11 079	17.8	81.0
2001	8301	25 314	24.5	74.8	2661	12 045	17.6	81.2
2006	12 857	48 405	20.7	77.8	4167	23 573	14.7	83.2
2007	14 823	55 607	20.6	77.4	4714	27 207	14.4	83.3
2008	17 260	60 286	21.8	76.0	5656	28 030	16.4	81.2
2009	19 629	65 108	22.5	74.5	5717	30 117	15.5	81.8
2010	21 606	70 967	22.4	73.4	6867	34 166	16.2	80.8
2011	23 298	76 834	21.9	72.3	6681	39 003	14.1	82.4
2012	24 947	81 968	21.8	71.5	8556	39 255	17.2	78.7

表 8-28　　　　　　　截至 2012 年我国电力工业历年的主要技术经济指标

年份	发电设备平均利用小时数 (h)	发电厂用电率 (%)	线路损失率 (%)	发电标准煤耗 (g/kWh)	供电标准煤耗 (g/kWh)
1952	3800	6.17	1.29	727	—
1957	4794	5.99	6.61	604	—
1962	3554	7.87	8.73	549	605

续表

年份	发电设备平均利用小时数(h)	发电厂用电率(%)	线路损失率(%)	发电标准煤耗(g/kWh)	供电标准煤耗(g/kWh)
1965	4920	6.98	7.31	477	518
1970	5526	6.54	9.22	463	502
1975	5197	6.23	10.13	450	489
1978	5149	6.61	9.64	434	471
1980	5078	6.44	8.93	413	448
1982	5007	6.32	8.64	404	438
1984	5190	6.28	8.28	398	432
1986	5388	6.54	8.15	398	432
1988	5313	6.69	8.18	397	431
1990	5041	6.90	8.06	392	427
1992	5039	7.00	8.29	386	420
1994	5233	6.90	8.73	381	414
1996	5033	6.88	8.53	377	410
1998	4501	6.66	8.13	373	404
1999	4393	6.50	8.10	369	399
2000	4515	6.28	7.70	363	392
2001	4588	6.24	7.55	357	385
2006	5221	6.00	7.08	343	366
2007	5020	5.83	6.97	332	356
2008	4648	5.90	6.97	322	345
2009	4546	5.76	6.72	320	340
2010	4650	5.43	6.53	312	333
2011	4730	5.39	6.52	308	329
2012	4579	5.10	6.74	305	325

表 8 - 29　　　　　　　　　截至 2012 年我国历年的电力消费弹性系数

年份	弹性系数	年份	弹性系数
1991	1.01	2002	1.45
1992	0.8	2003	1.64
1993	0.74	2004	1.58
1994	0.82	2005	1.19
1995	0.88	2006	1.15
1996	0.75	2007	1.01
1997	0.5	2008	0.58
1998	0.36	2009	0.78
1999	0.92	2010	1.27
2000	1.42	2011	1.30
2001	1.21	2012	0.71

从上述诸表可以看出，在电力工业获得迅速发展的同时，我国电力工业仍然存在诸多问题，主要表现在：

1. 电力供需矛盾日益加剧

由于电力需求增长速度持续高于经济增长速度，我国电力消费弹性系数连续 5 年大于 1，2000～2004 年间平均电力弹性系数达到了 1.47，远远高于此前 20 年的 0.81 的平均水平。经济结构的重型化趋势和粗放型的经济增长对能源消耗的依赖性越来越强，也是导致近年来供需矛盾日益加剧的主要原因之一。

2. 人均装机容量和发电量低

由于电力供应不足，加上人口众多，我国的人均装机容量和人均发电量，以及人均净用电量均低。我国人均生活用电量只占人均净用电量的 14.4%，而发达国家的比重在 30% 以上。全国人均发电量不到世界平均水平的一半，为经济合作与发展组织（OECD）发达国家平均水平的 13% 左右。

3. 电源结构不合理

我国电源结构中火力发电比重大，水力发电开发利用率低，核电则刚刚起步。从表 8-27 中可以看出，在装机容量上，2006 年我国火力发电机组占 77.8%，水力发电机组占 20.7%。而我国水力资源居世界第一位，但其开发率却远低于世界平均水平。因此未能充分利用不同的能源实现水力发电和火力发电的互补。以水力资源仅居世界第 4 位的加拿大为例，其火力发电仅占总发电量的 26%，水力发电则几乎占总发电量的 60%，因此能源利用率高，发电经济性好。至 2020 年我国各类电源装机结构预测见表 8-30。

表 8-30　　　　　　　　　　至 2020 年全国各类电源装机结构预测　　　　　　　　　　（%）

方案	低方案	中方案	高方案
煤电	64.0	65.5	67.8
水电	20.7	20.0	18.8
核电	3.7	3.5	3.2
气电	6.0	5.6	5.1
蓄能	3.7	3.5	3.2
新能源	1.9	1.9	1.9
全国	100	100	100

4. 电力技术装备水平低，经济性较差

从表 8-28 可以看出，我国电力工业的技术经济指标已在逐年提高。但这些技术指标和发达国家的先进指标相比还相差较远。如供电煤耗，高出 50～70g，热效率则低 5% 左右。造成这种情况的原因除管理水平低外，我国电力技术装备水平落后也是主要的原因。如我国大容量、高参数的火力发电机组在发电设备中占的比重小，输电线路的电压等级低等。

5. 电网的建设滞后于电源的建设，供电的自动化水平低

多年来由于资金短缺，我国电网建设明显落后于电源建设，电网建设技术标准低，备用容量小，结构不良，设备老化，网耗大，供电质量差是当前我国电网存在的主要问题。

6. 环境污染严重

由于我国电力工业以火力发电为主，而且火力发电厂中燃煤电厂又占绝对优势，加上资

金困难又影响火力发电厂对污染的治理，因此电力工业对环境的影响已成为不可忽视的问题。

根据我国电力工业的现状和多年积累的经验，今后我国电力发展应坚持以下原则：

（1）坚持可持续发展方针，使电力、社会、经济和环境相互协调发展；注意电力、煤炭、运输、设备制造等相关产业的相互配套，不断提高技术装备水平和能源效率；开发和节约并重。

（2）大力发展水电，积极推进流域梯级综合开发，尽快形成几大水电基地。

（3）加强电网建设，加快全国联网，实现更大范围内的能源资源优化配置；高压输电网、低压配电网、二次系统要配套建设；抓紧城市和农村电网的改造；进一步提高电力系统自动化和现代化水平，提高系统的可靠性、安全性和经济性。

（4）优化煤电，首先是优化煤电的地区布局和内部结构。在有条件的地区形成煤电基地和电站群；不断提高大机组的比重，继续发展热电联产，注意老电厂的技术改造；适度发展天然气发电。

（5）积极发展核电，在以我为主的同时，引进技术，合作制造，降低核电厂造价，提高竞争力。

（6）加快新能源发电的步伐，特别是大力开发风力发电，集中建设若干个大型风力发电场，并带动相关产业的发展，同时推广城市废弃物和垃圾发电。

（7）深化电力体制改革，建立公平竞争，开放有序、健康发展的电力市场体系。

（8）建立我国电力系统安全和电网重大突发事件的应急处理机制，减少电力突发事件对社会、经济和人民生活造成的损失和影响。

三、电力市场的特点

电能不能储存，电力供给的系统性、随机性及高度可靠性，是电力区别于其他商品的一个重要特点。连接在一起的电厂、电网和用电器，可以被视为世界上最庞大的机器，任何单一部件的变化都会对整个系统产生影响。发电、输电、配电、供电在生产上是一个有机联系的整体，而且不同时间用电量变化很大，为了保证电力系统安全正常供电，必须连续不断地保持发、输、配、供电之间的平衡。为了适应用电负荷变化，在电力系统中要有必要的备用容量（一般约8％），输电网要留有适当的裕度。电力系统运营调度部门要随时监视系统运行情况，发生问题及时处理，以确保电力系统供电安全。因此，电力工业是资金密集型行业，而且建设发电、输电、配电工程要有大量资金。一个地区内输电、配电网只能是一个，具有垄断性。此外电力行业和其他行业一样必须进行规模经营才有竞争力。此外发展水电、核电，再生能源发电，洁净煤发电等，并不都具有竞争力，有的还需要国家政策上的支持。以上这些都给电力市场带来一些有别于其他市场的特点。

（一）产权结构

电力工业按生产可以分为发电、输电、配电三个主要环节，传统电力工业在其整个生产环节实行垂直一体化经营，即由一家"电力公司"垄断一个或数个地区的电力生产、输送、分配和销售。垂直一体化的产权结构在带来规模效益的同时，必然导致整个电力工业垄断经营。

电厂与电网分离是发电侧竞争市场形成的必要条件，各国对此认识统一，都强调电厂与电网在产权层次上必须严格分离。为了保证发电侧竞争充分有效，单个发电公司在一个地区内的市场份额应受到控制，鼓励不同性能的发电机组，不同能源结构的发电公司参与竞争。鉴于发电领域的竞争性，许多国家将国营发电公司私营化，政府退出发电领域的经营。

输电网和配电网分离是批发竞争市场形成所必需的。但是，对于输电网和配电网的产权是否需要完全分离，存在一定的争议，主要是考虑规模效益的因素。较为温和的做法是，实施法人分离，成立独立公司（也可设定为子公司），实行财务分开。

（二）市场交易功能

为了保证电能正常的交易，市场交易必须具备以下功能：

（1）系统调度功能。校验并执行电力交易计划，保证系统的安全可靠运行。

（2）市场库交易的功能。电力买卖双方集中在一个特定的市场竞价，决定交易量并产生统一的交易价格。

（3）非市场库交易的功能。相对于库交易的场外交易，一般通过买卖双方签定双边合同的形式执行，每笔合同的交易量与交易价格由买卖双方协商决定。

（4）输电服务交易功能。电力交易的实现必然涉及利用电网输电，因此，输电服务的买卖成为电力交易不可或缺的一部分。

（5）辅助服务交易功能。电力系统在运行中受物理定律支配，需要无功支持、备用容量、调频、调压等辅助服务，对于因实现特定电力交易而产生的辅助服务需要收费，辅助服务交易为辅助服务的供需双方提供了买卖的途径。

（三）市场价格形成

传统垄断经营的电力公司单方面决定服务与价格，电力用户没有选择权。单一购买的电力市场，电网公司选择低成本电厂再将电能销售给用户。批发竞争阶段则有多个供电公司竞争采购电力，到了零售竞争阶段，电力用户可以直接选择电厂和供电公司。

（四）市场体系

市场体系反映了市场开放与成熟程度。电力市场由电能量市场、辅助服务市场和输电权市场三个基本市场构成，并能进一步衍生细分出其他市场。

电力商品（服务）是一个笼统的概念，按其满足消费的功能和在生产流通中的作用可以进一步细分为电能、电力、无功、可靠性（服务）、调频（服务）、调压（服务）、备用（服务）、紧急事故处理（服务）等一系列产品，并对应相关市场。按其交易方式又可以分为现货市场、期货市场和金融市场等。按照从生产到消费的各个环节，可以分为投融资市场、基本建设市场、发电市场、排污市场、输电市场、配电市场、批发市场、零售市场等。围绕电力商品（服务）所形成的一系列市场构成了电力市场体系。

（五）市场层次

理论上讲，在一个互联的电网上可以构建一个单一的电力市场。但是，考虑到政治、地理、制度等多种因素，特别是市场交易费用的问题，多数互联电网中的电力市场是分区、分层的。区域市场主要从事本区域内部的电力交易，区域间的交易另有交易场所。在分层的市场中，一般批发与零售交易分开进行。市场合理的分区、分层可以有效降低交易成本。

采用分步实施的方式组建新机构。发电竞争初级阶段，电网公司承担所有交易功能，为了削减电网对电厂的不平等地位，首先将运行电力库的市场运营机构从电网中分离出来，并允许非库交易。紧接着，调度机构从电网中独立出来，此时电力市场一般表现为批发竞争的模式。随着技术支持条件的具备，辅助服务和输电服务交易功能同电网分离，标志着电力市场进入到允许零售竞争的成熟阶段。新设立的市场运营机构和调度机构应是非营利性质的组织，接受监管机构监督独立运行。

在我国，电力市场主体是指按规定获得电力业务许可证的发电企业、电网经营企业、供电企业（含独立配售电企业）和经核准的用户；市场运营机构是指电力调度交易中心。目前电力市场中电能交易类型包括合约交易、现货交易、期货交易等。合约交易是指市场主体通过签订电能买卖合同进行的电能交易，合同价格可以通过双方协商、市场竞争或按国家有关规定确定，合同期限可以是周、月、季、年或一年以上；现货交易是由发电企业竞价形成的次日（或未来24h）电能交易，以及为保证电力供需的即时平衡而组织的实时电能交易，现货交易所占电量的比例，由电力监管机构根据电力供需情况、电网情况及用电负荷特性等因素，综合研究确定，一般每年确定一次；期货交易是指在规定的交易所，通过期货合同进行的电能交易。期货合同是指在确定的将来某时刻按确定的价格购买或出售电能的协议。电能交易应以合约交易为主，现货交易为辅。

四、电价

虽然各国在电力工业发展的不同阶段，电价核定的原则有所不同，例如，正处于发展中的电力市场，电价的核定原则要与改革的首要目标相一致，电价水平要使股东有较高的回报，吸引投资，加快电力建设；对于成熟的电力市场，电价的核定要有利于提高效率，让用户分享提高效率的成果。

世界各国在电价核定中大都共同遵循如下一些基本原则：①成本补偿原则，即电价能够补偿合理的成本支出；②合理报酬原则，即电价能够让股东有合理回报；③公平负担原则，即用户负担的电价应是成本加利润，取消交叉补贴。

对正在进行电力市场化改革的国家，电力这种特殊的商品通常存在两种价格：竞争环节的电价，由市场决定；垄断环节的电价，由监管机构或政府核定并受监管。

电力市场是以长期市场为主导的市场，把电力看成一般商品，任意选择，即时变化，是不切实际的，完全不符合电力商品的特性。

对电力市场而言还必须考虑电网拥堵现象，因为电网的电力潮流分配和传输容量是由克希霍夫定律确定的，输电线的传输容量则根据欧姆定律、电磁感应定律确定。这些都是不可改变的客观规律，因此电力市场交易必须服从这些规律，根据上述规律确定电网各个环节答应的输电容量进行交易。有的国家在电力改革过程中发生电网拥堵现象，就是由于设想的容量与电网答应通过的容量不一致。

大用户直购电是指电厂和终端购电大用户之间通过直接交易的形式协定购电量和购电价格，然后委托电网企业将协议电量由发电企业输配终端购电大用户，并另支付电网企业所承担的输配服务费用。这种大用户直购电能大大节约成本，如铝行业，电力成本占总成本的35%～40%。国内生产1t电解铝平均要耗费1.45万kWh电，据此测算，电力成本每降低1分钱，每吨电解铝加工就能够节省145元。

电价的确定是一个很复杂的问题。电价的计算方法通常有综合成本法、长期边际成本法、短期边际成本法等。综合成本法是将计算期内的所有供电成本（容量成本和电量成本）分别分摊到所有用户头上；长期边际成本是为了满足未来用电负荷需求而产生的供电成本的边际变化；它也分为容量电价和电量电价，前者等于容量成本对负荷容量的导数，后者等于电量成本对负荷电量的导数，它主要体现了未来电力的价值；短期边际成本反映的是短时间内（通常为一天）供电成本的变化情况。当测算时间很短时，就形成了实时电价。采用短期边际成本法，通过价格对需求的即时反馈效应，还可调整电力的消费时段。

在垂直一体化的电力工业结构下，用电电价实际上是一种捆绑式的电价；电力市场化后电力工业将解捆成发电、输电、配电和售电四个环节。用电价格将由上网电价和输、配电成本构成。包括以下几种用电电价结构：分段递减电价结构、两部电价结构、多部电价结构、高峰负荷电价和实时电价。

在分段递减电价结构下，电价依据用电量的不同分成几个等级，初始消费段用电量的电价最高，下一个和再下一个消费段的电价则依次降低。这种电价结构通常用在居民用电上。两部电价结构是根据电力工业成本特点设计出来的一种价格模式。它首先对用户收取一个固定的接入费用（称为容量电价），以弥补电力生产过程中的固定成本，这部分的成本与用户的用电量无关，而后再收取一个与用户用电量有关的电量电价，以弥补电力生产过程中的变动成本。对用户而言，单位电价将随着用电量的增加而减少，因为每单位用电分摊的固定接入费用变小了。

多部电价结构是在两部电价结构的基础上对固定成本和可变成本再进行细分。例如，可将固定成本又细分为容量成本和基本成本，前者指建设一定发电容量的资本投入，后者指工资福利、办公费用、管理费用等，它们和发电量并没有直接的关系。为了使利用率较低的调峰机组的投资成本得以回收，对高峰负荷用电和非高峰负荷用电常采用不同的电价。对高峰负荷电价又可分为日高峰电价和季节高峰电价。实时电价则是电力用户和电力企业实时竞价的结果。

当前我国销售电价不能合理反映成本，电价偏低。2006年我国工业电价与欧美56个国家比较，处于倒数第9位，居民电价处于倒数第4位。我国电价增长速度较低，2000年以来，全国电价年均增长率4.8%，而同期商品煤、电煤、汽油、柴油、民用液化石油气价格增长率分别为13.6%、10.2%、8.2%、7.1%和8.0%；与欧美56个国家比，我国居民电价增长率处于较低水平，工业电价年均增长率也处于偏下水平。近年来我国单位GDP电耗由降转升，这与我国高耗能、高污染排放、低附加值产品行业能够依靠低电价获取利润具有密切的关系，这一状况严重影响节能减排和经济发展方式转变，危及我国经济社会持续健康发展。

因此继续深化电价改革，逐步完善上网电价、输配电价和销售电价，建立能反映能源资源稀缺程度、环境损害成本和电力发展需求的销售电价机制；实施销售电价与电力生产、供应成本联动机制；调整两部制电价结构，增加基本电费比重，扩大基本电费收取范围；引导用户合理用电是促进电力市场健康发展的关键。

五、电力市场化改革

（一）各国电力市场化改革的情况

电力市场化改革是一个世界性的课题。其目标是把电力工业本身的自然规律、经济规律与市场经济的原则结合起来，促进电力工业生产力的发展，满足国民经济发展和人民生活水平提高对电力的需求。综观世界各国的电力市场化改革，既有降低电价、提高服务质量的成功经验，也有像美国加州电力危机这样的教训。在改革的潮流面前，各国都结合本国实际，制定符合本国国情、符合本国在国际市场中战略定位的改革目标，并采取不同的步骤和措施，以保证目标的实现。

英国电力富余，用电增长缓慢，对电力发展需求不大，电力改革是以私有化、引入竞争、降低电价为主要目标。将国有电力局分解成 12 个地区配电公司、3 家发电公司和一家高压输电公司，以后逐步私有化，开放发电市场，引入竞争机制，输、配电继续实行垄断经营，加强监管。苏格兰和北爱尔兰则结合实际，对原有电力公司进行功能性分离。

美国的电力企业以私营为主，电力改革目标是放松管制、引入竞争、打破垄断、降低电价。美国电力工业以州治理为主，联邦能源委员会只提出厂网分开、发电引入竞争机制的要求，具体改革方案由各州结合实际情况自行确定。

欧盟也只对各国电力改革提出原则要求，改革模式、进度由各国结合本国国情自行确定。法国的电力改革是在欧盟指令的框架内，以保持整体实力和竞争优势，扩大在欧盟内市场占有率为目标。因此，法国电力公司仍然是国有化公司，保持一体化的体制，只是在功能上将发、输电业务分开，以满足欧盟指令的要求。其改革是以低廉的电价和满足用户为基础，也是法国政府在欧洲一体化进程中保存实力、向外扩张的思想体现。

日本的电力改革虽然也以自由化为目标，但坚持谨慎原则，在保证有稳定的投资，有可靠的电力供给前提下，进行自由化改革。它适合日本资源依靠进口、九大区域电网之间不存在资源优化配置的特点。

各国在改革中一般都以现有电网治理体制为基础，提出改革方案，采用渐进的改革方法，从改革到基本完成一般都要十年左右时间。实施电力改革、建立竞争性电力市场是一个复杂的过程，其主要原因是改革有多重目标，而且目标之间存在矛盾。通常改革的目标包括用户获得电价低、高服务质量和安全稳定的供电；股东能得到较高的投资回报；电力公司可获得发展和采用新技术；员工工作有保障和高工资；政府能实施全国性的能源政策和与经济发展相适应的电力发展方针；能满足环境保护组织减少污染的要求；通过竞争实现最优选择，通过监管实现价值最大化；保护燃料供给商的市场和投资。

电力改革必须使上述目标相互平衡，要实现这种平衡，需要根据经济发展的不同阶段和电力发展的不同水平，确立改革的主要目标和次要目标。不同发展阶段的电力市场，改革的着眼点和目标不同。根据各国的经验，成熟的电力市场的标志是电价水平一般反映了成本和投资回报率；用电客户有较高的电价承受能力；有限的用电需求增长；有限的筹措资金的需求。而发展中的电力市场的标志是在电价方面交叉补贴现象较为普遍；用电客户对电价上调的承受能力有限；对建设和扩充电力设施所需的资本具有很大的要求。

对于成熟的电力市场，改革的首要目标是降低电价，提高效率，为客户提供更多的选择，保证系统的安全性和可靠性，而充足的发电容量，基础设施扩建和升级，吸引投资则成为改革的次要目标。对于发展中的电力市场，改革的首要目标是吸引电力投资，建设充足的发电容量，基础设施扩建和升级，保证系统的安全性和可靠性，而降低电价，提高效率和为客户提供更多的选择则成为改革的次要目标。

电力的市场化改革还必须具备一定的技术经济条件，这些基本条件包括系统必须有足够的规模（容量）；系统中要有若干的竞争主体，而且每一主体都能达到其经济规模；系统有充足的备用容量；有高质量的输、配电网络系统；有与市场化改革相配套的电力法和完备的基于激励机制的监管法规；有健全合理的电价形成机制及输电、配电过网费的计算原则和办法；有切合实际的长期电力规划，并明确组织实施规划的责任主体及办法；有保证发、输、配电设施发展的措施办法；有运营机构负责发、输、配电间运行调度工作，能确保系统运行安全；建立完善的电力市场运营规则，明确现货市场和长期、中期、短期合同的关系及治理办法；新能源及再生能源（风力发电、水电等）发电补偿办法；成熟的信息技术支持系统；有比较成熟的资本市场，实现灵活的进入、退出等。

各国电力市场发展实践表明，电力改革的最终走向，一是电力交易完全市场化，由供需双方签订经济合同来实现；二是各国电网公司作为由政府定价的运输公司，不参与电力交易过程，注重防止形成垄断；三是电力调度机构完全中立，充分体现公开、公平、公正，按经济合同调度；四是依靠市场（合同）配置资源，供需关系决定电价，政府发挥有效监管工作。这些做法和经验都值得我国在推进电力体制改革中学习和借鉴。

（二）我国的电力市场化改革

中国是发展中国家，我国电力工业改革前实行的是计划经济模式与严格管制下的垄断经营，电力改革的目标不完全是为了降低电价，改革要尽量有利于电力发展，要为社会发展和人民生活提供更多的足够的电力。《中华人民共和国电力法》明确把电力企业分为电力生产企业、电力建设企业和电网经营企业。

我国电力市场改革需要做的工作包括：

（1）电厂与电网产权分开。在发电领域开展充分竞争，鼓励多种所有制形式进入发电领域，国有资本逐步退出竞争领域，转而加强电网建设；输电网与配电网实行独立核算，产权与运营权分离，电网运营由中立的市场运营机构和调度机构实施，并接受严格的监管。

（2）成立非营利性质的市场运营机构和独立调度机构。市场运营机构负责电力交易所涉及的经济事项，独立调度机构负责实现各项交易并保证系统安全。

（3）设立电能市场、辅助服务市场和输电权市场，允许各种经济实体和自然人进入市场进行电力产品的买卖。

（4）鼓励市场参与方对各种新交易形式、新交易品种的探索。电力市场必须为市场参与者提供更多的选择，买方和卖方相互选择，包括自我供应、长期和短期合同、输电权采购、财务对冲机会等。

（5）建立科学的价格体系，发挥价格信号作用。价格由市场形成，但必须接受监管。

（6）建立输电网规划和电力工业发展规划制度，引导长期投资。

（7）具有电网回收成本和自我发展的机制。

（8）全国统一的电力市场规则，不断创新的市场设计。允许各地区根据不同系统条件实行不同的市场模式。

目前，我国电力工业市场化改革应注重处理好以下几方面问题：

（1）我国电力工业市场化改革是计划经济向市场经济的转换，在我国以往的改革中，只要政府放开了价格，就很容易形成市场竞争机制，这主要是因为农业、轻工业和商业等行业市场进入比较容易，垄断较难形成。但对于垂直一体化的电力工业市场的建立，必须在法律层面制定规则，政府采取组织竞争打破垄断的政策，并对市场运营机构统一规划和设计。

（2）基于电力工程项目投资大，周期长，以及电能生产与消费同时进行的特点，市场价格对于长期目标可能失灵，对于供需的短期调节作用则具有滞后性，这就要求改革中采取其他一些措施弥补市场价格的不足，通过对电力供需和电价事先做出科学的预测，协调电力短期供需与长远发展的矛盾，维护市场的稳定。建立起一套规范、科学的政府监管与市场作用相结合的电价制度。

（3）电力工业是国计民生的支柱，对于不适于市场调节的某些因素（如涉及国民经济长远发展的某些总量指标、某些非经济因素、社会"公平"因素等），在市场化改革中应予以综合考虑，保证实现电力工业应尽的社会义务。

我国电力市场改革成功与否应体现在以下几方面：竞争领域（主要是发电与零售）是否完全开放，发展资金是否充足，投资是否理性，竞争是否促进了参与方整体的健康发展；管制领域（主要是输电与配电）是否具有与电力市场需求相适应的设施环境并低成本、高效率地运行；电力供应是否能够满足不断增长的电力需求，系统运行是否安全可靠；电价是否及时正确地反映供求关系，平均价格是否保持在一个较低水平；电力工业发展是否满足环境保护要求。

市场化改革的思路是在垄断环节实行科学的监管，尽可能减少电网对市场的束缚；在其他环节，打破垄断，引入竞争，给市场参与者以充分的选择自由。市场参与者自由选择权是实现改革目标的最大保证。有了选择权，才能保证所有市场参与者利益极大化，才能保证资源有效配置，才能保证电力供应商长期健康成长，才能保证用户合理、高效地使用电能。

参 考 文 献

[1] 黄素逸，高伟. 能源概论 [M]. 2 版. 北京：高等教育出版社，2013.

[2] 黄素逸. 能源科学导论 [M]. 北京：中国电力出版社，2012.

[3] 黄素逸，王晓墨. 节能概论 [M]. 北京：华中科技大学出版社，2008.

[4] 黄素逸，龙妍. 能源经济学 [M]. 北京：中国电力出版社，2010.

[5] 刘晓君. 技术经济学 [M]. 2 版. 北京：科学出版社，2015.

[6] 黄素逸，闫金定，关欣. 能源监测与评价 [M]. 北京：中国电力出版社，2013.

[7] 罗珉. 现代管理学 [M]. 3 版. 成都：西南财经大学出版社，2013.

[8] 伍爱，黄丽. 现代企业管理学 [M]. 3 版. 广州：暨南大学出版社，2009.

[9] 吴申元. 现代企业制度概论 [M]. 2 版. 北京：首都经济贸易大学出版社，2012.

[10] 裴子英，刘元春. 企业经济与管理基础 [M]. 北京：化学工业出版社，2005.

[11] 安学锋. 现代工业企业管理学 [M]. 北京：经济管理出版社，2002.

[12] 任有中. 能源工程管理 [M]. 北京：中国电力出版社，2007.

[13] 龙敏贤，刘铁军. 能源管理工程 [M]. 广州：华南理工大学出版社，2001.

[14] 林伯强. 现代能源经济学 [M]. 北京：中国财政经济出版社，2007.

[15] 顾念祖. 能源经济与管理 [M]. 北京：中国电力出版社，1999.

[16] 王柏轩. 技术经济学 [M]. 上海：复旦大学出版社，2007.

[17] 石勇民. 工程经济学 [M]. 北京：人民交通出版社，2008.

[18] 吕靖，梁晶. 技术经济学 [M]. 北京：化学工业出版社，2008.

[19] 陈学俊，袁旦庆. 能源工程 [M]. 西安：西安交通大学出版社，2007.

[20] 邬适融. 现代企业管理——理念、方法、技术 [M]. 2 版. 北京：清华大学出版社，2008.

[21] 万晓，王耀球. 市场营销学 [M]. 北京：中国铁道出版社，2002.

[22] 仲景冰，王红兵. 工程项目管理 [M]. 北京：北京大学出版社，2006.

[23] 宋伟，刘岗. 工程项目管理 [M]. 北京：科学出版社，2006.

[24] 赵国杰. 工程经济学与管理经济学 [M]. 天津：天津大学出版社，2003.

[25] 杜松怀. 电力市场 [M]. 3 版. 北京：中国电力出版社，2008.

[26] 尼斯. 自然资源与能源经济学手册：第 1 卷 [M]. 北京：经济科学出版社，2007.

[27] 王大中. 21 世纪中国能源科技发展展望 [M]. 北京：清华大学出版社，2007.

[28] 邱大雄. 能源规划与系统分析 [M]. 北京：清华大学出版社，1995.

[29] 田瑞，闫素英. 能源与动力工程概论 [M]. 北京：中国电力出版社，2008.

[30] 李爱军，黄树红. 能源模型与政策分析 [M]. 武汉：华中科技大学出版社，2012.

[31] 陈砺，王红林，方利国. 能源概论 [M]. 北京：化学工业出版社，2009.

[32] 姜子刚，赵旭东. 节能技术 [M]. 北京：中国标准出版社，2010.